清华开发者书库

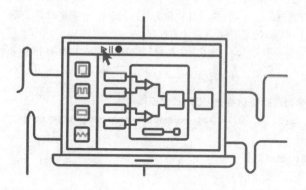

LabVIEW
虚拟仪器设计指南

魏德宝 吴艳 付宁 刘洋◎编著

U0224138

清华大学出版社

北京

内 容 简 介

本书介绍虚拟仪器技术 LabVIEW 编程平台的编程方法、编程技术以及系统架构方法。第 1 章和第 2 章介绍 LabVIEW 基本环境的安装、程序实现及调试方法；第 3 章至第 5 章介绍 LabVIEW 的数据类型、逻辑结构以及数组、簇等进阶数据类型；第 6 章和第 7 章介绍文件读取与硬件设备的数据采集；第 8 章和第 9 章介绍 LabVIEW 项目实现的方法，包含项目管理工具、LabVIEW 项目设计架构，并且通过万用表校准的项目详细地介绍通过 LabVIEW 进行项目设计的过程。

本书可以作为高等院校测量技术、通信、自动控制等相关课程的教材和参考书，也可以作为相关工程技术人员的自学参考书。

图书在版编目（CIP）数据

LabVIEW 虚拟仪器设计指南/魏德宝等编著. —北京：清华大学出版社，2021.9（2022.10重印）
（清华开发者书库）
ISBN 978-7-302-57812-3

Ⅰ．①L… Ⅱ．①魏… Ⅲ．①软件工具－程序设计－指南 Ⅳ．①TP311.561-62

中国版本图书馆 CIP 数据核字（2021）第 055709 号

责任编辑：盛东亮　吴彤云
封面设计：李召霞
责任校对：时翠兰
责任印制：丛怀宇

出版发行：清华大学出版社
　　　网　　　址：http://www.tup.com.cn，http://www.wqbook.com
　　　地　　　址：北京清华大学学研大厦 A 座　　　　　　邮　编：100084
　　　社 总 机：010-83470000　　　　　　　　　　　　邮　购：010-62786544
　　　投稿与读者服务：010-62776969，c-service@tup.tsinghua.edu.cn
　　　质量反馈：010-62772015，zhiliang@tup.tsinghua.edu.cn
　　　课件下载：http://www.tup.com.cn，010-83470236
印 装 者：天津安泰印刷有限公司
经　　　销：全国新华书店
开　　　本：186mm×240mm　　　印　张：22.5　　　字　数：506 千字
版　　　次：2021 年 10 月第 1 版　　　印　次：2022 年 10 月第 2 次印刷
印　　　数：1501～2300
定　　　价：85.00 元

产品编号：089415-01

推荐序
FOREWORD

当前，以 5G、人工智能、大数据、云计算为代表的新技术正在加速跨界融合，以肉眼可见的速度快速改变着我们的生活。LabVIEW 作为业界领先的图形化编程软件，也在同步扩展自身的生态系统，并与模块化的硬件平台结合，加速前沿科研探索及产品开发效率。

LabVIEW 自诞生之日（1986 年）起，以"软件定义仪器"的市场定位，通过 Drag and Drop 的图形化编程方式，快速赢得了开发工程师的青睐。截至目前，全球已经有 35 000 家公司及数千所高校在利用 LabVIEW 开发产品及编程学习，其中不乏顶尖的巨头和前沿的探索应用。例如，作为商业航天公司，美国太空探索技术公司（SpaceX）刚刚于 2020 年 5 月底成功利用载人龙飞船将两位宇航员送入太空，其中地面软件主要由 LabVIEW 实现，开发用于任务和发射控制的 GUI，供工程师和操作人员监控飞行器遥测和指挥火箭、航天器和平台支持设备。另外，在 5G 国际标准讨论的初期，全球顶尖高校（如英国布里斯托大学、瑞典隆德大学、我国北京邮电大学和东南大学等）利用 LabVIEW Communication 软件实现 5G 大规模天线的原型验证，为全球 5G 的标准制定和商业化发挥了重要的价值。

鉴于 LabVIEW 在创新行业应用中发挥越来越重要的作用，LabVIEW 工程师的培养也显得尤为重要。据不完全统计，全球已有千余所高校正在进行 LabVIEW 相关的教学和学习。本书的出版恰逢其时，引入最新版本的 LabVIEW 功能，并融入多个行业的创新应用案例，通过项目式学习，深入浅出地介绍当前的最新技术。希望本书能为各位读者打开"图形化编程"的大门，加入 LabVIEW 开发者的社群中，为科技进步贡献一份自己的力量。

NI 大中华区院校市场经理　李晓锦

前言
PREFACE

虚拟仪器技术诞生于 20 世纪 80 年代,在测试测量以及控制领域已经得到了广泛的应用。随着科技的不断发展,虚拟仪器技术应用的领域也在不断扩展,如当下热门的 5G 通信、工业物联网、人工智能等都有虚拟仪器技术的应用。

编者所在课题组一直从事面向国家重大需求的测控系统研发,使用虚拟仪器技术进行测控系统的开发设计已经有几十年的时间,积累了大量的实际操作经验,也是全国高校中较早开展虚拟仪器教学的团队。本着"规格严格,功夫到家"的校训,在进行人才培养的过程中,十分注重让学生更快地掌握虚拟仪器这门技术,并且作为人才储备进入实际的科研课题进行项目设计。为此,我们在课程设计中十分注重基于项目的模式,通过实际的动手操作加强学生对技术的掌握。

2010 年底,为了更好地培养虚拟仪器技术人才、提供优良的项目实践条件,哈尔滨工业大学与美国国家仪器有限公司合作共建了"虚拟仪器创新实践基地",建立了数据采集、嵌入式平台、PXI 工业总线、机器视觉、口袋实验室等全产品线的虚拟仪器软硬件平台。实践基地面向全校师生开放,并通过举办全国研究生暑期学校等活动面向全国师生开放。作为平台的辅助环节,学校先后成立了学生虚拟仪器技术协会,承办了多次校级虚拟仪器设计大赛,并在 2015 年以"虚拟仪器创新实践基地"为核心,承办了第三届全国虚拟仪器大赛,迎接了来自全国近 400 所学校的 1876 支队伍。

通过"虚拟仪器创新实践基地"的培养,每年都为学校相关课题组输送大量技术人才,也为美国国家仪器有限公司输送专业技术人员(占全国招聘人员总数的 20% 以上)。

经过多年项目开发和人才培养的经验积累,课题组总结出了具有哈尔滨工业大学"实干"精神的一套技术培养方法,汇总成这本《LabVIEW 虚拟仪器设计指南》。北京优诺智奇科技有限公司的刘洋先生也一同编写了此书,刘洋先生曾在美国国家仪器有限公司负责中国区院校计划十余年,常年支持国内各大高校的虚拟仪器技术相关课程建设,建立了几十个虚拟仪器俱乐部和上百个教学实验室,同时是多所学校的企业导师,对虚拟仪器技术如何帮助学生提升工程实践能力有着丰富的经验。

魏德宝老师编写了本书的第 1 章至第 3 章,吴艳老师编写了第 4 章至第 6 章,付宁老师编写了第 7 章和第 8 章,刘洋先生编写了第 9 章。

本书从实际应用的角度对虚拟仪器技术的学习路径进行设计和编排,如在第 1 章介绍 LabVIEW 的软件版本管理、工具包和模块的安装以及第三方工具包的安装和管理;在第 8

章对项目文件管理、依赖关系、软件发布和编程设计架构进行了详尽的介绍。这些在其他已出版的相关书籍中都鲜有提及,但是在实际项目开发中却非常重要。

本书在知识点的呈现中力求做到对技术的直观和深入讲解。在编写的过程中得到了美国国家仪器有限公司研发部门的技术支持,从软件架构的角度深入浅出地介绍了虚拟仪器技术以及背后的实现机制,使技术的讲解和实现更加深入和透彻。为了使知识点更易于理解也更加直观,本书并没有限于单纯的技术讲解,而是通过具体的程序实现过程来展示。针对一些不易理解和容易混淆的知识点,则会对程序进行深入的调试和讲解,并且比较了在不同条件下的运行机制和运行结果,同时也介绍了在实际工业应用中的效果。

本书十分注重讲解和实际操作的融合,只有实际动手操作才能真正地掌握技术。本书原创性地设计了近300个范例程序用于讲解对应的知识点,在对每个知识点范例讲解的过程中,详细地描述了操作的步骤,对于一些首次操作的步骤更是提供了特别的讲解。读者可以在阅读过程中按照书中步骤同步进行操作。本书中全部的知识点都有对应的范例,可以作为读者学习过程中操作的练习资料。

本书特别注重知识点相互间的衔接。每章都包含了十几个到几十个小型范例,这些范例程序从每章开始会逐步针对每个知识点进行讲解,每个范例都是在上一个范例的基础上实现新的功能,在每章最后所有范例汇总在一起形成一个较为完整的小型项目。这样可以使读者更加清晰地了解各个知识点在项目应用中是如何相互衔接的,最终进行完整的项目设计。

本书针对使用虚拟仪器技术进行项目式设计的需求专门设计了第9章。根据真实项目设计的过程,依次从项目背景分析、项目需求分析,设计了项目实现的整体架构和各个子模块。针对每个子模块分别进行项目的功能规划和对应的虚拟仪器技术框架,并详细描述了实现的过程。

本书最后将各个子模块汇总完成了整个项目的实现。在整个项目实现的过程中,将全书的虚拟仪器知识点综合运用,同时在项目实现过程中也详细地介绍了有关机器视觉的相关内容。

感谢哈尔滨工业大学自动化测试与控制研究所的彭喜元教授、乔立岩教授和彭宇教授在本书编写过程中提出的宝贵建议及细心指导,他们为本书的编写,以及虚拟仪器创新实践基地的建设和虚拟仪器技术相关课程的改革提供了强大的支持。

感谢清华大学出版社编辑团队的大力支持,他们认真细致的工作保证了本书的质量。

由于编者水平有限,书中难免有疏漏和不足之处,恳请广大读者批评指正!

编　者

2021 年 7 月

目 录
CONTENTS

第 1 章

虚拟仪器技术介绍

本章将介绍虚拟仪器的基本概念,以及虚拟仪器主要的几种软件平台,如 LabVIEW、LabWindows CVI 和 LabVIEW NXG。LabVIEW 是当前虚拟仪器技术中使用最广泛的平台,本章将详细介绍 LabVIEW 对操作系统的支持、不同版本的管理、工具包和模块的管理以及如何进行 LabVIEW 编辑环境的安装。

1.1 虚拟仪器技术发展史

测量仪器自诞生至今经历了若干次大的变革,仪器发展史如图 1.1 所示。随着计算机技术的发展,诞生了虚拟仪器这个概念。虚拟仪器概念由美国国家仪器(National Instruments,NI)公司提出,目前已经成为工业界广泛认可与使用的一个技术架构。虚拟仪器是在 20 世纪 80 年代,在测量行业日益增长的测试需求与当时的台式仪器功能无法满足的情况下提出来的。其核心是通过灵活的软件定义实现硬件平台的功能。

图 1.1 仪器发展史

虚拟仪器实际上是包含了软件和硬件的综合系统。"虚拟"的概念是为了强调灵活的特性,而用来区分功能固定的台式仪器。虚拟仪器技术的核心包含硬件的部分,并非是 LabVIEW 一门编程语言,与软件的虚拟仿真也并非同一个含义。所以,虚拟仪器的核心是可灵活定制功能的硬件设备,通过软件的定义实现硬件的可重用性、可扩展性。

虚拟仪器技术最早诞生于通过通用接口总线(General-Purpose Interface Bus,GPIB)的线缆对于调试仪器的控制。随着计算机技术的发展与硬件性能的提升,虚拟仪器技术也在飞速发展。现在虚拟仪器技术的使用已经远远超出了原有传统的测试测量行业的范围。在航空航天、半导体测试、嵌入式、控制、通信射频、机器人等领域都有广泛的应用,如图1.2所示。

图1.2 虚拟仪器的应用范围

1.2 LabVIEW 介绍

LabVIEW 是美国国家仪器有限公司推出的一款图形化环境的开发工具。LabVIEW 从1986 年诞生至今,一直在不断更新,可见其在工业领域的广泛使用和活力。LabVIEW 现在每年会更新两个版本,每次更新都会融合当前比较流行的新技术。例如,近期 LabVIEW 发布了新的 LabVIEW NXG 版本,可以更好地支持 Web 数据交互、通信系统构架等功能,在LabVIEW 中增加了 Python 节点以及深度学习的应用等,如图1.3 所示。

一般来讲,虚拟仪器的开发主要指的是在 LabVIEW 环境中的开发。LabVIEW 和虚拟仪器基本上是密不可分的。LabVIEW 的主要特点是图形化的开发环境,"所见即所得"的开发方式可以快速地进行工程项目的原型开发。

LabVIEW 是目前测试测量行业使用非常广泛的编程语言平台。在 LabVIEW 环境中可以大大加快系统搭建和原型设计的过程。一般需要上千行文本编程语言实现的代码可以在 LabVIEW 图形化的环境中以非常短的时间完成,如进行现场可编程门阵列(Field Programmable Gate Array,FPGA)终端硬件的一段包含了先进先出(First Input First Output,FIFO)的模拟采集任务,如图1.4 所示,左侧是在 LabVIEW 中的实现过程,右侧是通过传统的超高速集成电路硬件描述语言(Very High Speed Integrated Circuit Hardware Description Language,VHDL)代码实现的过程。

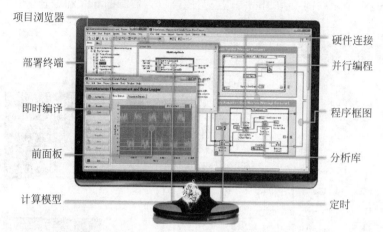

项目浏览器

部署终端

即时编译

前面板

计算模型

硬件连接

并行编程

程序框图

分析库

定时

图 1.3　LabVIEW 的特性

在 LabVIEW中使用FPGA开发带有缓冲机制的模拟采集节点

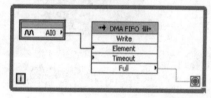

在VHDL中使用FPGA实现带有缓冲机制的模拟采集节点，大约4000行代码

图 1.4　LabVIEW 与其他文本编程环境进行项目原型效率比较

　　图形化的环境使数据的显示和交互变得更加直观和容易，在 LabVIEW 编辑的过程中观测每个节点的数据非常容易。在用户界面中，LabVIEW 也提供了大量的数据显示控件进行数据的形象化显示，如图 1.5 所示。

　　LabVIEW 可以非常方便地与硬件进行交互，这些硬件包括 NI 本身提供的各种数据采集、嵌入式控制、射频等硬件平台；也包含了第三方的一些设备，如基于串口、通用串行总线（Universal Serial Bus，USB）、以太网等台式仪器或传感器等。与硬件的无缝连接是 LabVIEW 的一个显著特点。

　　LabVIEW 本身是一种高级语言，与典型的文本编程语言（如 C 语言）着重底层开发不同，在当前计算机计算能力和硬件性能不断提升的情况下，LabVIEW 注重的是系统的快速开发。所以 LabVIEW 不断融合当前工业界的前沿应用,如从 2018 年开始提供 5G 通信框架、深度学习、FPGA 技术、HTML 5 技术以外,LabVIEW 还提供了若干接口用于连接第三方技术,如 ActiveX、.NET、DLL、Python 节点,实现第三方资源的导入和融合,如图 1.6 所示。

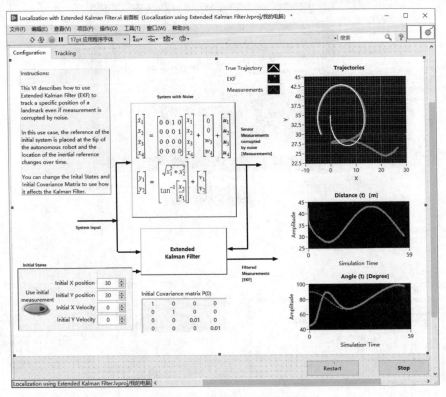

图 1.5　LabVIEW 的可视化界面

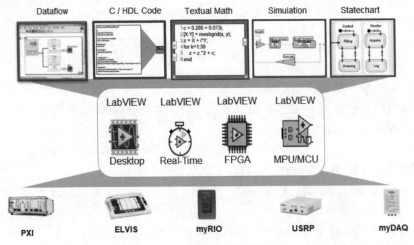

图 1.6　LabVIEW 融合多种平台

LabVIEW 这种开放互联的特性可以极大地提升程序设计的效率,尤其是自上而下的系统级设计,提供对系统级项目的顶层构建,在 LabVIEW 中可以方便地调用第三方资源,避免单一的软件平台带来的功能的局限性。

1.3　LabWindows CVI 介绍

LabWindows CVI 是 NI 发布的一款基于文本编程方式的开发环境,如图 1.7 所示。LabWindows CVI 是 ANSIC 软件开发环境,与 C++开发环境类似。LabWindows CVI 具备了 LabVIEW 本身针对测量领域的特性,如十分友好的可视化界面控件和对 NI 硬件的无缝连接。

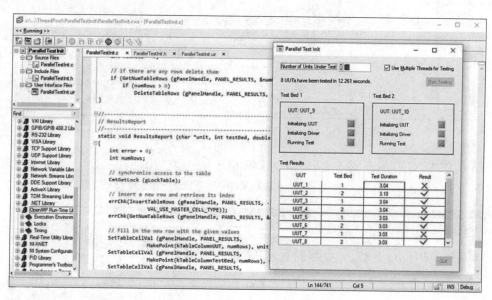

图 1.7　LabWindows CVI 界面

1.4　LabVIEW NXG 介绍

NI 自 2017 年起发布了一个全新的 LabVIEW 版本——LabVIEW NXG,并且单独为其建立了一个版本号序列。到 2020 年,LabVIEW NXG 已经发布到了 5.0 版本。LabVIEW NXG 是下一代的虚拟仪器开发环境,相比于 LabVIEW 在 2020 年已经发布了 2020 版本,LabVIEW NXG 还是一个比较年轻的版本,但是 LabVIEW NXG 是完全基于新架构设计的开发环境,对于当今前沿测量领域中技术的需求有非常好的支持。

LabVIEW NXG 提供了众多的新特性,如更加完备的通信测试框架、对网络发布的支持、更加高效的数据可视化方式,以及更加便捷的硬件管理,如图 1.8 所示。

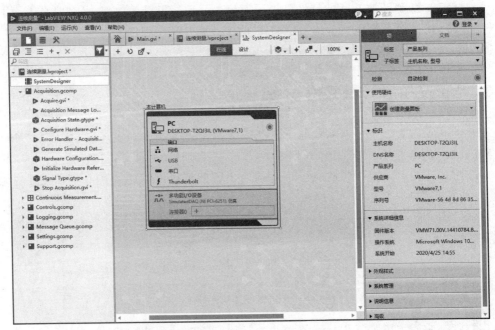

图 1.8　LabVIEW NXG 硬件管理

LabVIEW NXG 的开发环境与 LabVIEW 相比有一些变化，LabVIEW NXG 开发环境是基于扁平化风格的开发环境，对前面板和程序框图可以进行缩放操作，如图 1.9 所示。

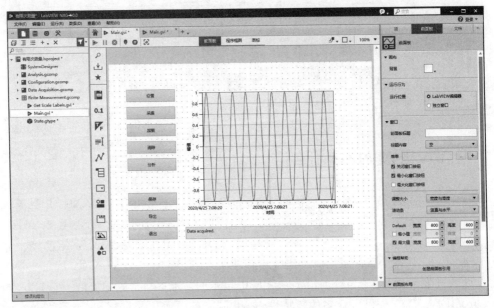

图 1.9　LabVIEW NXG 开发环境

从 LabVIEW 发布 2017 版本开始,在 LabVIEW 的安装包中同时会包含 LabVIEW NXG,并且在安装过程中都会进行一项简易的测试,评估当前的项目应用应该选择安装 LabVIEW NXG 还是 LabVIEW 版本。

1.5 LabVIEW 安装版本选择

1.5.1 LabVIEW 安装的操作系统

LabVIEW 目前提供了主流操作系统上的安装支持,如图 1.10 所示。

图 1.10 LabVIEW 支持的操作系统

根据项目需求,可以根据操作环境决定安装 LabVIEW 的开发环境。一般来说,在 Windows 环境中 LabVIEW 支持得最好,有以下几个原因。

1) LabVIEW 版本更新快

LabVIEW 一般每年更新两次,分为春季版本和秋季版本,都是在 Windows 平台上进行更新。同时,从 2017 年开始,NI 开始推行一个全新的版本 LabVIEW NXG,在 2020 年发布的最新版本是 5.0,LabVIEW NXG 平台被称为是未来版本的 LabVIEW。目前 LabVIEW 与 LabVIEW NXG 是并行存在和更新的。LabVIEW NXG 目前只支持 Windows 操作系统,历年的 LabVIEW 发布版本如图 1.11 所示。

2) 支持多操作系统版本

LabVIEW 支持的 Windows 版本最多,从 Windows XP,Windows 7,到最新的 Windows 10。

3) 支持多 NI 工具包和模块

LabVIEW 相关的工具包和模块在 Windows 中的发布最完整。每个版本的 LabVIEW 更新工具包和模块的时候,首先会在 Windows 平台上发布。

从过去的版本中,相比于 Windows,LabVIEW 在 Linux 和 Mac 上发布的工具包要少一些。这也和在工业测量和控制领域广泛选择的操作系统相关,Windows 无疑是在工业控制领域使用最广泛的平台,所以大部分的 LabVIEW 发布最多资源的操作系统是基于 Windows 的。图 1.12 所示为在 Windows 操作系统中发布的 LabVIEW 的工具包和模块。

4) 第三方工具包

NI 围绕 LabVIEW 构建了生态体系,有很多第三方开发者都基于 LabVIEW 开发了相应的工具包,这些工具包的信息可以在 NI 网站(https://www.ni.com/labview-toolsnetwork/zhs/)上看到。用户可以搜索到第三方开发者基于 LabVIEW 开发的工具包,同时也可以将自己开发的程序通过 NI 验证,发布到这个平台上,如图 1.13 所示。

版本	当前版本支持(发行日期)	主流支持(截止日期)	扩展支持(截止日期)
LabVIEW NXG 4.0	2019年11月	2023年11月	持续支持
LabVIEW 2019	2019年5月	2023年5月	持续支持
LabVIEW NXG 3.1	2019年5月	2023年5月	持续支持
LabVIEW NXG 3.0	2018年11月	2022年11月	持续支持
LabVIEW 2018	2018年5月	2022年5月	持续支持
LabVIEW NXG 2.1	2018年3月	2022年3月	持续支持
LabVIEW NXG 2.0	2018年1月	2022年1月	持续支持
LabVIEW NXG 1.0	2017年5月	2021年5月	持续支持
LabVIEW 2017	2017年5月	2021年5月	持续支持
LabVIEW 2016	2016年8月	2020年8月	持续支持
LabVIEW 2015	2015年8月	2019年8月	持续支持
LabVIEW 2014	2014年8月	2018年8月	持续支持

图 1.11　LabVIEW 发布版本

LabVIEW Advanced Signal Processing 工具包	LabVIEW MathScript RT 模块
LabVIEW Control Design and Simulation 模块	LabVIEW Modulation 工具包
LabVIEW Datalogging and Supervisory Control 模块	LabVIEW myRIO 工具包
LabVIEW Desktop Execution Trace 工具包	LabVIEW Real-Time 模块(ETS)
LabVIEW Digital Filter Design 工具包	LabVIEW Robotics 模块
LabVIEW ELVIS RIO Control 工具包	LabVIEW SoftMotion 模块
LabVIEW FPGA Compile Farm	LabVIEW Statechart 模块
LabVIEW FPGA 模块	LabVIEW Unit Test Framework 工具包

图 1.12　LabVIEW 工具包与模块

为了更好地管理 LabVIEW 与工具包的版本,NI 提供了 VI Package Manager,以对第三方基于 LabVIEW 平台开发的工具包进行管理。第三方工具包可以通过这个平台进行下载、卸载和管理,如图 1.14 所示。

图 1.13 NI 官网中第三方工具包的索引界面

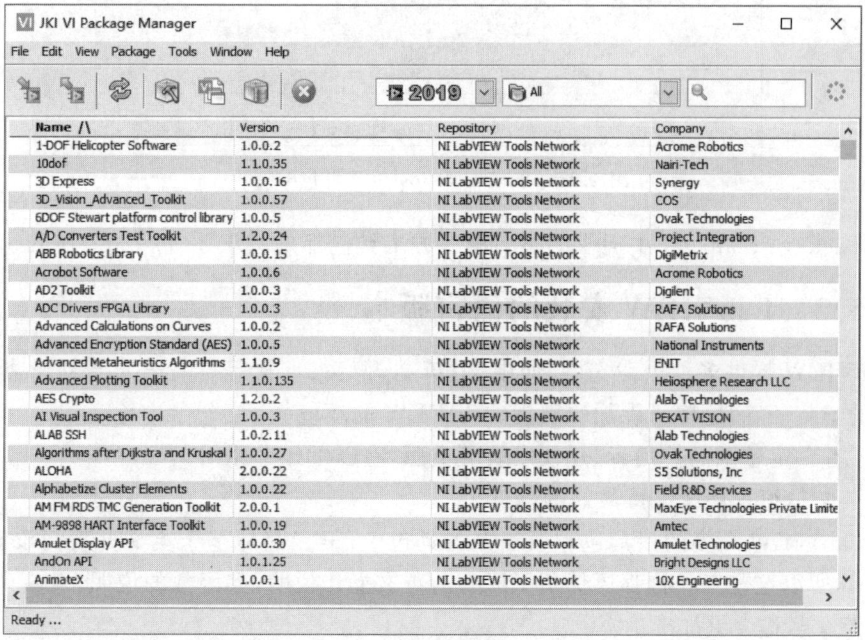

图 1.14 VI Package Manager

1.5.2 LabVIEW 环境安装的位数

一般,会根据操作系统的位数选择安装 LabVIEW 环境的位数。LabVIEW 的安装位数可以向下兼容,64 位操作系统可以安装 32 位的开发环境。

需要注意的是,LabVIEW 工具包和模块与安装的 LabVIEW 基础环境的位数需要保持一致,有些工具包和模块存在 32 位和 64 位的版本,需要与 LabVIEW 基础环境一致才可以正常安装和使用。在安装的过程中,如仿真控制模块(LabVIEW Control Design and Simulation Module)、MathScript 模块(LabVIEW MathScript RT Module)等需要选择对应版本的工具包,如图 1.15 所示。

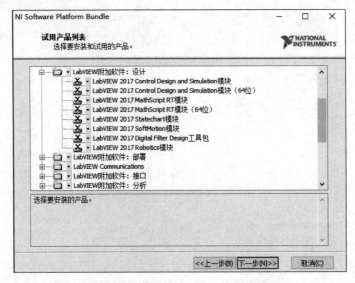

图 1.15　安装时 32/64 位工具包的选项

VI Package Manager 中提供的很多第三方工具包都是基于 32 位 LabVIEW 开发的。

1.5.3 LabVIEW 安装的语言版本

LabVIEW 提供多种语言支持,如中文、英文、德文、日文等。一般对于初学者,可以选择中文的安装环境,这样可以加快熟悉 LabVIEW 的环境。

对于有一定基础的使用者,建议安装英文版,有以下几个原因。

1) 英文是编程环境支持最好的语言

在 LabVIEW 众多的工具包和第三方工具包中,很多都是基于英文开发而没有对应的中文版本,所以这些工具包都还保留了原有的英文操作说明,如函数的说明。

2) 英文名称会更加准确

编程语言中的特定词汇和硬件的操作概念核心源于英文的说明,如编程中的 Variant 和 Reference 对应的中文名称是"变体"和"引用"的概念,中文里并没有原生的概念对应,所以对于编程者,将各种概念翻译成中文对理解概念并没有实质性的帮助。

操作系统安装的语言和 LabVIEW 发布程序的语言不一定是一致的。如图 1.16 和图 1.17 所示,在英文的 LabVIEW 中既可以发布英文界面的程序,也可以发布中文界面的程序。

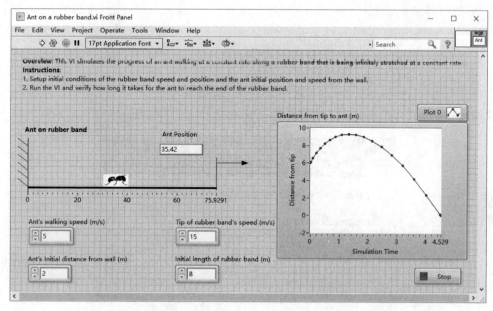

图 1.16 英文版本发布的英文界面

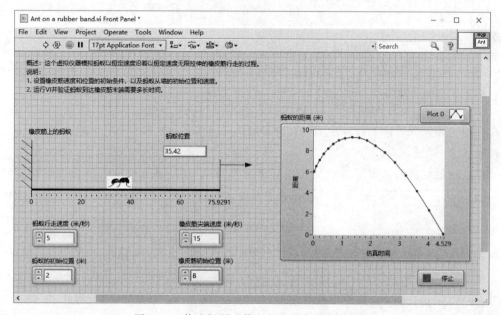

图 1.17 修改标题后英文版本发布的中文界面

1.6　Windows 环境下 LabVIEW 的安装

安装 LabVIEW 的方法与 LabVIEW 版本有一定的关系。在 LabVIEW 2018 版本以前，一般是通过安装包进行安装的；从 LabVIEW 2018 开始，可以通过在线的方式使用 NI Package Manager 进行安装。

1.6.1　本地安装

打开 LabVIEW 安装程序(这里使用的是 LabVIEW Platform Bundle)，可以看到首先要选择安装 LabVIEW 的语言。这里选择以简体中文环境进行安装，如图 1.18 所示。

图 1.18　LabVIEW 安装语言

在软件安装包的目录中可以查看软件安装包的详细信息。这些信息都在软件安装目录下的 Readme 文件中，通过该文件可以确认软件包支持的操作系统、版本等信息，如图 1.19 所示。

在 Readme 文件中还可以查看包含的工具包信息，如图 1.20 所示。

在安装 LabVIEW 环境的时候，根据提示就可以顺利完成安装。关于激活方式，可以选择在开始输入序列号进行软件的激活；也可以先安装软件，然后在 NI License Manager 中进行激活。

在未激活软件的情况下，LabVIEW 提供 7 天的试用时间，通过申请延长可将试用时间延长到 30 天。在安装的过程中，会提示选择需要安装的 LabVIEW 基础环境、工具包和模块。

1.6.2　通过 NI Package Manager 在线安装

从 2018 年开始，NI 提供了通过 NI Package Manager 在线安装 LabVIEW 的方式。NI Package Manager 是一个软件下载管理器，可以进行所有 NI 软件的安装、卸载、管理和升级工作。

LabVIEW 2019 Service Pack 1 Readme for Windows

September 2019

This file contains important information about LabVIEW 2019 Service Pack 1 (SP1) for Windows, including system requirements, installation instructions, known issues, and a partial list of bugs fixed for LabVIEW 2019 SP1.

Refer to the NI website for the latest information about LabVIEW.

Refer to the labview\readme directory for readme files about LabVIEW add-ons, such as modules and toolkits.

System Requirements

Installation Instructions

Patch Details

Product Security and Critical Updates

LabVIEW 2019 SP1 (64-bit)

Known Issues

Bug Fixes

Accessing the Help

Finding Examples

Automating the Installation of NI Products

Using NI Software with Microsoft Windows 10

Using NI Software with Microsoft Windows 8.1

LabVIEW Drops Support for Windows 7 (32- and 64-bit), Windows Server 2008 R2, and All 32-Bit Windows Operating Systems in 2021

Legal Information

System Requirements

LabVIEW 2019 SP1 has the following requirements:

Windows	Run-Time Engine	Development Environment
Processor[1]	Pentium 4M/Celeron 866 MHz (or equivalent) or later (32-bit) Pentium 4 G1 (or equivalent) or later (64-bit)	Pentium 4M (or equivalent) or later (32-bit) Pentium 4 G1 (or equivalent) or later (64-bit)
RAM	256 MB	1 GB
Screen Resolution	1024 x 768 pixels	1024 x 768 pixels
Operating System	Windows 10 (version 1903)/8.1 Update 1[2]/7 SP1[3] Windows Server 2012 R2[2] Windows Server 2008 R2 SP1[3]	Windows 10 (version 1903)/8.1 Update 1[2]/7 SP1[3] Windows Server 2012 R2[2] Windows Server 2008 R2 SP1[3]
Disk Space	620 MB	5 GB (includes default drivers)
Color Palette	N/A	LabVIEW and the *LabVIEW Help* contain 16-bit color graphics. LabVIEW requires a minimum color palette setting of 16-bit color.
Temporary Files Directory	N/A	LabVIEW uses a directory for storing temporary files. NI recommends that you have several megabytes of disk space available for this temporary directory.
Adobe Reader	N/A	You must have Adobe Reader 7.0 or later installed to search PDF versions of all LabVIEW manuals.

图 1.19　Readme 文件

Visit ni.com/security to view and subscribe to receive security notifications about NI products. Visit ni.com/critical-updates for information about critical updates from NI.

LabVIEW 2019 SP1 (64-bit)

Use the LabVIEW Platform media to install modules and toolkits supported by LabVIEW 2019 SP1 (32-bit) and LabVIEW 2019 SP1 (64-bit). When run on Windows (64-bit), LabVIEW (64-bit) provides access to more memory than a 32-bit operating system or a 32-bit application can provide. LabVIEW (64-bit) is available in English only.

Supported Hardware

Refer to the NI website for information about drivers compatible with LabVIEW 2019 SP1 (64-bit). For GPIB devices, you must use at least NI-488.2 2.6 for Windows. Refer to the specific hardware documentation for more information about compatibility with LabVIEW (64-bit).

Supported Modules and Toolkits

LabVIEW 2019 SP1 (64-bit) supports a limited number of modules and toolkits. The following table compares the modules and toolkits supported by LabVIEW (32-bit) and LabVIEW (64-bit).

Product	LabVIEW 2019 SP1 (32-bit)	LabVIEW 2019 SP1 (64-bit)
Advanced Signal Processing Toolkit	√	√
Control Design and Simulation Module	√	√[1]
Database Connectivity Toolkit	√	√
Datalogging and Supervisory Control Module	√	—
Desktop Execution Trace Toolkit for Windows	√	—
Digital Filter Design Toolkit	√	√
FPGA Module	√	√
MathScript Module	√	√[2]
Real-Time Module	√	—
Report Generation Toolkit for Microsoft Office	√	√
Robotics Module	√	—
Sound and Vibration Toolkit	√	√
Unit Test Framework Toolkit	√	√
VI Analyzer Toolkit	√	√
Vision Development Module	√	√

[1] The Control Design and Simulation Module (64-bit) does not support the System Identification Assistant, Control Design Assistant, and real-time targets.

[2] The MathScript Module (64-bit) does not support the libraries class of MathScript Module functions.

Refer to the readme of each product for more information about 32-bit and 64-bit support, system requirements, installation instructions, and activation. For information about products not listed in the previous table, refer to the user documentation of those products.

图 1.20　工具包信息

1.6.3　NI Package Manager 安装

在 NI 的官网上,可以搜索 NI Package Manager 或直接访问链接(https://www.ni.com/zh-cn/support/downloads/ni-package-manager.html)进行 NI Package Manager 的下载与安装,如图 1.21 所示。

安装完成后,打开 NI Package Manager,如图 1.22 所示。

图 1.21 下载 NI Package Manager

图 1.22 打开 NI Package Manager

1.6.4 在 NI Package Manager 中安装 LabVIEW

在 NI Package Manager 中,选择 LabVIEW 进行安装,如图 1.23 所示。

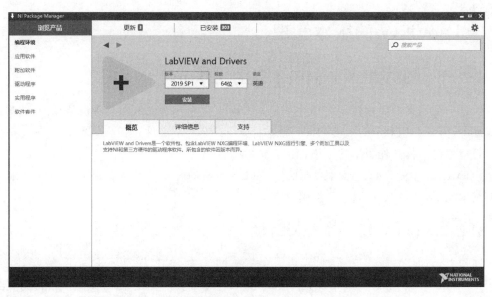

图 1.23　安装 LabVIEW

1.6.5　LabVIEW NXG 的安装

LabVIEW NXG 与 LabVIEW 的安装过程类似,也可以通过离线的安装包或在线的 NI Package Manager 进行安装,如图 1.24 所示。

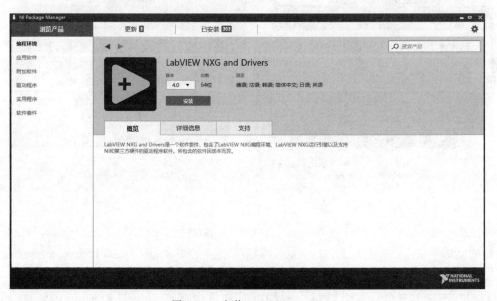

图 1.24　安装 LabVIEW NXG

1.7　LabVIEW 的版本管理

1.7.1　LabVIEW 不同版本间的文件访问

项目中会遇到需要编辑不同版本 LabVIEW 开发环境生成的 LabVIEW 文件的情况。一般来说,需要使用对应的 LabVIEW 版本打开 LabVIEW 文件。在高版本的 LabVIEW 的开发环境中可以打开低版本的 LabVIEW 文件。

LabVIEW 中的"项目管理器"提供了可以将当前的文件保存为低版本文件的工具,以供低版本的 LabVIEW 环境进行编辑。

1.7.2　LabVIEW 的安装路径

因为 LabVIEW 版本更新比较频繁,存在同一个操作系统环境下需要安装多个 LabVIEW 版本的情况。一般来说,多个 LabVIEW 版本是可以共存的。例如,可以同时安装 LabVIEW 2019、LabVIEW 2018 或更早期的版本。也可以安装同版本但是不同位数的 LabVIEW 开发环境。如图 1.25 所示,在 Windows 10 系统中同时安装了 LabVIEW 2019 的 32 位和 64 位版本。

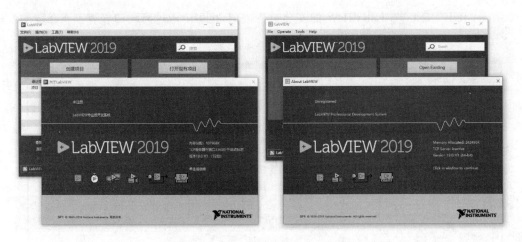

图 1.25　同时安装多版本 LabVIEW

通过浏览安装路径,可以查看当前 LabVIEW 各个版本的安装情况。例如,Windows 64 位的操作系统中,64 位 LabVIEW 的安装路径是～/Program Files,如图 1.26 所示;32 位 LabVIEW 安装路径是～/Program Files(x86),如图 1.27 所示。

LabVIEW 的每个版本安装路径下都会有和这个版本对应的文件,包含模块、函数库、驱动等资源。具体的文件取决于是否安装了对应 LabVIEW 版本的工具包等资源。

图 1.26 64 位 LabVIEW 安装路径

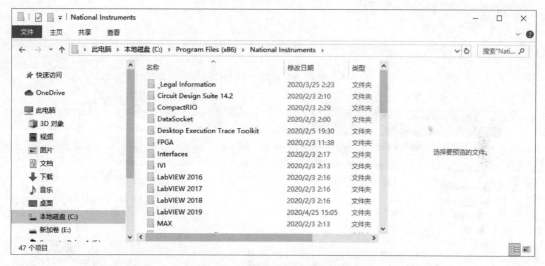

图 1.27 32 位 LabVIEW 安装路径

例如,在 LabVIEW 2019 版本中,如果安装了模块,那么可以看到在安装路径下存在对应的模块,如图 1.28 所示。如果在同一个计算机环境中同时安装了 LabVIEW 2018,但是没有安装对应的模块,在安装路径中就不会出现对应模块的文件夹,如图 1.29 所示。

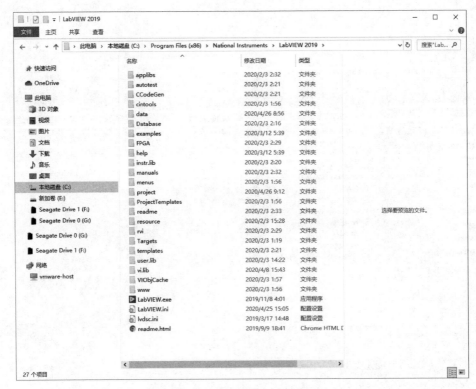

图 1.28　2019 版本下工具包

图 1.29　2018 版本下工具包

1.8　LabVIEW 模块和驱动的管理

1.8.1　LabVIEW 与模块版本的支持

工具包指的是 NI 提供的在 LabVIEW 环境中的众多算法模块。围绕 LabVIEW 开发环境,这些工具包构建了一个比较完整的生态系统,如信号处理、控制与仿真、机器视觉、机器人、通信等。通过这些模块可以方便地扩展到各个专业领域的项目开发。

大部分工具包的版本需要和 LabVIEW 的版本相对应。例如,当前系统中有 LabVIEW 2019 和 LabVIEW 2018,那么如果要安装仿真控制工具包,需要分别安装 2019 版本和 2018 版本,如图 1.30 所示。

图 1.30 不同版本的模块

1.8.2 LabVIEW 与对应硬件驱动版本

硬件驱动指的是针对 NI 提供的虚拟仪器硬件设备的驱动,第三方硬件设备不在本节驱动版本的讨论范围之内。LabVIEW 的一个重要的特点是对硬件的无缝连接,LabVIEW 对 NI 提供的数据采集卡和其他模块化仪器板卡都有很好的支持。

NI 提供的硬件驱动一般支持多个版本的 LabVIEW。例如,与 LabVIEW 2018 版本同时发布的针对数据采集卡的驱动 DAQ mx18.0 也可以支持 LabVIEW 2019 版本以及更多的 LabVIEW 版本。因为硬件的使用是一个长期的过程,所以驱动的版本更加重视稳定性和持续性。

NI 的硬件驱动可以支持多个 LabVIEW 版本,所以在安装一个 NI 的硬件驱动的时候,如果当前系统中已经安装了不同的 LabVIEW 开发环境,NI 硬件安装程序会自动安装所有 LabVIEW 版本的支持。例如,当前操作系统已经安装了 LabVIEW 2019、LabVIEW 2018 和 LabVIEW 2017,在安装硬件驱动工具包 DAQmx 的时候,会自动安装对 LabVIEW 2019、LabVIEW 2018 和 LabVIEW 2017 的支持。

1.8.3 LabVIEW 与工具包和驱动的安装顺序

一般来说,LabVIEW 的安装资源分为几个部分:LabVIEW 开发环境、LabVIEW 环境的工具包和模块、NI 的硬件驱动。安装顺序是先安装 LabVIEW 的开发环境,然后是软件工具包和模块,最后是硬件驱动。

工具包、模块和驱动先于 LabVIEW 开发环境安装是无效的,例如以下的情况:

(1) 系统中安装了 LabVIEW 2019,然后安装了支持 LabVIEW 2019 的工具包、模块和硬件驱动,此时在 LabVIEW 2019 中的工具包、模块和硬件驱动都是可以正常使用的;

(2) 如果继续安装 LabVIEW 2018 版本,这时虽然 LabVIEW 2019 中有工具包、模块和驱动,但是新安装的 LabVIEW 2018 是没有对应的工具包、模块和硬件驱动的;

(3) 安装 LabVIEW 2018 版本的工具包并重新安装硬件驱动,才可以在 LabVIEW 2018 中使用对应的工具包、模块和硬件驱动。

第 2 章

LabVIEW 环境基础

本章将介绍如何在 LabVIEW 的环境中进行基本程序的设计。

LabVIEW 基本程序是指可以实现基础功能的一段程序,如进行一次信号处理、从硬件上获取一段时间的数据等。在基本程序的设计中,使用 LabVIEW 中数据类型、结构和函数都是最基础的内容,这些基础内容也是 LabVIEW 中复杂算法模块的组成部分。项目中的基本程序相当于一个功能模块,若干个功能模块组合在一起就形成了一个功能复杂的项目。

本章首先实现一个产生波形数据的实例,根据实例讲解 LabVIEW 的基础编程环境,包括前面板、程序框图、连线板和图标;同时介绍 LabVIEW 中的基本调试工具,如运行、中止运行等。

本章通过实例介绍如何在 LabVIEW 中实现一个基础的功能模块的程序开发。通过本章的实例操作,相当于进行一个 LabVIEW 基础功能模块的设计和调试工作。

本书中的 LabVIEW 实例都基于 Windows 10 操作系统下 LabVIEW 2019(32 位)的版本。

2.1 创建第一个 LabVIEW 程序

微课视频

下面,开始创建第一个 LabVIEW 程序,程序的内容是产生一个随机数,并且通过图表的方式将产生的所有随机数按照先后顺序显示出来。

为什么不是 Hello World 或加法器程序呢?

很多文本的编程语言环境的讲解都是从 Hello World 或加法器程序开始的。本书讲解 LabVIEW 所使用的第一个实例程序,并不是这两个最通用的程序,因为 LabVIEW 图形化的编程环境使编程的过程大大简化,以至于 Hello World 或加法器这两个程序在 LabVIEW 中几乎什么都没有做就结束了。

接下来将结合生成并显示随机数的实例介绍在 LabVIEW 环境中进行程序开发的特点和优势。

启动 LabVIEW 程序。在菜单栏中执行"文件"→"新建 VI"命令,会弹出两个新的窗口,这是 LabVIEW 的基本编程环境。

"新建 VI"就代表创建一个新的 LabVIEW 程序。创建 VI 后打开的两个窗口分别为程序框图和前面板,如图 2.1 所示。

图 2.1   程序框图和前面板

LabVIEW 中基础的文件单元是 VI。VI 是 Virtual Instruments(虚拟仪器)的缩写。LabVIEW 中的所有的程序、工程项目、算法模块,都是由 VI 文件构成的,VI 文件以 .vi 为扩展名。

2.2   在程序框图中部署函数和结构

在 LabVIEW 程序设计中,程序框图是用来编辑程序逻辑的,前面板是用来进行人机交互的。在第一个程序中要实现的功能是连续产生随机数,接下来在程序框图中实现这个功能。

2.2.1   添加随机数节点

在程序框图空白区域右击,会弹出"函数"选板,依次选择"编程"选板→"数值"选板,在"数值"选板中会看到一个画着骰子图标的函数节点,单击这个标签为"随机数(0-1)"的函数节点,放置在程序框图中,如图 2.2 所示。

2.2.2   添加循环结构

在程序框图空白处右击,在弹出的"函数"选板中依次选择"编程"选板→"结构"选板,单击选中"While 循环"结构,如图 2.3 所示。在将"While 循环"结构放在程序框图中的时候按住鼠标左键,使用鼠标将之前放置的"随机数(0-1)"函数节点图标圈在矩形方框中。

图 2.2　选择"随机数(0-1)"函数节点

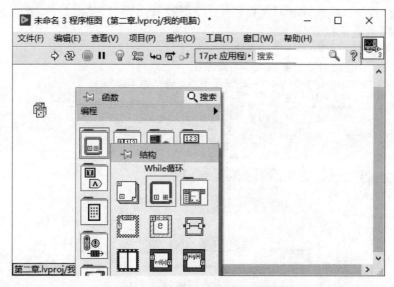

图 2.3　放置"While 循环"结构

松开鼠标左键后,可以看到"随机数(0-1)"函数节点被放置在了新创建的"While 循环"结构当中,如图 2.4 所示。

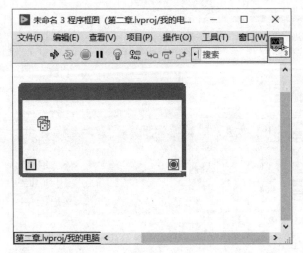

图 2.4 将"随机数(0-1)"函数节点放置在"While 循环"结构当中

2.3 在前面板中添加用户界面

2.3.1 添加"波形图表"显示控件

切换至前面板,在窗口的空白处右击,弹出"控件"选板。在"控件"选板中依次选择"新式"选板→"图形"选板,在"图形"选板中单击选中"波形图表"显示控件,放置在前面板中,如图 2.5 和图 2.6 所示。

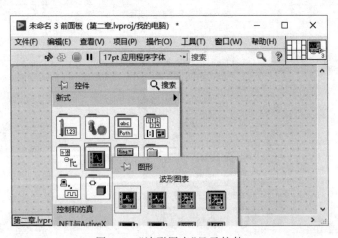

图 2.5 "波形图表"显示控件

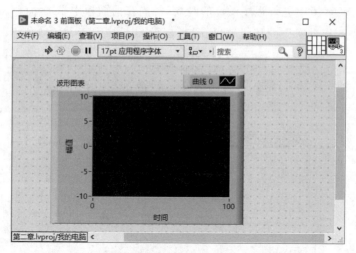

图 2.6　在前面板中添加"波形图表"显示控件

2.3.2　添加"停止按钮"输入控件

在前面板空白处右击,在弹出的"控件"选板中依次选择"新式"选板→"布尔"选板,在"布尔"选板中选择"停止按钮"输入控件放置在前面板中,如图 2.7 所示。

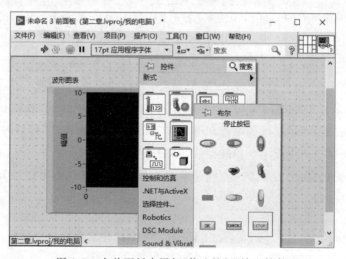

图 2.7　在前面板中添加"停止按钮"输入控件

2.4　在程序框图中进行数据流连接

切换至程序框图,会看到在程序框图中多出了两个图标,两个图标的标签分别为"波形图表"和"停止"。这两个图标叫作接线端,与前面板中的控件是一一对应的关系。

在 LabVIEW 环境中进行程序设计的时候,每当在前面板中添加了控件,在程序框图中就会自动出现添加控件对应的接线端,如图 2.8 所示。

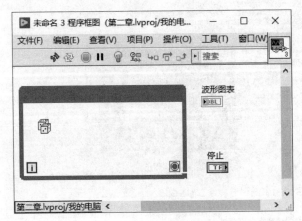

图 2.8　程序框图中出现了在前面板中添加控件的接线端

2.4.1　输出随机数据到波形图表

为了将程序框图中由"随机数(0-1)"函数节点产生的数据连续地显示到前面板,需要在程序框图中的"随机数(0-1)"函数节点和"波形图表"接线端之间进行数据的传递。

在程序框图中,首先将"波形图表"接线端拖动到"While 循环"结构的矩形框中,然后在"随机数(0-1)"函数节点和"波形图表"接线端之间连接一条数据线。

当鼠标指针靠近"随机数(0-1)"函数节点时,会自动变成一个绕线器的形状。单击"随机数(0-1)"函数节点的输出接线端后,可以看到从"随机数(0-1)"函数节点连出了一条线。将这条线连接到"波形图表"接线端的左侧再次单击,可以看到在"随机数(0-1)"函数节点和"波形图表"接线端之间生成了一条数据线,如图 2.9 所示。

在数据连线的过程中不需要一直按住鼠标左键。开始连线后可以松开鼠标左键,在连线结束时再次单击即可。

2.4.2　将"停止"接线端连接到 While 循环

在程序框图中将"停止"接线端拖动到"While 循环"结构的矩形框中。在"While 循环"结构中的右下角有一个包含了红色圆形和绿色方框的图标,这个图标是 While 循环的条件停止端。通过鼠标指针在"停止"接线端和条件停止端之间建立一条数据连接线,如图 2.10 所示。

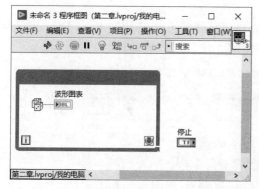 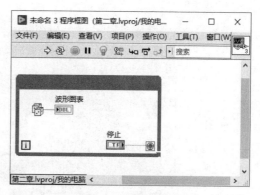

图 2.9　在"随机数(0-1)"函数节点　　　　图 2.10　将"停止"接线端连接到 While 循环
和"波形图表"接线端之间进行数据连线

2.5　运行与调试程序

在 LabVIEW 进行程序设计的过程中,如果当前程序没有错误,可以在任何时刻直接运行程序,而不需要进行单独的编译。这得益于 LabVIEW 特殊的即时编译机制,当在程序框图中部署函数或进行数据连线的同时,LabVIEW 就几乎同步地进行了编译,所以可以在不做任何额外工作的情况下直接运行程序并得到结果。

可通过运行程序观察结果,如果结果正确,就可以进行程序的保存;如果结果与预期不一致,就需要使用 LabVIEW 的调试工具进行调整和修改程序。

2.5.1　保存 VI 文件

在前面板或程序框图窗口的菜单栏中选择"文件"→"保存"命令,在弹出的对话框中将程序命名为"第一个 VI",如图 2.11 所示。

LabVIEW 中的程序文件都是以 .vi 为扩展名,当保存了第一个 VI 文件之后,可以看到在保存的路径下出现了"第一个 VI.vi"文件。

2.5.2　运行 VI 文件

在前面板的工具栏中,单击"运行"执行程序,可以看到在"波形图表"显示控件中开始显示随机产生一系列数据。在程序运行之前,"运行"按钮是白色的,当程序开始运行之后,"运行"按钮是黑色的,如图 2.12 和图 2.13 所示。

2.5.3　中止执行 VI

在 LabVIEW 程序文件运行过程中,单击前面板工具栏中的"中止执行"按钮就可以中止程序执行。此时可以看到"运行"按钮恢复为默认状态,波形图表也停止了更新,如图 2.14

所示。

需要注意的是,停止循环运行的 LabVIEW 程序最好的方式是使用 LabVIEW 前面板中的"停止"输入控件,而不是使用前面板工具栏中的"中止执行"按钮。

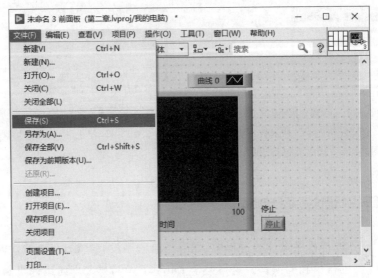

图 2.11　保存 VI 文件

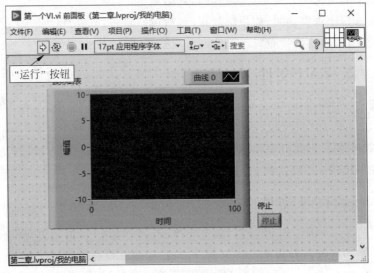

图 2.12　单击"运行"按钮运行程序文件

工具栏中的"中止执行"按钮可以在程序运行的任何状态下停止程序的运行。"中止执行"按钮的优先级是最高的,可以为程序调试带来很大的便利。例如,程序遇到死循环或其他未知情况时,都可以使用"中止执行"按钮停止程序。

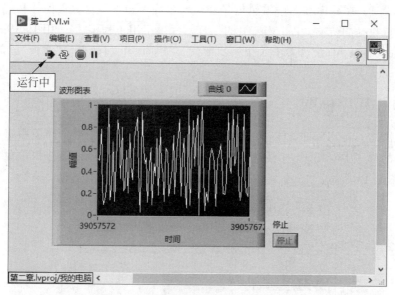

图 2.13　运行中的 LabVIEW 程序文件

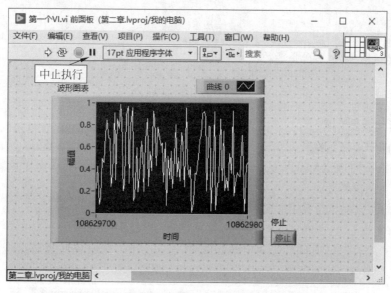

图 2.14　中止执行程序文件

2.6　LabVIEW VI 三要素

通过上述操作,我们已经完成了一个最简单的程序,在这个过程中已经体现了 LabVIEW 环境中进行程序设计的很多要素和特点。例如,在前面板部署控件就是在进行人机界面的设计；在程序框图中编辑就是在进行程序逻辑的设计；在控件和函数节点之间连线就是进行数据的传输。LabVIEW 的工具栏提供了用于程序运行和调试的基本操作。

　　每个 LabVIEW VI 文件都有 3 个基本要素：程序框图、前面板、连线板/图标，下面分别进行讲解。

2.6.1　程序框图

　　程序框图是 LabVIEW 具体实现逻辑的地方，所有算法都在这个环境中进行编辑和实现。在刚才的程序中实现了一个随机数发生器和循环结构的逻辑，这些模块就在程序框图中实现，如图 2.15 所示。

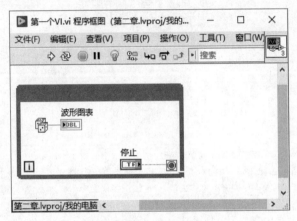

图 2.15　程序框图

1. 图形化开发环境

　　程序框图中的逻辑实现是 LabVIEW 与其他编程语言最大的区别所在。与一般的文本程序开发语言不同，LabVIEW 是一个图形化的开发环境。所以，实现程序逻辑的过程，就是在编辑程序的逻辑图。

　　图形化开发环境与文本编程语言的不同如下。

　　1）逻辑实现

　　文本编程语言中是通过关键词 if、while、for、goto 和{ }标定程序逻辑结构；LabVIEW通过图表的连线和结构的位置关系决定程序逻辑结构，如图 2.16 所示。

图 2.16　文本程序开发语言和 LabVIEW 图形化环境的逻辑结构实现

2）数据传递

文本程序开发语言通过变量赋值的方式进行数据的传递；LabVIEW 通过连线进行数据的传递，如图 2.17 所示。

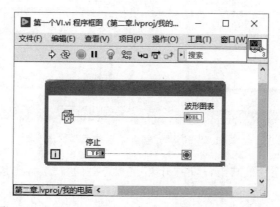

图 2.17　LabVIEW 图形化环境中通过连线进行数据传递

3）编译

在上面的程序中，在程序框图中搭建好程序逻辑之后直接就运行程序。与很多编程环境不同，LabVIEW 并没有手动进行编译，而是直接运行程序，并且顺利地得到了结果。LabVIEW 编程环境中的编译过程是一种即时编译的机制，在程序框图或前面板中放置新控件的时候，LabVIEW 环境会自动进行编译，并且将编译的结果通过工具栏中“运行”按钮的状态显示出来。

4）错误提示

在编辑程序的过程中，当在前面板中添加了“波形图表”显示控件和“停止”输入控件之后，在程序框图中将它们与“随机数(0-1)”函数节点和“While 循环”结构连线之前，工具栏中的“运行”按钮一直是断线的状态。

这是 LabVIEW 根据当前编辑程序的状态返回了编译的结果，断线是编译出现错误的提示，直到将当前的全部错误纠正，工具栏中的“运行”按钮才会显示为可运行的状态，如图 2.18 所示。

上面只是将逻辑结构的部分进行了对比，而没有比较界面显示的部分。LabVIEW 提供了大量的用户输入和数据显示控件，因而十分便于开发软件的人机交互界面，这些在其他文本编程语言中实现起来是需要一定的工作量的。这也是 LabVIEW 的优势所在，可以十分容易地进行数据可视化。在第 4 章中会对这部分内容进行专门的讲述。

2. 程序框图中的图标

程序框图中的各种图标包含了 LabVIEW 实现逻辑的全部元素：节点、函数节点、常量、结构等。

在上面的程序中，在程序框图中使用的元素有“随机数(0-1)”函数节点和“While 循环”结构。

图 2.18 "运行"按钮显示的编译状态

在程序框图中的空白处右击,弹出"函数"选板,在"函数"选板中包含了 LabVIEW 提供的函数和结构等元素。

一般在"函数"选板中的"编程"选板是默认打开的,"编程"选板中包含了使用频率最高的一些节点、函数和结构,如图 2.19 所示。

"函数"选板中包含了若干个下级选板,每个选板下会包含下一级未展开的选板,右击选板的图标可以将这个选板展开。例如,"While 循环"结构在"编程"选板下的"结构"选板中,如图 2.20 所示。

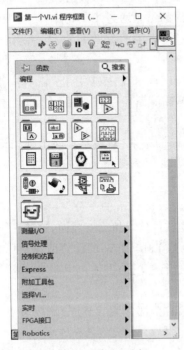

图 2.19 "编程"选板

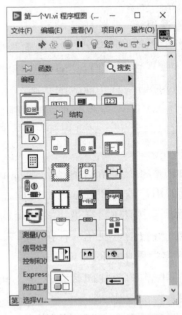

图 2.20 "编程"选板下展开的"结构"选板

"随机数"节点在"编程"选板下的"数值"选板中,如图 2.21 所示。

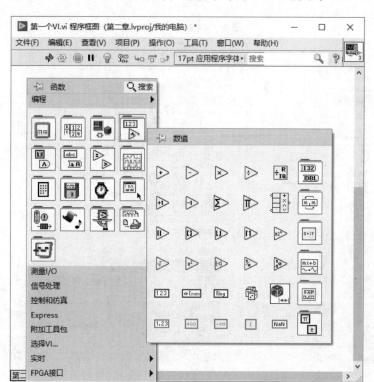

图 2.21 "编程"选板下展开的"数值"选板

"函数"选板中除了"编程"选板,在它下面是默认未展开的专用的函数选板,如"测量I/O"选板提供了进行硬件数据采集设备的测量与输出的功能;"仪器 I/O"选板提供了进行仪器控制的功能;"视觉与运动"选板提供了进行图像处理和运动控制的功能,如图 2.22～图 2.24 所示。

这些选板与安装的工具包、模块和驱动有关系,只有安装了对应的工具包和驱动,这些选板才会出现。

3. 程序框图中图标的分类

在 LabVIEW 程序框图中的"函数"选板中,包含了可以进行程序设计的图标,这些图标代表了一种运算的逻辑功能,分为函数节点、节点、快速 VI、结构、常量等。

1)函数节点

函数节点是可以进行运算的最小单位,如在"编程"选板→"数值"选板中的用于数值计算的加、减等节点。这些节点是构成各种运算的最小单位,它们无法分解为更底层的运算。双击这些节点图标后,不会出现它们的前面板,也没有程序框图。

在程序框图中右击,在弹出的"函数"选板中选择"编程"选板→"数值"选板,可以看到选板中进行数值运算的函数节点,如图 2.25 所示。

图 2.22　"函数"选板中默认
未展开的"测量 I/O"选板

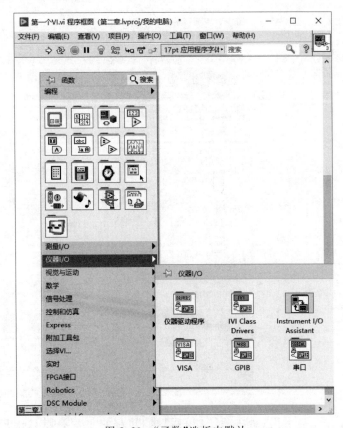

图 2.23　"函数"选板中默认
未展开的"仪器 I/O"选板

2)节点

节点是 LabVIEW 程序生成的算法函数。节点具备 LabVIEW 程序的三要素:前面板、程序框图、连线板/图标。双击节点可以打开它的前面板和程序框图,节点实际上就是一段 LabVIEW 程序,当打开节点的程序框图后,可以看到节点是由其他节点、函数节点和结构等元素构成的。

在程序框图空白处右击,打开"函数"选板,选择"信号处理"选板→"波形生成"选板,可以看到有关波形生成的节点,如图 2.26 所示。

3)快速 VI

在 LabVIEW 中进行一个特定项目的时候,往往会需要若干的节点联合使用,如读取文件中波形的数值,就需要将打开、读取、解析、关闭等一系列节点一起调用,才可以完成。这些节点往往无法合并成一个函数,因为其中涉及大量的输入参数。

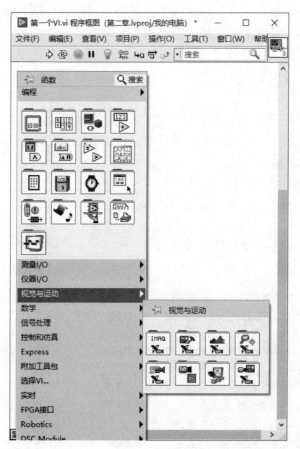

图 2.24　"函数"选板中默认未展开的"视觉与运动"选板

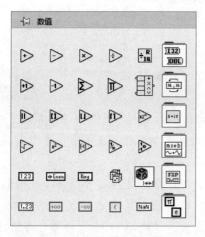

图 2.25　"数值"选板中的函数节点

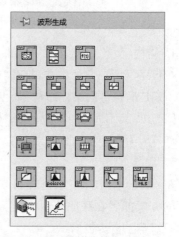

图 2.26　"波形生成"选板中的节点

在 LabVIEW 中通过快速 VI(Express VI)的方式将这些在典型场景下需要一起使用的节点打包在一起，并形成了一个可以基于配置的函数形式。当使用快速 VI 的时候，一个快速 VI 就可以完成若干项操作，并且可以在快速 VI 内部通过配置的方式设置大量参数。快速 VI 一般是淡蓝色背景的图标，形状也比一般节点大，双击快速 VI 图标可以打开配置界面。

使用快速 VI 的优点，正如它的名字一样，可以快速地完成一项复杂功能，这在一些原型的设计中尤其高效。相比使用底层的节点和函数花费若干小时甚至几天来验证一项测试工作，快速 VI 就可以迅速得到结果。

在程序框图空白处右击，打开"函数"选板，依次选择"编程"选板→Express 选板→"信号分析"选板，可以看到具有信号分析功能的快速 VI，如图 2.27 所示。

图 2.27　Express 选板中信号分析的快速 VI

4）结构

在程序框图空白处右击，打开"函数"选板，依次选择"编程"选板→"结构"选板，可以看到 LabVIEW 提供的编程结构，如 While 循环、条件结构等，如图 2.28 所示。

因为 LabVIEW 是图形化的编程环境，所以结构的图标都是一个矩形框，通过节点、函数节点等元素在矩形框内部或外部的几何关系确定程序的运行逻辑关系。

5）常量

在程序框图中除了通过控件输入数据外，一些数据的值是固定不变的，这些数据以常量的方式部署在程序框图中。不同数据类型的常量放置在每种数据类型的选板当中。例如，数值常量就包含在"编程"选板→"数值"选板→"数学与科学常量"选板中，如图 2.29 所示。

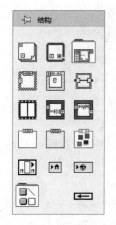

图 2.28　"结构"选板
中的编程结构

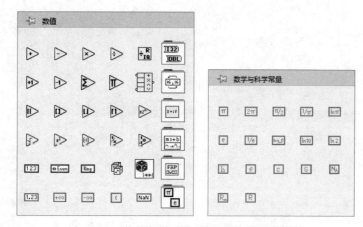

图 2.29　"数学与科学常量"选板中的数值常量

4. 程序框图中的函数搜索

在使用一个新的编程环境时,第一件事情也是最难的事情就是熟悉各种函数和节点。在 LabVIEW 中添加函数的方式是通过程序框图中的"函数"选板,有两种方式可以帮助快速熟悉和找到这些函数。

1)图标

因为 LabVIEW 是图形化的环境,所以除了可以通过节点的标签识别功能外,每个节点都有独特的图标,还可以通过图标帮助快速判断这个节点的功能和从属的面板。例如,"函数"选板→"编程"选板→"数值"选板提供的若干用于数值计算函数节点,在每个函数节点上都有进行数值计算含义的符号,可帮助快速识别函数的含义,如图 2.30 所示。

2)选板的排布

在 LabVIEW 中,选板中元素的排布是遵循一定逻辑的。

例如,在"函数"选板→"编程"选板中,按照结构、数据类型(如数组、簇、数值、布尔、字符串)的顺序进行排布,如图 2.31 所示。

其他未展开的选板是按照功能模块排布的,比较典型的选板内容如下。

- 测量 I/O;
- 仪器 I/O;
- 视觉与运动;
- 数学;
- 信号处理;
- 数据通信;
- 互联接口;
- 控制与仿真;
- Express。

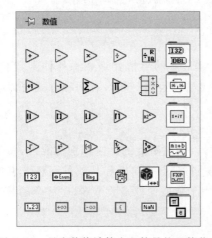

图2.30　具有数值计算含义符号的函数节点　　　　图2.31　选板的排布

2.6.2　前面板

前面板是通常意义上的用户界面,通过前面板与用户进行交互,如接收用户输入端指令和参数、显示程序结果的数据等。例如,在"第一个 VI"程序中,通过前面板的"停止"按钮输入控件停止程序,通过"波形图表"显示控件显示连续产生的随机数,如图2.32所示。

1. 控件的概念

前面板中的图标都称为控件,分为输入控件和显示控件,具体如下。

(1) 如果控件是用户进行数据输入进入程序框图的,那么称为输入控件,一般放在左侧。

(2) 如果控件是从程序框图输出到前面板进行显示的,那么称为显示控件,一般放在右侧。

如图2.33所示,在前面板中排布了输入控件和显示控件。

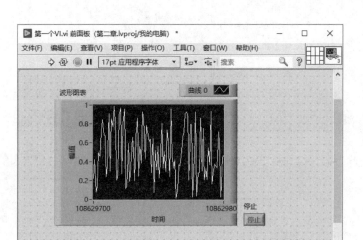

图 2.32　前面板的人机交互界面

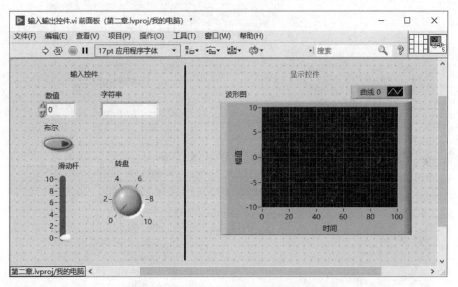

图 2.33　前面板中的输入控件和显示控件

2. 控件排布

在前面板空白处右击,打开"控件"选板,一般默认打开的是"新式"选板,在选板中,可以看到按照数据类型排布的各种控件的子面板,如"数值"选板、"布尔"选板、"字符串"选板、"数组"选板等,如图 2.34 所示。

在"控件"选板中,"新式"选板下未展开的"NXG 风格"选板、"银色"选板、"系统"选板、"经典"选板中提供的控件基本上是与"新式"选板功能一致的控件,只是在控件的展现上是不同的风格,如图 2.35 所示。一般根据不同的项目需要选择合适的控件风格。

图 2.34 "控件"选板

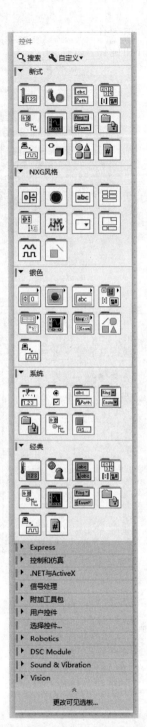

图 2.35 与"新式"选板不同风格的
其他选板

图 2.36 所示为在前面板中分别使用"新式"选板、"NXG 风格"选板、"银色"选板、"经典"选板中数值和旋钮两个输入控件的情况。

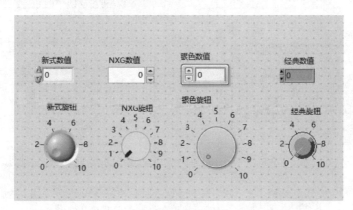

图 2.36　不同风格选板中的数值和旋钮控件

在 LabVIEW 中如果安装了特定应用的模块和工具包,模块和工具包会提供针对特定应用的控件。例如,安装了机器人工具包后,在前面板的"控件"选板中会出现指南针和高度球显示控件,如图 2.37 所示。

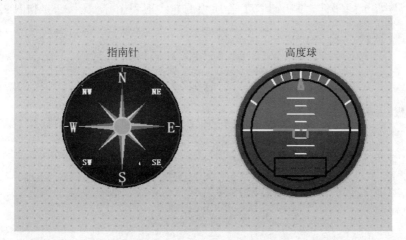

图 2.37　机器人工具包的显示控件

3. 前面板与程序框图的映射

前面板和程序框图有着对应的关系,在前面板中的控件与程序框图中的接线端是一一对应的。如图 2.38 所示,前面板中的"波形图表"显示控件与"停止"按钮在程序框图中分别有对应的接线端。

这里很容易理解,从前面板输入的所有数据都会输入程序框图,通过接线端流出的数据进行运算;同时,在程序框图中的结果,又会通过前面板中的显示控件显示。

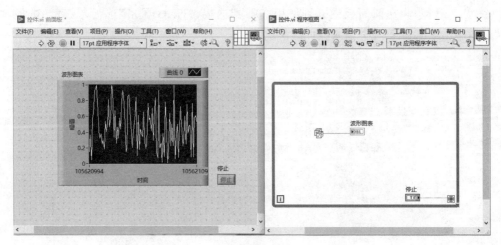

图 2.38　前面板和程序框图的控件映射

2.6.3　连线板和图标

连线板用来定义当前 VI 的数据输入和输出,图标是当前 VI 在其他函数的程序框图中被调用的时候显示的图标,"第一个 VI"程序中的连线板和图标如图 2.39 和图 2.40 所示。

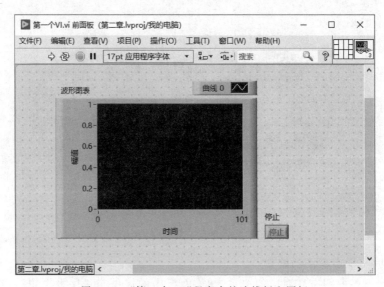

图 2.39　"第一个 VI"程序中的连线板和图标

图 2.40　连线板和图标的图示

1. 基本波形实例

接下来通过创建基本波形实例讲解接线端的作用。在 LabVIEW 启动界面中,执行"文件"→"新建 VI"菜单命令创建一个空白 VI 文件,命名为"基本波形.vi",保存文件。接下来按照以下步骤完成创建基本波形。

(1) 在程序框图空白处右击,打开"函数"选板,选择"信号处理"选板→"波形生成"选板,单击"基本函数发生器"节点并放置在程序框图中,如图 2.41 所示。

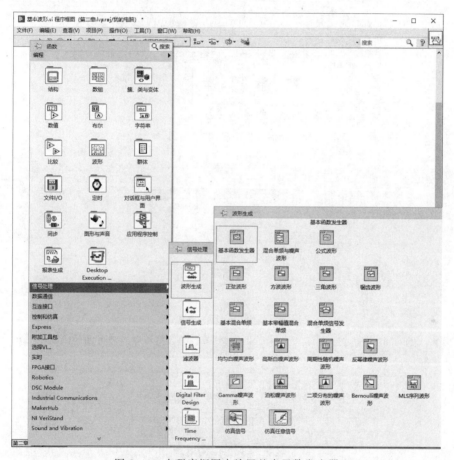

图 2.41　在程序框图中放置基本函数发生器

(2) 在前面板中右击,打开"控件"选板,选择"新式"选板→"图形"选板,单击"波形图"显示控件,放置在前面板中,如图 2.42 所示。

(3) 在"程序框图"窗口中,将"基本函数发生器"节点的输出端与波形图的接线端连接起来,如图 2.43 所示。

(4) 在前面板工具栏中单击"运行"按钮运行程序,在前面板的"波形图"显示控件可以看到生成了一个正弦波形,如图 2.44 所示。

图 2.42　在前面板中添加"波形图"显示控件

图 2.43　通过连线将"基本函数发生器"节点的数据传输到波形图的接线端

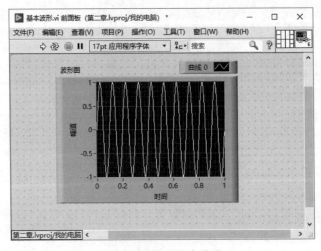

图 2.44　得到基本波形

2．连线板的概念

在"基本波形"VI的程序框图中，当把鼠标指针放置在"基本函数发生器"节点上面时，在该节点的周围出现了很多接线端，通过这些接线端进行数据的输入和输出。当基本波形VI的接线端与波形图的接线端连接在一起时，就实现了数据的传递。连线板就是用来管理节点的接线端，在基本波形 VI 上的接线端的排布和定义就是连线板的内容，如图 2.45 所示。

一般来说，连线板左侧的接线端进行数据的输入，也就是数据流的方向是流入的；右侧的接线端进行数据的输出。

通过快捷键 Ctrl＋H 或单击操作界面右上角的黄色问号按钮可以打开"即时帮助"窗口，然后将鼠标指针放置在"基本函数发生器"上，窗口会显示它的帮助信息，如每个接线端的含义和排布，如图 2.46 所示。

图 2.45　基本函数发生器的连线板

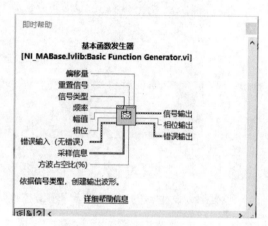

图 2.46　即时帮助信息

在"基本波形"VI的程序框图中，双击"基本函数发生器"节点图标可以打开它的前面板，在前面板菜单栏中执行"操作"→"切换至编辑模式"命令，在前面板右上角可以看到它的连线板和图标，如图 2.47 所示。

基本函数发生器的前面板中的输入控件与帮助文件中的说明是一一对应的，前面板的控件与接线板中的每个接线端是对应的。

3．连线板与数据传递

在"基本波形"VI中调用"基本函数发生器"节点的时候，实际发生数据传递的步骤如下。

（1）程序框图中接线端将频率数据（frequency）输入"基本函数发生器"节点，如图 2.48 中 A 部分所示。

（2）频率数据（frequency）实际传到了"基本函数发生器"节点前面板的"频率"输入控件，如图 2.48 中 B 部分所示。

（3）在基本函数发生器的程序框图中经过运算的数据输出到前面板的"信号输出"显示控件，如图 2.48 中 D 部分所示。

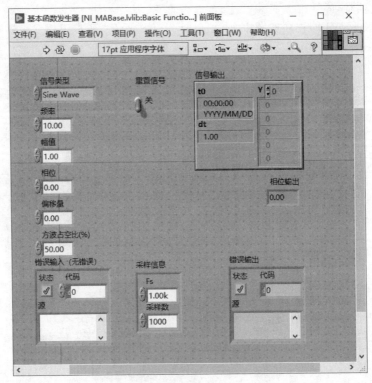

图 2.47　基本函数发生器的前面板中的连线板和图标

（4）基本函数发生器的"信号输出"输出控件的值通过连线板返回并输出到波形图的接线端，如图 2.48 中 C 部分所示。

整体的数据传递流程如图 2.48 所示。

4. 连线板的使用

连线板的定义实际就是前面板上控件和连线板接线端的映射关系，当把鼠标指针放置在连线板的某个接线端上时，可以看到在前面板上对应的控件高亮显示。

一般连线板中接线端的排布规则是：输入控件放在连线板的左侧，显示控件放在连线板的右侧，配置参数和一般可选的输入接线端放在上侧和下侧，如图 2.49 所示。

接下来为"基本波形"VI 定义连线板，操作步骤如下。

（1）添加输入输出控件。在"基本波形"VI 的程序框图中，将鼠标指针放置在"基本函数发生器节点"的左上角，当光标接近频率的接线端时，"基本函数发生器"节点会自动弹出"频率"接线端，在标签为"频率"的接线端上右击，在弹出的菜单中选择"创建"→"输入控件"命令，LabVIEW 会自动添加一个 frequency（频率）输入控件，并且将该输入控件连接到"频率"接线端。

使用同样的方法为"基本函数发生器"节点的"信号输出"接线端创建波形图的显示控件接线端，如图 2.50 所示。

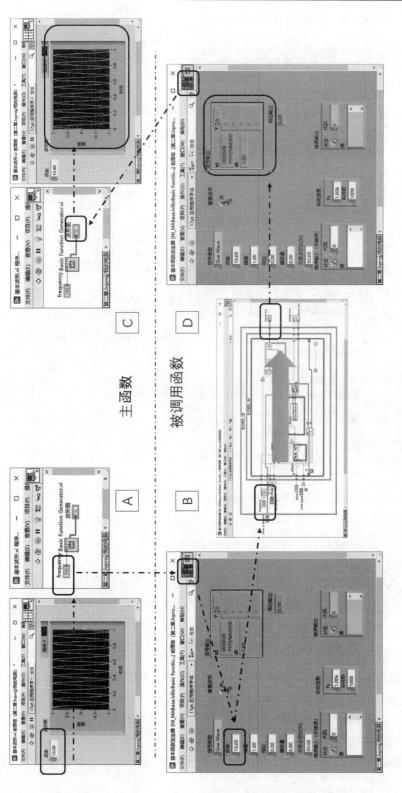

图2.48　连线板与数据传递

输入控件　　　　　　　　显示控件

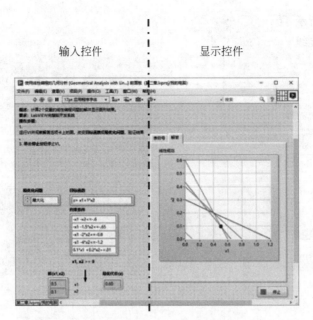

图 2.49　连线板中接线端的排布

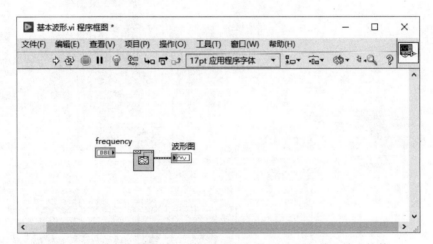

图 2.50　在程序框图中为"基本波形发生器"节点添加输入输出控件

接下来为基本函数发生器创建错误簇的输入和输出接线端,如图 2.51 所示。

(2) 选择连线板模板。在"基本波形"VI 前面板右上角单击连线板图标,在弹出的菜单中选择"模式",可以选择连线板的模式,选择其中 12 格的模板作为"基本波形"VI 的连线板,这个模板也是 LabVIEW 最常用的模板,如图 2.52 和图 2.53 所示。

(3) 添加控件和连线板对应关系。在添加控件和连线板对应关系的时候,首先选择连线板中的接线端,方法是在前面板中,将鼠标指针放置在窗口右上角的连线板上,当鼠标指针进入某个接线端区域的时候,会自动变成连线的模式。单击选中的接线端后,该接线端变成黑色,如图2.54所示。

接下来选择与接线端对应的控件。在前面板中单击"频率"输入控件,这时控件和连线板的对应关系就建立了。连线板上接线端的颜色从黑色变成了黄色,颜色代表当前控件的数据类型,如图2.55所示。

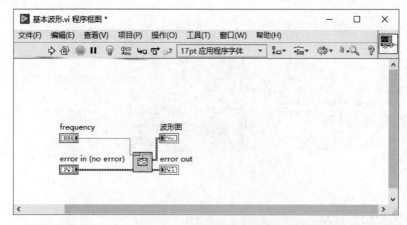

图 2.51　为基本函数发生器创建错误簇的输入和输出接线端

图 2.52　选择连线板模式

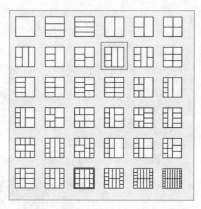

图 2.53　连线板模板中的典型模式

在前面板中通过同样方式将"波形图"显示控件连接到连线板右侧的接线端,将错误簇的输入控件和显示控件分别对应到连线板左下角和右下角的接线端,如图2.56所示。

5. 图标的概念

在"基本函数发生器"前面板的右上角,连线板右侧是它的图标,图案和"基本函数"VI程序框图中调用"基本函数发生器"节点的图案是一致的。

在图形化的开发环境中,图标更加容易让人理解和辨别当前函数的功能。如果观察LabVIEW提供的节点图标,会发现每个图标都有一个非常直观的图形以表示当前函数的功能。

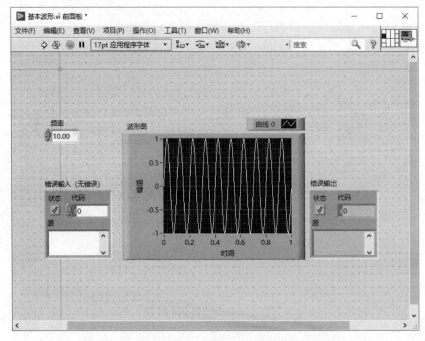

图 2.54　在前面板为控件与接线板添加对应关系

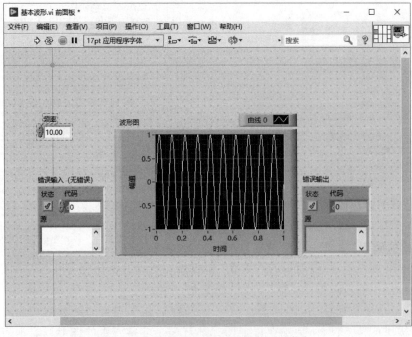

图 2.55　将"频率"输入控件连接到接线板

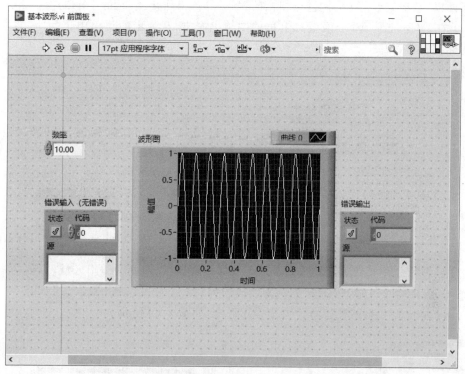

图2.56　将错误簇的输入控件和显示控件连接到连线板的接线端

举例来说,在程序框图空白处右击,打开"函数"选板,选择"数学"选板→"拟合"选板,可以看到很多拟合方法的节点,每个节点都绘制了这种方法直观的图示,如图2.57所示。

6. 图标的编辑

一般图标都是由文字和符号构成。文字一般使用英文,因为图标显示的像素有限,中文字符和词组往往无法完全显示。

一组功能相近或同一类操作的函数,其图标的风格是一致的,如颜色相同或图标文本中有同一个关键词。

举例来说,在程序框图空白处右击,打开"函数"选板,选择"测量 I/O"选板→"DAQmx-数据采集"选板,可以看到针对数据采集功能节点的图标的风格都是一致的,如图2.58所示。

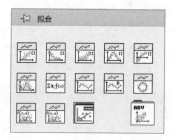

图2.57　"拟合"选板中节点的图标

在"基本函数"VI前面板右击窗口右上角的图标按钮,在弹出的菜单中选择"编辑图标",就可以进入图标的编辑界面。在编辑界面中可通过模板、图标文本、图片等多种方式对图标进行编辑。

下面以"基本波形"VI 为例进行图标的编辑,具体操作步骤如下。

(1)在"基本波形"VI 前面板右上角的图标上右击,在弹出的菜单中选择"编辑图标",进入图标编辑器,如图 2.59 所示。

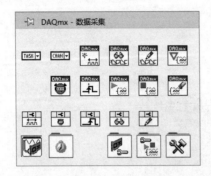

图 2.58　风格一致的数据采集节点图标

图 2.59　选择图标的编辑菜单

(2)清除默认的 LabVIEW 图标。进入图标编辑器后,左侧为编辑区域,右侧为图标预览区域,当前显示的是 LabVIEW 默认的经典图标。

在图标预览区域的右侧工具栏中选择矩形框,如图 2.60 所示。

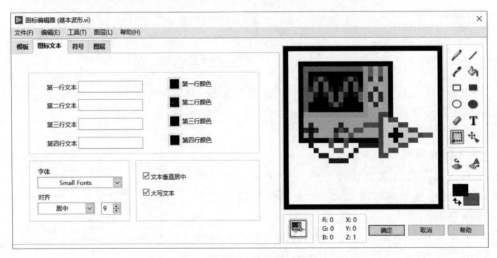

图 2.60　默认的图标编辑器

使用矩形框选中当前预览区域的内容,按 Delete 键删除,可以看到当前预览区域的内容被清空,如图 2.61 所示。

(3)添加图标文本。在图标编辑器的左侧编辑区域,切换到"图标文本"选项卡,在"第一行文本"输入框中输入 Wave。在右侧预览区域,出现了添加的 Wave 文本,如图 2.62 所示。

(4)添加图标符号。在图标编辑器左侧编辑区域,切换到"符号"选项卡。在"类别"列表中选择"信号处理"一项,然后在中间的符号区域选择第一行的正弦波形图标。将这个符号拖动到右侧的预览区域。可以通过鼠标的拖动调整符号在预览区域的位置,将符号放置在字符 WAVE 的下方,如图 2.63 所示。

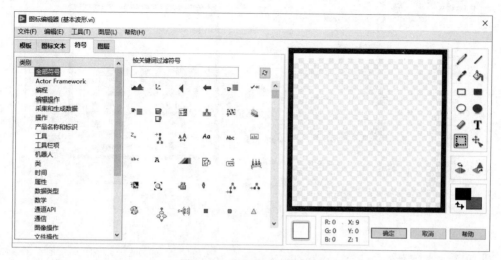

图 2.61　将现有的图标清除

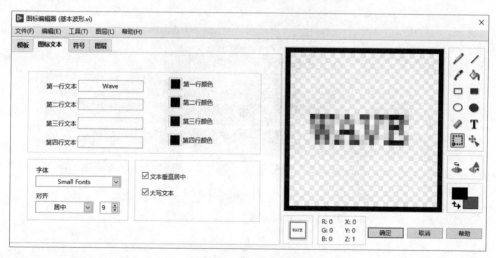

图 2.62　添加文本

(5) 单击"确定"按钮,退出接线板编辑模式,并保存当前 VI。

此时"基本波形"VI 前面板右上角的图标已经变成了刚刚编辑的图标,如图 2.64 所示。

新建一个空白 VI 文件,将"基本波形"VI 拖动到新建的空白 VI 的程序框图中。可以看到"基本波形"VI 的图标和接线端是刚才编辑后生效的效果,如图 2.65 所示。

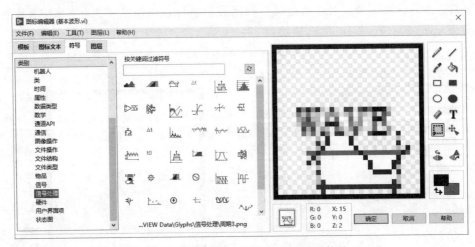

图 2.63　在编辑界面添加波形的图形符号

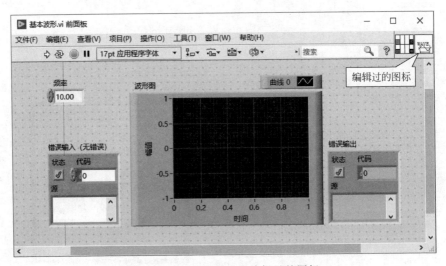

图 2.64　在前面板显示编辑过的图标

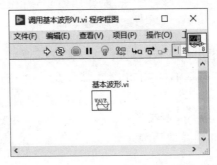

图 2.65　在程序框图中调用"基本波形"VI 时显示的图标

将鼠标指针停留在"基本波形.vi"图标上,按快捷键 CTRL＋H 打开"即时帮助"窗口,可以看到窗口中会显示在连线板中对"基本波形.vi"输入/输出接线端的定义,如图 2.66所示。

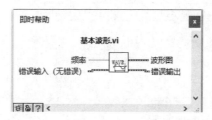

图 2.66　在"即时帮助"窗口中显示的"基本波形.vi"接线端

2.7　基于数据流的编程模式

微课视频

在 LabVIEW 中,绝大部分情况下都是通过连线的方式进行数据传递。在程序运行时,数据从一个节点流到了下一个节点,这种通过连线传递数据的方式称为数据流。

一般的 LabVIEW 程序中,在逻辑部署完成后,数据将从第一个节点流向第二个节点,再流向第三个节点,直至结束。

在下面的实例中,程序的逻辑是输入的数据首先加 1,然后乘以 2,最后再减 2。在LabVIEW 中的整个实现过程就是输入接线端的数据与常量 1 一起流向第一个加法节点,通过加法运算后得到的结果与常量 2 一起流向乘法节点,通过乘法运算后的结果与常量 2一起流向减法节点,通过减法运算后流出到输出接线端,如图 2.67 所示。

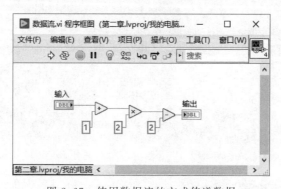

图 2.67　使用数据流的方式传递数据

在程序框图工具栏中单击"高亮显示执行过程"和"保存连线值"按钮,然后单击"运行"按钮运行程序,可以看到数据从每个节点依次流向后面的节点,最后在输出端显示的过程,如图 2.68 所示。

LabVIEW 图形化的开发环境提供了一种与文本编程语言非常不同的编程方式,这种数据流实际上为程序的逻辑设计提供了诸多好处和特点,如下所示。

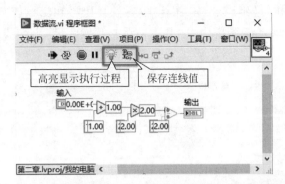

图 2.68　高亮显示执行过程和保存连线值显示数据流过程

（1）逻辑流程十分直观，所见即所得。

（2）在测量和控制的项目中，数据的获取和操作非常简单和直观。

（3）提供了天然的并行结构，两条没有数据传递关系的数据流就是并行执行的结构，无需复杂的线程操作。

当然需要注意的是，因为数据流对程序逻辑执行的过程不同于文本的逐行执行，需要使用各种结构规范程序执行的顺序，否则会出现意想不到的结果。

微课视频

2.8　LabVIEW VI 的基本调试

LabVIEW 编程环境中提供了一系列的调试工具，在程序框图的工具栏区域可以看到这些调试工具，如图 2.69 所示。

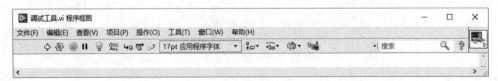

图 2.69　调试工具

2.8.1　调试工具

1. 运行程序

当在 LabVIEW 中完成程序的编写后，为了验证功能，需要进行代码的调试。在 LabVIEW 工具栏的调试工具中，"运行"是最基本的调试功能。"运行"按钮用来启动程序，同时这个按钮也反映当前程序编译的状态。

前面板工具栏中的"运行"按钮的功能是开始当前程序的运行，并且运行一次。

LabVIEW 具有即时编译的特性，在程序编写的过程中，如果程序没有错误，无需额外的编译步骤，随时都可以单击"运行"按钮运行程序。

1）按钮的状态和颜色

根据当前程序的运行状态，"运行"按钮有以下 3 种状态。

（1）白色。

在默认的状态或编译没有错误的情况下，"运行"按钮都是白色的箭头。

这说明程序编译正常，在实例"调试"VI 中，可以看到当前的"运行"按钮是白色的箭头，代表当前编译正常，单击"运行"按钮，程序会正常运行，并且在前面板中的输出控件显示当前运算的结果，如图 2.70 所示。

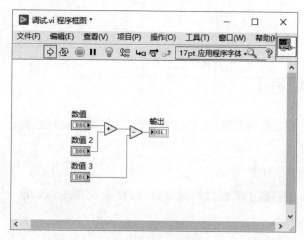

图 2.70 "运行"按钮的编译正常状态

（2）黑色。

程序处于运行过程中，"运行"按钮显示为黑色的箭头。

在"调试"VI 运行过程中，可以看到"运行"按钮变为黑色，当程序运行结束后，"运行"按钮恢复为白色的状态。

（3）断线。

在程序编写的过程中，如果 LabVIEW 的编译器发现错误，那么"运行"按钮显示为断开的箭头，这时单击它是无效的。

例如，将"调试"VI 程序框图中的"数值"输入接线端删除后，此时"运行"按钮显示为断线，表示当前 VI 编译出现了错误，如图 2.71 所示。

将鼠标指针放在断线状态下的"运行"按钮上，会提示"列出错误"，如图 2.72 所示。

此时单击"运行"按钮，会弹出"错误列表"对话框提示当前错误信息，"错误列表"对话框会列举当前的编译错误信息以及错误的定位。

与文本编程语言中编译错误定位到行不同，"错误列表"对话框是以具体位置的函数名称来提示错误的，如图 2.73 所示，在错误项中显示当前出错的是"调试"VI，错误的位置是"加法"函数节点，详细信息中描述了错误的原因，是因为删除了"数值"接线端后，第一个"加法"函数节点缺少了输入，所以导致编译错误。

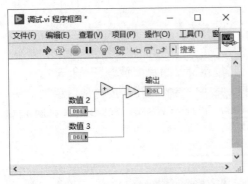

图 2.71 "运行"按钮的编译错误状态

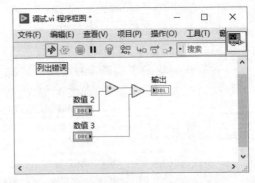

图 2.72 提示"列出错误"

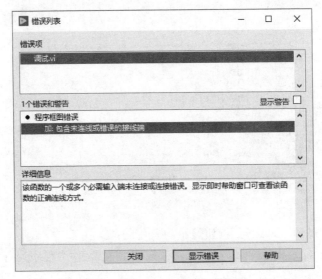

图 2.73 "错误列表"对话框

单击"错误列表"对话框中的"显示错误"按钮，LabVIEW 会自动定位到程序框图中出现错误的位置，并且错误的位置会高亮显示，为了显示清楚，这里在高亮的周围加了虚线方框，如图 2.74 所示。

2) 连续运行

在前面板工具栏中，"运行"按钮的右侧是"连续运行"按钮。在编译没有错误的情况下，单击"连续运行"按钮会重复执行当前的程序。单击一次"连续运行"按钮相当于连续重复单击"运行"按钮。

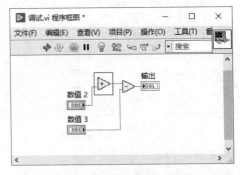

图 2.74 通过"错误列表"
详细信息定位错误位置

例如,单击"调试"VI 前面板中的"连续运行"按钮,"调试"VI 会重复执行,"运行"按钮会一直显示为黑色,代表正在运行中。与单击"运行"按钮执行一次计算不同,单击"连续运行"按钮后,如果改变"数值"控件的值,可以看到"输出"控件也更新结果,表明程序正在重复执行当前的程序,如图 2.75 所示。

使用"连续运行"按钮需要格外注意,虽然单击该按钮可以提供将程序重复执行的功能,但是程序设计中更好的方式是通过不同的循环结构(如 While 循环、For 循环)控制程序的重复执行。因为通过循环结构可以根据当前程序的运行状态进行逻辑的判断并决定后续的程序运行,这样程序更加可控。而通过"连续运行"按钮只是将代码执行一遍之后再次执行,当前程序运行的状态并没有反馈到下一次的运行当中,所以使用"连续运行"按钮并不是真正意义上的循环执行程序。

2. 中止执行

在前面板工具栏中的第三个按钮是"中止执行"按钮。"中止执行"按钮的功能是暂停当前程序的运行并停止程序。在 LabVIEW 程序调试的过程中,如果发现当前程序出现错误,如得到错误的结果,或者当前程序陷入死循环,可以在任何时候单击"中止执行"按钮停止当前的程序。

"中止执行"按钮也可以停止连续运行状态下的程序,如图 2.76 所示,在单击"连续运行"按钮后,单击"中止执行"按钮停止程序。

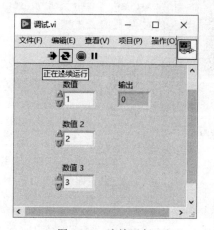

图 2.75　连续运行

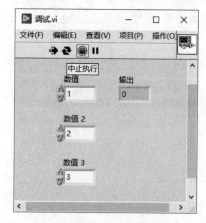

图 2.76　单击"中止执行"按钮停止程序

在使用"中止执行"按钮的时候需要格外注意,该按钮的中止功能在 LabVIEW 编译环境中享有很高的优先级。这意味着单击"中止执行"按钮后,程序会从当前执行的状态即刻停止所有程序的运行,这种情况下的停止程序和正常程序的退出不同,如果程序后续一些步骤(如释放资源、清理内存、释放硬件资源等)没有执行,会带来无法预计的结果。例如,其他程序如果对这些资源进行使用,会因为资源没有释放而发生错误。

3. 高亮显示执行过程

"高亮显示执行过程"按钮的调试功能是 LabVIEW 中最具特色的调试方式,如图 2.77 所示。单击"高亮显示执行过程"按钮后,程序会以比正常运行更慢的速率执行,同时在程序框图中,数据会以高亮的形式在节点之间沿着连线流动,表示当前数据传递的过程。

使用"高亮显示执行过程"按钮需要格外注意,因为使用该按钮相当于在每个节点增加了延迟的效果,所以对于执行时间比较敏感的程序,使用它会引发错误。

例如,如果一些程序中的节点设定了超时时间,那么因为使用"高亮显示执行过程"按钮直接引入了延时,会导致触发带有超时时间的节点在设定的时间内没有执行完毕而出现错误。尤其是在操作硬件设备的时候,如对数据采集卡、串口总线通信、I2C 总线通信等硬件进行编程时,因为硬件设备一般有自己的时钟,使用"高亮显示执行过程"功能有可能会因为延迟了程序的执行而直接导致硬件的超时错误。

4. 保存连线值

在"高亮显示执行过程"按钮的右侧是"保存连线值"按钮,一般二者一起使用。"保存连线值"按钮的功能是在执行的过程中,将入/出节点的值保存并显示。

在"调试"VI 的程序框图中单击"高亮显示执行过程"和"保存连线值"按钮,然后单击"运行"按钮,可以直观地看到数据从接线端流到函数节点的过程,如图 2.78 所示。

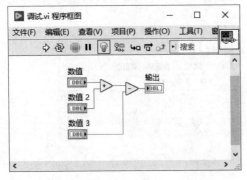

图 2.77　高亮显示执行过程

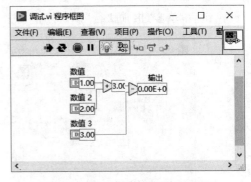

图 2.78　单击"高亮显示执行过程"
和"保存连线值"按钮情况下的程序运行

5. 暂停

"暂停"按钮的功能是暂停当前的程序运行。单击"暂停"按钮,程序会停止在当前执行的状态,再次单击"暂停"按钮,程序从当前的状态继续执行。

通过"调试"VI 的运行可以观察"暂停"按钮的功能,操作的步骤如下。

(1)单击"高亮显示执行过程"和"保存连线值"按钮。

(2)单击"运行"按钮后立即单击"暂停"按钮,可以看到"调试"VI 在执行到"加法"函数节点时停止下来,并且暂停位置的"加法"函数节点在高亮显示,如图 2.79 所示。

(3)再次单击"暂停"按钮,程序会继续运行,并输出结果。

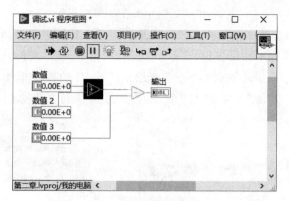

图 2.79 暂停的程序

6. 单步调试

在程序框图中,提供了单步调试方法。单步调试方法包含了单步步入、单步步过和单步步出。这些工具的功能和文本编程语言中的单步调试方法的功能基本一致,每项的功能如下。

(1) 单步步入:每次运行一个节点,数据从一个节点流到下一个节点。如果遇到节点,会步入节点的内部节点进行单步步入。

(2) 单步步过:每次运行一个节点,数据从一个节点流到下一个节点。如果遇到节点,会通过一步执行完当前的节点,而不会步入当前的节点。

(3) 单步步出:在步入 VI 后,单击"单步步出"按钮,会跳出当前 VI。

单步调试方法工具如图 2.80 所示。

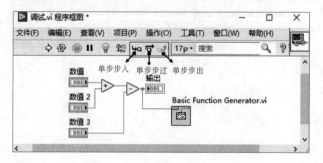

图 2.80 单步调试方法工具

1) 单步步入调试工具实例

在"调试"VI 中,将"基本波形.vi"作为子函数添加到程序框图中,并且将"输出"接线端连接到基本波形的 frequency 输入。

在程序框图工具栏中单击"单步步入"按钮,观察执行的情况。

(1) 单击一次"单步步入"按钮,"加法"函数节点高亮显示,表示当前程序执行到了"加法"函数节点。

（2）再次单击"单步步入"按钮，"减法"函数节点高亮显示。

（3）再次单击"单步步入"按钮，"基本波形.vi"子VI高亮显示，此时将鼠标指针放在"单步步入"按钮上，会弹出提示窗口，显示"单步步入子VI基本波形.vi"，如图2.81所示。

（4）再次单击"单步步入"按钮，"基本波形.vi"子VI的程序框图被打开，如果继续单击"单步步入"按钮，会在"基本波形"的程序框图中执行单步步入的操作，如图2.82所示。

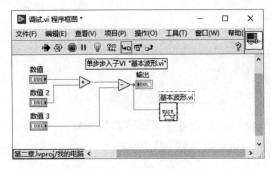
图2.81 单步步入调试程序

图2.82 单步步入"基本波形.vi"子函数

2）单步步过调试工具实例

在"调试"VI程序框图中单击"单步步过"按钮，可以看到和前面的单步步入是一样的。当执行到"基本波形.vi"子VI的时候，将鼠标指针放在"单步步过"按钮上，会提示"单步步过子VI基本波形.vi"，如图2.83所示。

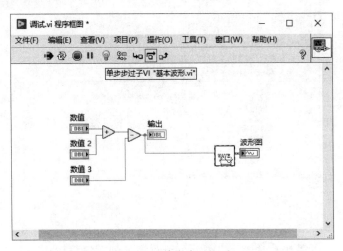
图2.83 单步步过调试

2.8.2 LabVIEW的即时帮助工具

单击程序框图工具栏右上角的问号图标，可以打开"即时帮助"窗口。即时帮助工具提供了程序框图中节点和函数等元素的基本功能介绍和连线板的信息,同时通过单击"即时帮助"窗口下方的"详细信息"链接可以查看有关函数的详细信息和相关范例。

接下来通过实例讲解即时帮助工具的使用。

1. 创建提取单频信息节点 VI 实例

"调试"VI 已经可以实现产生正弦波的功能,接下来通过添加其他的功能节点实现提取波形频率的功能。打开"调试"VI 的程序框图,增加提取单频信息节点的步骤如下。

(1) 在程序框图空白处右击,打开"函数"选板,选择"编程"选板→"信号处理"选板→"波形测量"选板,选择"提取单频信息"节点,如图 2.84 所示。将该节点 放置在"基本波形"子 VI 的后面。

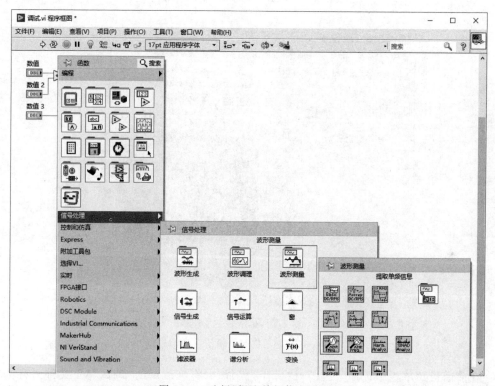

图 2.84 选择"提取单频信息"节点

(2) 将"基本波形"的输出接线端与"提取单频信息"节点输入接线端连接,右击"提取单频信息"节点右侧接线端,在弹出的菜单中选择"创建"→"显示控件",分别创建 detected frequency(检测到的频率)、detected amplitude(检测到的幅值)和 detected phase(deg)(检测到的相位(度))3 个接线端,如图 2.85 所示。这样通过"提取单频信息"节点就可以计算"基本波形"子 VI 产生的正弦波形的频率信息。

(3) 单击前面板工具栏中的"运行"按钮,可以得到生成信号的频率信息。如图 2.86 所示,在"数值""数值 2""数值 3"输入控件分别输入 3,2,1,通过运算,在"输出"显示控件处的运算结果为 4(3＋2－1＝4)，则"基本波形"子 VI 的"频率"输入值为 4，这样"基本波形"子VI 生成的是频率为 4Hz 的正弦波，通过"提取单频信息"节点计算得到的波形频率结果为4Hz，在前面板"检测到的频率"显示控件可以看到这个结果。

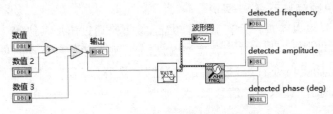

图 2.85　计算基本波形的频率信息

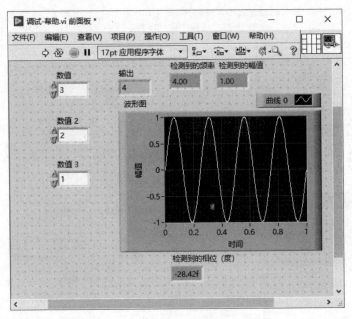

图 2.86　显示提取单频信息的结果

在前面板菜单栏中选择"文件"→"另存为"命令，将修改后的"调试"VI 文件另存为"调试-帮助"VI 文件。

2．通过即时帮助获取节点信息

通过调用"提取单频信息"节点，可以得到波形的频率信息，如果对于这个节点的功能不是很了解，可以打开"即时帮助"窗口获取进一步的信息。

这种情况在学习和调试程序的时候很普遍，通过运行程序可以了解程序的大致功能，如果需要进一步了解程序的细节，就需要了解其中的每个节点的功能和程序的逻辑结构。当遇到一个不了解的节点时，首先需要了解的是节点的基本功能和数据输入/输出的接线端定义，这些可以通过"即时帮助"窗口获得。

1）打开"即时帮助"窗口

在程序框图中单击右上角的问号图标,可以打开"即时帮助"窗口,如图2.87所示。按快捷键Ctrl+H也可以实现同样的功能。

2）获取节点的基本信息

打开"即时帮助"窗口后,将鼠标指针放置在"提取单频信号"节点上,可以看到窗口中显示了这个节点的基本信息,包括节点的名称、连线板、图标和功能的简要介绍,如图2.88所示。

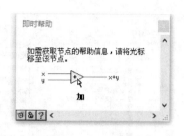

图2.87　"即时帮助"窗口

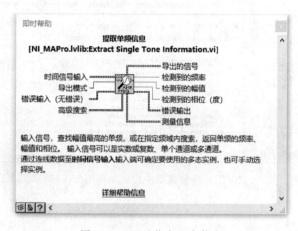

图2.88　显示节点基本信息

3. 通过即时帮助获得详细信息

在"即时帮助"窗口的下方,单击"详细帮助信息"链接可以打开"LabVIEW帮助"窗口,获取更加详细的帮助信息。

在"LabVIEW帮助"窗口中可以查看该节点每个接线端的输入定义、数据类型等信息。如果当前节点包含多个实例,那么针对每个实例会有分别的说明,如图2.89所示。

4. 通过即时帮助获得范例

"LabVIEW帮助"窗口下方列出了LabVIEW提供的范例程序。在这些范例程序中,提供了VI的基本功能的范例,如图2.90所示。

单击"打开范例"按钮,可以看到"提取单频信息"节点的范例。

LabVIEW提供的范例都是可以直接运行的,在范例前面板工具栏中单击"运行"按钮,可以看到范例运行结果,如图2.91所示。

5. LabVIEW范例的特点

1）功能最小化原则

通过节点的"即时帮助"窗口打开的范例是以当前节点VI为核心并实现基本功能的范例,这样可以突出当前节点VI的功能,便于快速了解和掌握当前节点VI。

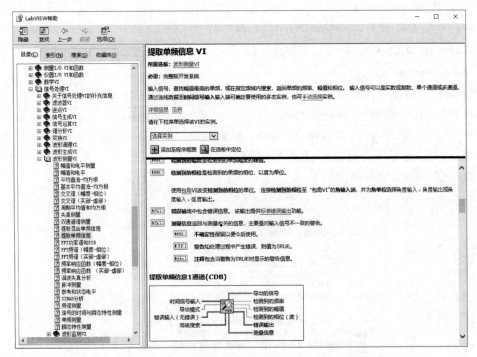

图 2.89　LabVIEW 帮助文档中提取单频信息 VI 的帮助内容

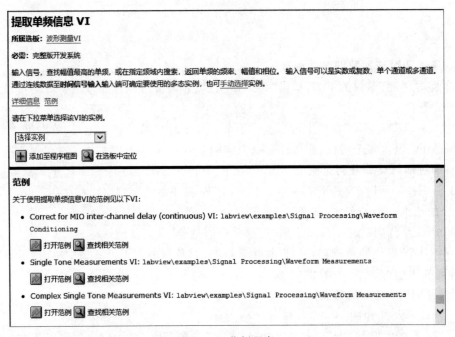

图 2.90　范例程序

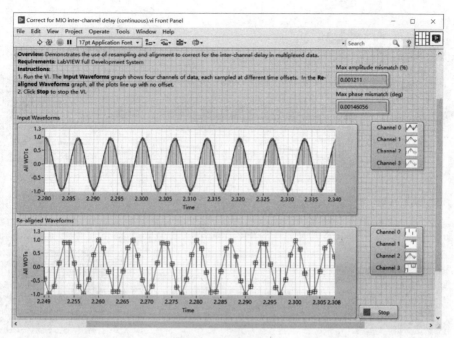

图 2.91　范例运行结果

在范例中不会涉及过多的其他节点和函数，一般也不会引入结构的元素。这样可以避免功能过于复杂，或者多个节点 VI 的功能耦合在一起而无法体现当前节点 VI 的功能。

2）典型应用原则

通过节点的"即时帮助"窗口打开的范例都是基于当前节点 VI 的典型应用场景。节点的使用往往都涉及具体的工程应用背景和典型的参数配置，所以典型应用场景中的范例会体现使用的典型模式和典型参数配置，可以快速帮助了解和使用这个节点。

2.8.3　LabVIEW 的范例查找器

范例是学习 LabVIEW 编程的一个很好的工具，可以通过特定节点的"即时帮助"窗口打开范例，也可以通过 NI 范例查找器打开 LabVIEW 提供的范例。执行菜单栏中"帮助"→"查找范例"命令，如图 2.92 所示，可以打开"NI 范例查找器"对话框。

范例查找器按照应用场景将范例进行了归类，如图 2.93 所示。

范例查找器实际上提供了一种获得项目原型的方法。一般来说，如果要开始设计和开发一个新的项目程序，有两种方式：第一种是针对当前的项目需求进行开发，从头写起；第二种是将相似的程序作为模板进行修改。

从实际工程应用的角度来讲，一般是从一个类似的程序开始，进行一定的调整和改造，以实现项目需求的功能。

在 LabVIEW 范例查找器中，提供了大量的范例，这些范例既提供了针对不同功能模块的说明，同时也是开始设计程序的模板。

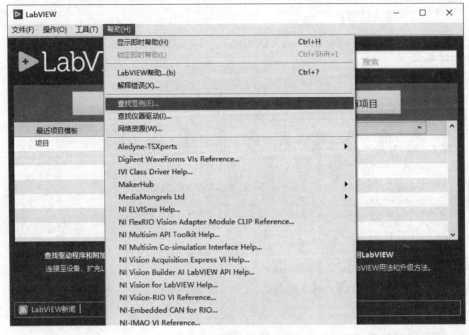

图 2.92　打开范例查找器

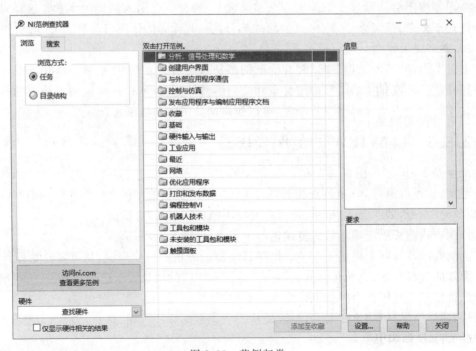

图 2.93　范例归类

第 3 章

LabVIEW 基本数据类型

本章将介绍 LabVIEW 中基本的数据类型,包括数值、布尔和字符串。在介绍每种数据类型的过程中,分别介绍数据类型的概念、基本使用方法以及在 LabVIEW 中使用这种数据类型进行操作的函数节点和函数。

在 LabVIEW 中对数据类型的运算有一些与其他文本编程语言不同的地方,如数值的自动类型转换、布尔控件的机械动作,在每种数据类型的内容中都将进行讲解。

针对布尔数据类型,通过密码锁的实例讲解布尔数据类型的运算。

针对字符串数据类型,通过分析串口设备通信的实例,讲解和实践串口数据解析,实现串口数据的运算。

3.1 数值

3.1.1 数值数据类型的概念

数值数据类型是 LabVIEW 中使用最广泛的数据类型,也是许多复杂数据类型组成的基本元素。数值数据类型最大的特点就是可以用来直接计算,大部分算法都是针对数值数据类型的。

一般来说,在 LabVIEW 中可以进行数学运算的单个元素,都归为数值数据类型。例如,整数、小数、复数等,这些都属于数值数据类型。

1. 在前面板中放置数值控件

在前面板空白处右击,打开"控件"选板,选择"新式"选板→"数值"选板,如图 3.1 所示,可以看到"数值"选板中根据不同的应用和外观罗列了多种数值类型的控件。

在"数值"选板中包含了输入控件和显示控件。在"数值"选板中单击选中相应的控件后,在前面板需要放置控件的位置再次单击,就可以放置控件。

2. 在程序框图中放置数值常量和控件接线端

1) 在程序框图中放置数值常量

在程序框图空白处右击,打开"函数"选板,选择"编程"选板→"数值"选板,打开"数值"

选板后,其中的子面板提供了不同数值类型的常量,如图 3.2 所示。

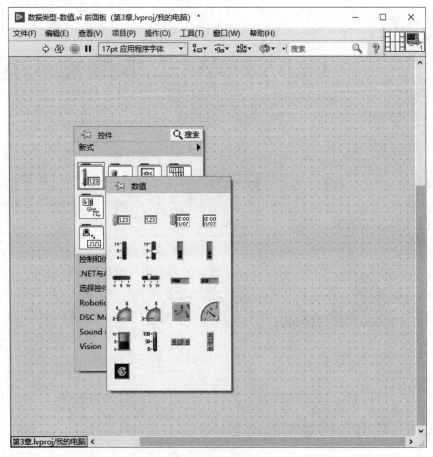

图 3.1　数值控件

　　一般来说,从前面板添加的数值类型输入控件和显示控件用来与用户进行数据交换。在打开 LabVIEW 程序文件时,前面板的数值输入控件都会被初始化为默认值,如果在程序执行的过程中数值不需要进行改变,一般将这些数值类型的元素作为常量添加在程序框图中,用于程序内部的算法计算。

　　2) 在程序框图中放置数值接线端

　　在程序框图中,将鼠标指针放置在节点或函数节点的接线端上,通过"创建"→"输入控件"或"创建"→"显示控件"命令添加输入或输出的接线端。

　　这个过程等同于在前面板添加输入或显示控件,不同的是在程序框图中通过右击添加的接线端可以自动匹配数据类型。如果节点的接线端是复杂数据类型,通过这种方式可以避免数据类型不匹配带来的编译错误。

3. 添加数值控件实例

　　在 LabVIEW 中添加数值控件的具体操作步骤如下。

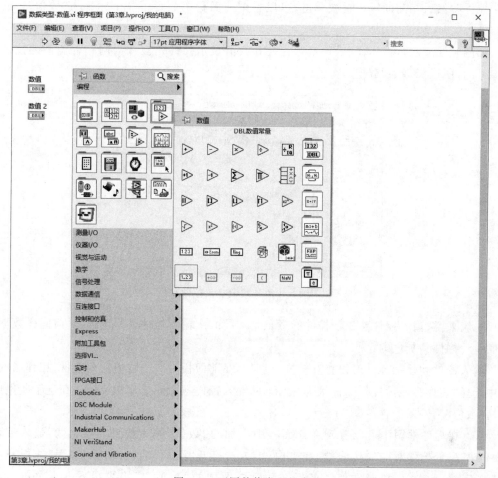

图 3.2 不同数值类型的常量

（1）在 LabVIEW 菜单栏中选择"文件"→"新建 VI"命令，在打开的空白 VI 文件窗口的菜单栏中选择"文件"→"保存"命令，设置文件名为"数据类型-数值"。

（2）在"数据类型-数值"VI 前面板空白处右击，打开"控件"选板，选择"新式"选板→"数值"选板，选择"数值输入控件"，然后在前面板中再次单击，可以看到前面板中放置了一个标签为"数值"的输入控件。

（3）再次重复步骤（2），在前面板中放置一个新的数值输入控件，并且将新的控件放置在前一个控件的正下方。可以看到前面板中新增加了一个标签为"数值 2"的输入控件。

在向前面板添加控件时，LabVIEW 会自动为添加的控件添加标签，标签的内容和添加控件的数据类型有关。当多次添加同一种类型的控件时，LabVIEW 会自动增加标签中的序号，如添加的第二个数值类型的输入控件的标签名为"数值 2"。

（4）在前面板空白处右击，打开"控件"选板，选择"新式"选板→"数值"选板，选择"数值显示控件",然后在前面板中再次单击,可以看到前面板中放置了一个标签为"数值 3"的显示控件。

如图 3.3 所示,可以看到数值输入控件和数值显示控件是被认为同一种类型的控件标记序号的,所以标签为"数值 3"。

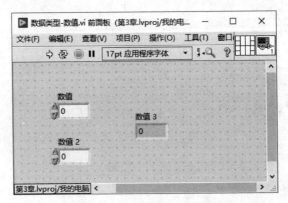

图 3.3 在前面板中添加数值输入控件和显示控件

一般来说,输入控件和显示控件的颜色是不同的。输入控件是白色的,对应同样数据类型的显示控件是灰色的。

输入控件和显示控件可以相互转换。例如,在前面板中右击数值输入控件,在弹出的菜单中选择"转换为显示控件",标签为"数值"的输入控件就变成了显示控件。在这个实例中,保持"数值"为输入控件。

(5) 在程序框图中可以看到在前面板中添加的"数值"输入控件、"数值 2"输入控件、"数值 3"显示控件对应的接线端,在空白处右击,打开"函数"选板,选择"编程"选板→"数值"选板,选择"DBL 数量常值",然后在程序框图中的"数值 2"接线端下方再次单击,将DBL 数量常值放置在程序框图中,如图 3.4 所示。

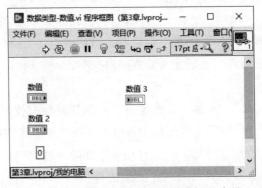

图 3.4 在程序框图中添加数值类型的常量

在程序框图中添加常量时,会自动赋值为这个数据类型的默认值。例如,LabVIEW中数值类型的默认值为0。

3.1.2 数值类型的表示法

数值类型的表示法是指数值在内存中的存储方式,不同的数值类型在内存中存储的方式和长度是不同的。LabVIEW和其他的编程语言类似,数值类型分类主要有以下几种。

(1) 无符号整型(U8,U16,U32,U64),如1,2,3。

(2) 有符号整型(I8,I16,I32,I64),如-2,-1,1,2。

(3) 浮点型(SGL,DBL),如-1.234,1.234。

在使用数值进行运算的时候,当涉及数值的不同类型时,可以在数值控件上右击,在弹出的菜单中选择"表示法",选择具体的数值类型。

1. 修改控件的表示法实例

打开"数据类型-数值"VI文件,在前面板中右击标签为"数值"的输入控件上,在弹出的菜单中选择"表示法"→I16,如图3.5所示。

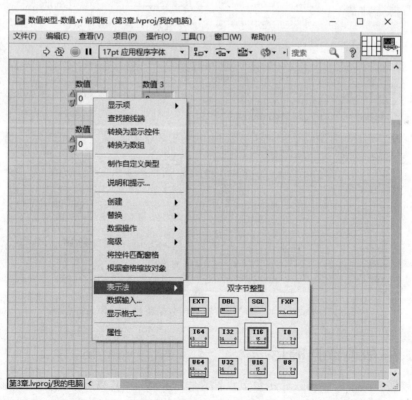

图3.5 修改控件的表示法

保存"数据类型-数值"VI 文件。

2. 不同编程平台的数据类型映射

不同编程平台中，对于数据类型的定义基本相似，存在一定的映射关系。在不同编程平台进行数据通信的时候，需要尤其注意数据类型是否匹配。

这里以 LabVIEW 与 C 语言为例，列举了常用的数据类型比较，如表 3.1 所示。

表 3.1　LabVIEW 与 C 语言的常用数据类型比较

LabVIEW	C 语言
DBL	double
SGL	float
I32	int
字符串	char

如果想了解更加详细的信息，可以打开 NI 范例查找器中的"执行外部代码（DLL）"范例，查看 LabVIEW 中定义的数据类型与 C 语言中定义的数据类型的对应关系，如图 3.6 所示。

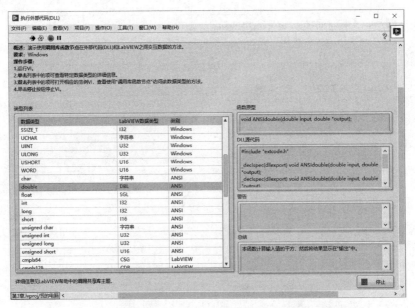

图 3.6　LabVIEW 和 C 语言中不同数据类型对应关系的范例

3.1.3　数值数据的运算

数值数据类型相关的函数和函数节点都在程序框图中的"数值"选板中。在程序框图空白处右击，打开"函数"选板，选择"编程"选板→"数值"选板，可以看到 LabVIEW 中提供的用于数值类型运算的函数节点，如图 3.7 所示。

图 3.7　用于数值类型运算的函数节点

接下来通过实现摄氏度到华氏度转换的实例讲解数值运算的使用方法,具体操作步骤如下。

（1）打开"数据类型-数值"VI 文件,在程序框图中可以看到已经放置的接线端和常量,其中表示法分别是:数值类型为 I16,标签为"数值"的接线端;数值类型为 DBL,标签为"数值 2"的接线端;数值类型为 DBL,标签为"数值 3"的接线端;数值类型为 DBL 的常量,如图 3.8 所示。

（2）在程序框图中通过拖动鼠标,将输入控件和常量的接线端排布在左侧,将输出控件的接线端排布在右侧。

（3）在程序框图空白处右击,打开"函数"选板,选择"编程"选板→"数值"选板,选择"乘"和"加"函数节点,添加到程序框图中,如图 3.9 所示。

添加完成后,注意这时程序框图工具栏中的"运行"按钮是断线的状态,表示当前编译错误。错误原因是此时运算节点缺少输入数据,因为还没有将输入控件的接线端和常量与函数节点的接线端连接起来。

（4）按照摄氏度转换到华氏度的计算公式,实现数值的计算过程,如图 3.10 所示。

$$F = C \times 1.8 + 32 \tag{3.1}$$

其中,F 为华氏度（℉）;C 为摄氏度（℃）。

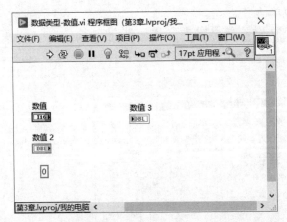

图 3.8　"数据类型-数值"VI 程序框图中的接线端和常量

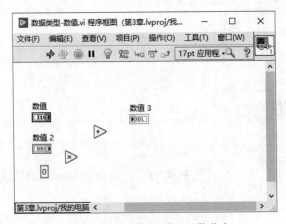

图 3.9　添加"乘"和"加"函数节点

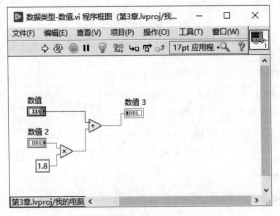

图 3.10　实现摄氏度到华氏度的转换

（5）在前面板中单击"数值"输入控件，输入32。因为式中的值32在计算过程中是不会改变的，所以也可以将"数值"输入控件改变为常量的数据类型。

（6）在前面板中单击"数值2"输入控件，输入36。单击"运行"按钮，可以看到程序计算36℃对应的华氏度为96.8℉，如图3.11所示。

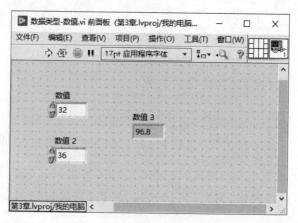

图3.11　运行结果

3.1.4　数值数据的显示和可视化

LabVIEW提供了非常丰富的方式以显示和观察数据。例如，进行数值显示的时候，可以有数值显示窗口、仪表码盘、进度条、波形图表等多种形式，对于人机交互的界面十分友好和方便。同时，LabVIEW也提供了丰富的数据可视化工具，便于程序调试。

1. 标签和标题

1）标签

标签是程序框图和前面板中控件的标识符号，通过标签索引和操作控件，所以标签是唯一的，不允许重复。

在前面板中添加控件的时候，默认显示的是控件的标签。在实例"数据类型-数值"VI中，输入控件"数值""数值2"和显示控件"数值3"分别是输入控件的标签和输出控件的标签，如图3.12所示。在前面板和程序框图中，每个控件的标签都是一致的。

一般添加控件的标签名称都是"数据类型＋序号"的形式。例如，数值类型标签的默认名称形式是"数值＋序号"，序号是根据当前数值类型控件数量依次递增的。在程序设计中，这样的标签命名方式是不友好的，一般需要将标签修改为具有明确含义的名称。

2）修改控件标签实例

"数据类型-数值"VI实现了摄氏度到华氏度的转换。在前面板中，控件都使用了默认的名称，用户通过标签名称无法知道每个控件的真实物理含义。

修改标签名称的方法是在前面板中双击需要修改的控件的标签，标签会黑色高亮显示，输入新的标签名称即可。

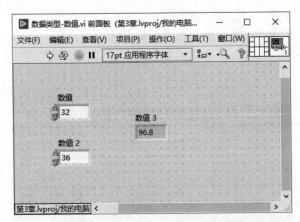

图 3.12　"数据类型-数值"VI 前面板中的控件标签

接下来按照下面的规则对前面板的控件进行标签的重命名：将"数值"重命名为"计算常量"，将"数值 2"重命名为"摄氏温度值"，将"数值 3"重命名为"华氏温度值"。修改后的前面板如图 3.13 所示。

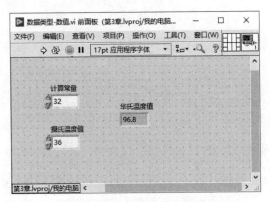

图 3.13　修改控件标签

修改完前面板控件的标签名称，程序框图中的对应控件接线端的标签名称也对应更新，如图 3.14 所示。

3）标题

标签是控件唯一的表示符号，具有唯一性和不可重复性。标题是控件的别名，可以重复命名。例如，多个控件可以有同样的标题。

在前面板中右击控件，在弹出的菜单中选择"显示项"，勾选"标题"，这时在前面板中的控件就会显示标题，如图 3.15 所示。与修改标签的方法相同，双击标题，当标题的背景黑色高亮显示时，输入新的名称就可以修改标题。

如果将前面板中"计算常量"输入控件的标题改为"摄氏温度值"，在前面板中会出现两个控件具有同样的标题"摄氏温度值"，但是在程序框图中，"计算常量"接线端的标签

并没有改变,这是因为在程序框图中,每个接线端都只使用标签作为唯一标识,如图 3.16
所示。

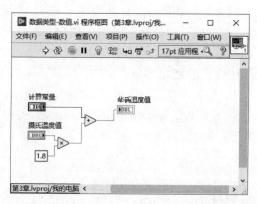

图 3.14　"数据类型-数值"VI 程序框图中标签名称对应更新

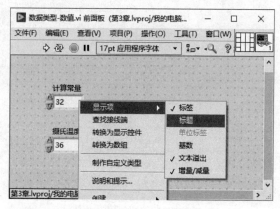

图 3.15　显示控件标题

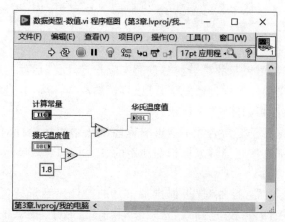

图 3.16　前面板中控件的标题修改后程序框图中对应接线端的标签没有变化

4）标签和标题的使用实例

在 LabVIEW 程序设计中，绝大多数情况都是使用控件的标签，而非标题。进行控件命名的时候，一般只命名控件的标签。标签是控件在程序中的唯一标识，程序编写中需要索引控件的时候使用的是标签。控件的标题只在前面板中使用，是为了更好地标识控件的物理意义，更改标题对于程序的设计没有影响。

在一些情况下，前面板中会出现使用多个具有同样物理含义的控件。例如，项目中同时监测多个测量温度的节点，如"标签和标题"VI 中，需要在前面板中进行 10 个节点的摄氏度和华氏度的转换，使用标签就不得不在具体含义的后面不断添加序号，在前面板中就会出现"摄氏度 2""摄氏度 3""摄氏度 4""摄氏度 5"这种标签名称，如图 3.17 所示。

图 3.17　包含多个同样物理含义控件的前面板

实际上，在界面中需要表示的是当前节点的实际物理含义，后面的注释序号（如"摄氏度5"中的"5"）是没有意义的。在这种情况下，可以将标签改为标题，并且将标题统一为物理含义的名称，修改后的前面板如图 3.18 所示。

前面板中标题的这种重复命名并不会影响程序框图中程序设计对控件的引用，因为程序框图中的每个控件都是按照标签来标识和使用的。

2. 控件外观

LabVIEW 前面板中的"控件"选板提供了丰富的控件显示形式。例如，需要显示数值类型数据，前面板的"控件"选板→"新式"选板→"数值"选板中，提供了垂直填充滑动杆、垂直进度条、旋钮、仪表、液罐、温度计等多种控件形式，如图 3.19 所示。

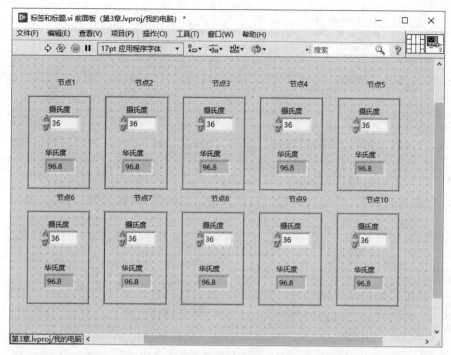

图 3.18 使用标题命名的前面板

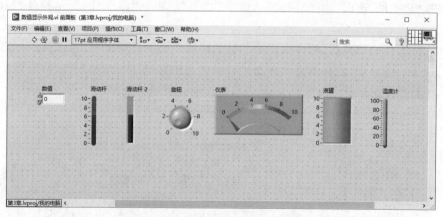

图 3.19 前面板中数值类型数据的多种控件形式

1）修改显示控件外观实例

友好的人机界面使用户可以快速了解程序的各种功能。在前面板中使用与物理含义匹配的控件可以使人机交互更加友好,因为图形符号会比文字更加直观和容易理解。接下来将"数据类型-数值"VI中显示温度的"华氏温度值"控件形式修改为温度计,具体步骤如下。

（1）打开"数据类型-数值"VI文件,在前面板中右击"华氏温度值"显示控件,在弹出的菜单中选择"替换",如图 3.20 所示。

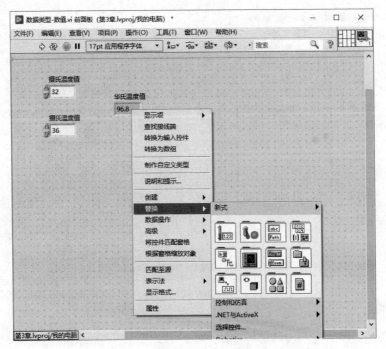

图 3.20　替换显示控件

(2) 弹出"控件"选板,选择"新式"选板→"数值"选板→"温度计"显示控件,如图 3.21 所示。

(3) 完成控件的替换后,程序框图中控件的接线端也会自动更新,并且保持替换前接线端的连线关系。更新完成后,不需要重新进行控件在程序框图中接线端的连线,在前面板工具栏中的"运行"按钮显示为白色箭头,代表当前程序编译没有错误,可以直接运行,如图 3.22 所示。

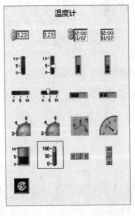

图 3.21　"温度计"显示控件

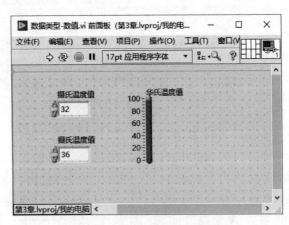

图 3.22　更新后的控件外观

2) 使用"替换"选项修改控件外观的优点

在程序的设计中经常需要修改控件的外观。对于一个复杂的程序,如果在前面板中添加了控件,还需要在程序框图中对新增的控件进行连线操作。

使用"替换"选项就会容易一些。如果使用"替换"选项,更新控件的数据类型与原控件是一致的,如都是数值类型,那么更新的控件就不需要调整程序框图。更新后查看程序框图,会发现并没有变化,如图 3.23 所示。

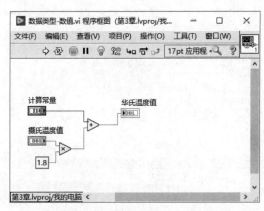

图 3.23   修改控件外观后的程序框图

3.1.5   数值运算的类型转换

1. 出错的程序

如果仔细观察"数据类型-数值"VI 的程序框图会发现,在之前的程序设计中,在"加"函数节点处将不同类型的数据混合在一起进行了运算,"计算常量"接线端的数值类型是整型,"摄氏温度值"为双精度浮点型,"摄氏温度值"与 1.8 相乘的结果是双精度浮点型,再与"计算常量"相加时程序并没有报错,并且得到了一个双精度浮点型的"华氏温度值"输出值。

在一般的文本编程环境中,将不同数据类型放在一起计算的时候,编译器都会报错。但在 LabVIEW 中的数值类型的计算是允许这种情况的,并且可以计算出结果。虽然程序是一种"出错"的状态,但是编译器并不会报错,并且程序可以正常运行。

2. 自动数据类型转换

大多数的文本编程语言中不允许混合不同数据类型的数值进行计算,而在 LabVIEW 中遇到这种情况的时候,所有数值类的数据类型遵循一个向上转换的原则,也就是两个不同的数值类型会都转换成两者中精度更高的数据类型再进行计算。

例如,在"数据类型-数值"VI 中,在程序框图中"加"函数节点处不同类型的数值数据混合在一起计算,编译器会将整型和双精度浮点型的数值都自动转换成浮点数,然后计算结果输出。

　　如图 3.24 所示,"数据类型-数值"VI 程序框图中的"加"函数节点处,输入的是整型数值和双精度浮点型数值,输出的是双精度浮点型数值。LabVIEW 编译器在不同类型数值进行计算的时候做了自动数据类型转换,并且在"加"函数节点处标记了一个红点。程序框图中的红点代表编译器进行了自动数据类型转换。

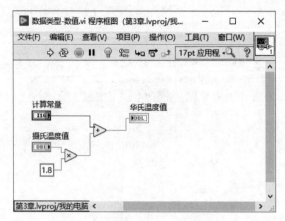

图 3.24　编译器进行自动数据类型转换

3. 自动数据类型转换的特点

　　事实上,LabVIEW 编译器自动数据类型转换的好处是可以快速地进行算法的设计和得到系统的原型,而不必过多地关注底层数据的严格定义,这样大大提高了程序原型的验证效率,并缩短了实现时间。

　　同时也需要注意,这种自动数据类型转换会导致程序的运行并没有完全在编程设计之中,因为很多数据类型是自动进行了转换,那么程序就容易出现一些设计中未预料到的情况,这为程序稳定性带来极大的隐患。

4. 显性数据类型转换

　　从稳定性来看,更好的方式是通过编程的方式进行显性数据类型转换。在程序框图空白处右击,打开"函数"选板,选择"编程"选板→"数值"选板→"转换"选板,在该选板中选择相应的数据类型转换工具,如图 3.25 所示。

5. 将整型显性转换为浮点数的实例

　　接下来通过具体的实例讲解如何进行数据类型的转换,具体操作步骤如下。

　　(1)在"数据类型-数值"VI 的程序框图中,右击"计算常量"接线端与"加"函数节点的连线,在弹出的菜单中选择"插入"→"数值"选板→"转换"选板,选择"转换为双精度浮点数"函数节点。

　　(2)如图 3.26 所示,在插入"转换为双精度浮点数"函数节点后,红点消失了,证明LabVIEW 编译器没有进行自动数据类型转换,因为此时输入"加"函数节点的都是双精度浮点型的数值。

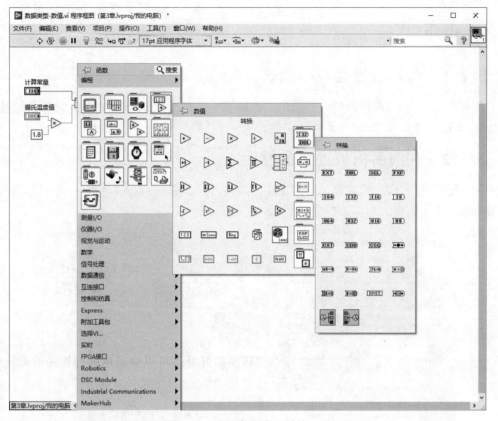

图 3.25 显性数据类型转换工具

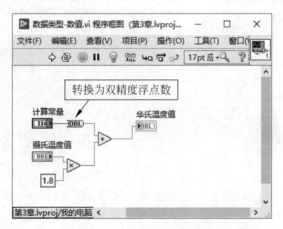

图 3.26 将整型显性转换为双精度浮点数

3.2 布尔

3.2.1 布尔数据类型的概念

布尔是只有真、假两种值的数据类型。在编程中一般会使用布尔值表示只有两种状态的数据,如运算是否成功、程序是否完成等。

3.2.2 在前面板放置布尔控件

在前面板空白处右击,在弹出的菜单中选择"控件"选板→"新式"选板→"布尔"选板,可以添加布尔类型的输入和显示控件,如图 3.27 所示。

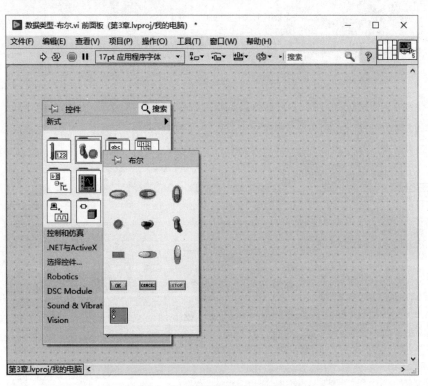

图 3.27 前面板"布尔"选板

LabVIEW 中的布尔数据类型控件有特别的属性,称为机械动作。这个概念来源于实际应用场景。实际应用中布尔数据类型的机械动作会有不同的区别,这里以开关和鼠标按键的机械动作为例进行说明。

首先来看表示开关的布尔状态,如下所示。

(1) 当按下开关到开的状态后,会保持在当前开的状态。

(2) 直到再次按下,开关会变成关的状态并保持。

如果用布尔数值类型描述这个开关的过程，当按下开关后，开关的状态从假值变为真值，并且保持在真值状态；如果再次按下开关，开关的状态从真值变为假值，并且保持在假值状态。

在 LabVIEW 中，用来表示这种开关的布尔数据类型的机械动作称为"单击时转换"，如图 3.28 所示。

接下来再看表示鼠标按键的布尔状态：当按下鼠标按键时，鼠标会先处于被按下的状态，但是并不会保持被按下的状态，而是快速恢复到没有按下的状态。

如果用布尔数值类型描述鼠标按键的过程，当按下鼠标按键后，鼠标按键的状态从假值变为真值，在没有再次按键之前，会迅速从真值变为假值。

在 LabVIEW 中，用来表示这种鼠标按键的布尔数据类型的机械动作称为"保持转换直至释放"，如图 3.29 所示。

图 3.28　单击时转换的机械动作　　图 3.29　保持转换直至释放的机械动作

在 LabVIEW 中，通过布尔控件的机械动作描述这些实际布尔状态。

在前面板中右击布尔控件，在弹出的菜单中选择"机械动作"，在"机械动作"选板中可以选择机械动作类型。LabVIEW 的布尔数据类型有 6 种不同的机械动作，分别为单击时转换、释放时转换、保持转换直到释放、单击时触发、释放时触发、保持触发直到释放。

在实际应用中，根据程序设计的需要选择布尔控件的机械动作。例如，在上面的实例中，鼠标按键的机械动作是保持转换直至释放，而实际上在设计程序中，可以捕捉鼠标键的按下、保持、释放等多种状态进行人机界面的程序设计，根据实际的需要将鼠标键的布尔动作定义为不同的机械动作。

3.2.3　布尔数据的运算

可以通过"布尔"选板中的函数节点进行布尔数据运算。在程序框图空白处右击，打开"函数"选板，选择"编程"选板→"布尔"选板，该选板提供了布尔数据运算的函数节点，如图 3.30 所示。

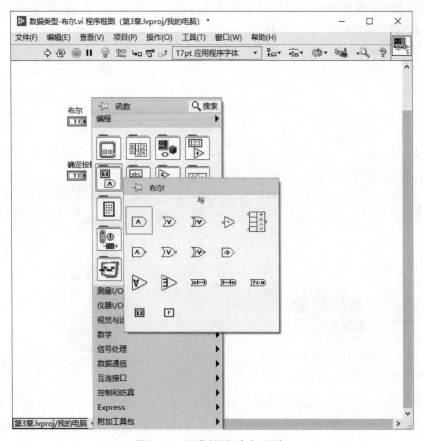

图 3.30　程序框图"布尔"选板

3.2.4　密码锁实现实例

接下来使用布尔值设计实现密码锁功能的程序。程序的需求是密码锁有 3 个按钮(A,B,C),密码锁内置了一套密码规则,分别对应按钮 A,B,C 的状态,当输入的 A,B,C 按钮状态与内置的规则一致,密码锁就被打开,并且显示灯会点亮。在实例中设定按钮 A 为假值,按钮 B 和 C 同时为真值时,密码锁会打开并且显示灯亮。

密码锁实现的步骤如下。

(1) 在菜单栏中执行"文件"→"新建 VI"命令,创建新的 VI 文件。

(2) 在前面板菜单栏中执行"文件"→"保存"命令,将 VI 命名为"数据类型-布尔"。

(3) 在"数据类型-布尔"VI 前面板空白处右击,选择"控件"选板→"新式"选板→"布尔"选板,选择添加"开关按钮"控件,右击"开关按钮"控件,在弹出的菜单中选择"机械动作",并选择"单击时触发"。

(4) 双击"开关按钮"标签,输入 A 作为这个按钮的标签名。

(5) 用同样的方法创建标签为 B 和 C 的按钮。

（6）在"数据类型-布尔"VI 的前面板空白处右击,选择"控件"选板→"新式"选板→"布尔"选板,选择添加"圆形指示灯"控件,双击"圆形指示灯"标签,输入 OK 作为标签名,如图 3.31 所示。

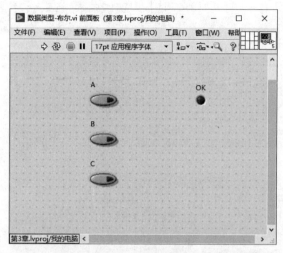

图 3.31 在前面板中添加布尔输入和显示控件

（7）接下来在程序框图中编程实现一套内置的密码规则,实现当接线端 A,B,C 分别为假、真、真值时输出真值。在程序框图中接线端 A,B,C 后分别放置假、真、真值的布尔常量,如图 3.32 所示。

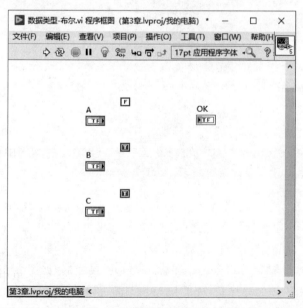

图 3.32 在程序框图中放置布尔常量

（8）接下来通过布尔运算实现密码锁开锁的判断。在程序框图中将接线端 A，B，C 的值与布尔常量进行比较运算，当接线端 A，B，C 与内置的布尔常量都相等的时候，在 OK 接线端输出真值。

在程序框图空白处右击，打开"函数"选板，选择"编程"选板→"比较"选板，选择"等于？"函数节点放置在接线端 A 和布尔常量 F（假值）之后，将接线端 A 和布尔常量 F 连接到"等于？"函数节点。

用同样的方法将接线端 B 与布尔常量 T（真值）连接到函数节点"等于？"；将接线端 C 与布尔常量 T（真值）连接到函数节点"等于？"，如图 3.33 所示。

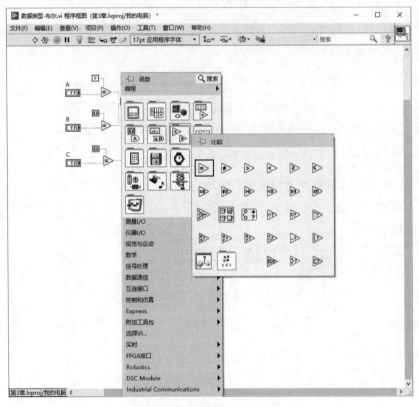

图 3.33　添加"等于？"函数节点

打开密码锁的条件是接线端 A，B，C 输入的值都正确的时候，才输出真值，所以将接线端 A，B，C 与内置的布尔常量值的对比得到的 3 个结果再进行"与"运算。

在程序框图空白处右击，打开"函数"选板，选择"编程"选板→"布尔"选板，再选择"与"函数节点。通过两次"与"运算得到的结果输出到 OK 接线端，如图 3.34 所示。

（9）下面验证密码锁的程序，首先尝试输入正确密码的情况。在"数据类型-布尔"VI 的前面板中，通过单击将输入控件 A，B，C 选择为假、真、真，单击"运行"按钮。程序运行结束后，可以看到前面板中的 OK 控件高亮显示，当前 OK 显示控件的值为真。

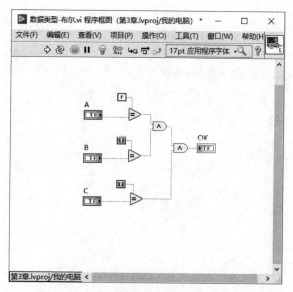

图 3.34　添加"与"函数节点

因为输入布尔输入控件的值与内置的布尔常量的值相等,所以得到的结果为真,代表密码锁被打开,如图 3.35 所示。

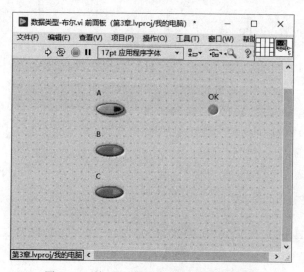

图 3.35　输入正确密码时的程序运行结果

（10）下面继续尝试错误密码输入的情况。在"数据类型-布尔"VI 的前面板中,通过单击将输入控件 A,B,C 选择为假、假、真,单击"运行"按钮。程序运行结束后,可以看到前面板中的 OK 控件没有高亮显示,当前 OK 显示控件的值为假。

因为输入布尔控件的值与内置的布尔常量的值不一致,所以密码没有匹配,密码锁没有被打开,如图 3.36 所示。

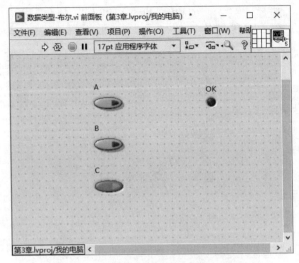

图 3.36　输入错误密码时的程序运行结果

3.3　字符串

微课视频

3.3.1　字符串的概念

字符串一般用于程序设计中对文本字符的显示和处理,在计算机中所有的文本都是字符串的形式。文本字符串在计算机中是以二进制数值保存的,在显示的时候遵循美国信息交换标准代码(American Standard Code for Information Interchange,ASCII)格式。

ASCII 码是基于拉丁字母的一套计算机编码系统,主要用于显示现代英语和其他西欧语言。它是最通用的信息交换标准,并等同于国际标准 ISO/IEC 646。ASCII 码第一次以规范标准的类型发表是在 1967 年,最后一次更新则是在 1986 年,到目前为止共定义了 128 个字符。一些典型的 ASCII 码与字符串对应如表 3.2 所示。

表 3.2　字符串的 ASCII 码对应表

Bin(二进制)	Oct(八进制)	Dec(十进制)	Hex(十六进制)	缩写/字符	解释
0100 0001	101	65	0x41	A	大写字母 A
0100 0010	102	66	0x42	B	大写字母 B
0100 0011	103	67	0x43	C	大写字母 C
0100 0100	104	68	0x44	D	大写字母 D
0100 0101	105	69	0x45	E	大写字母 E
0100 0110	106	70	0x46	F	大写字母 F

3.3.2　字符串在硬件通信中的应用

在 LabVIEW 编程中，字符串一般的使用场合是与第三方软件平台的数据交互，如第三方硬件和软件的数据交互。

在程序设计中与第三方硬件是通过各种总线进行通信的，总线的形式包含串口、I2C、串行外设接口（Serial Peripheral Interface，SPI）、以太网口等，这些总线上的数据通信都是将数值和命令等信息转化为一定格式的字符串进行传输。例如，在程序设计中与一台示波器进行控制和读取通信的时候，如果是通过串口总线进行控制，第一步会发送内容为 *IDN 的字符串命令查询当前仪器的名称，示波器也会在串口总线上通过字符串的方式返回设备仪器的名称。

1. 使用字符串与设备进行通信的实例

在 NI 范例查找器中查找针对 Agilent 34401 万用表仪器的 Agilent 34401 Read Math Measurement 范例程序。通过这个程序了解在设备通信中字符串的具体使用情况。

（1）执行"帮助"→"查找范例"命令，打开 NI 范例查找器。

（2）在打开的"NI 范例查找器"窗口中，在左侧的菜单栏中选择"搜索"标签页，在"输入关键词"文本框内输入 Agilent，可以看到在中间的窗口中罗列了与关键词 Agilent 相关的范例程序，如图 3.37 所示。

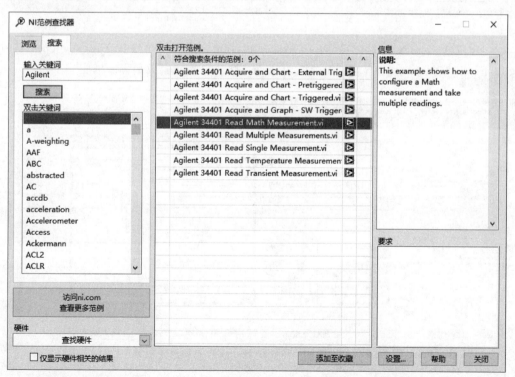

图 3.37　搜索关键词 Agilent

（3）双击 Agilent 34401 Read Math Measurement 范例，打开这个 VI 文件。在这个程序中使用了串口通信的方式控制设备 Agilent 34401，接下来通过函数节点定位到具体的通信代码位置。

在程序框图中双击 Agilent 34401.lvlib:Read(Multiple Points)节点，如图 3.38 所示，打开它的前面板和程序框图。

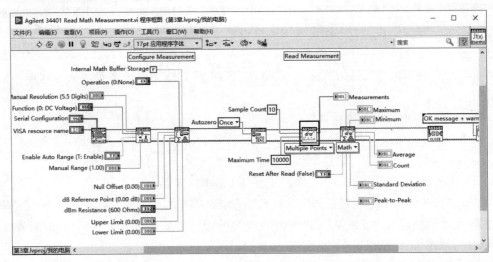

图 3.38　Agilent 34401 Read Math Measurement 范例程序

（4）在 Agilent 34401.lvlib:Read(Multiple Points)的程序框图中，双击 Agilent 34401.lvlib:Fetch Measurement 节点，如图 3.39 所示，打开它的前面板和程序框图。

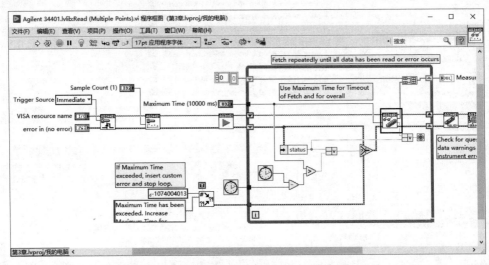

图 3.39　Read(Multiple Points)节点的程序框图

（5）在 Agilent 34401. lvlib: Fetch Measurement 节点的程序框图中,双击 Agilent 34401. lvlib: Fetch Measurement(Fetch)节点,如图 3.40 所示,打开它的前面板和程序框图。

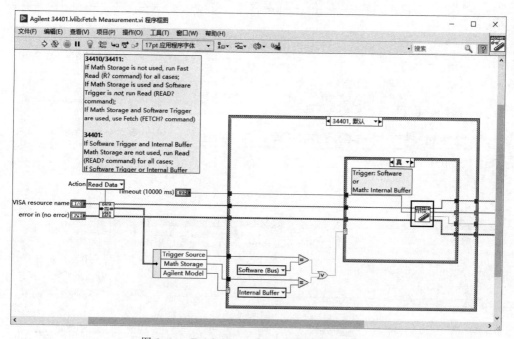

图 3.40　Fetch Measurement 节点的程序框图

（6）在当前的程序框图中,可以看到具体通过字符串通信的代码。Agilent 34401. lvlib: Fetch Measurement(Fetch)程序框图中的第一个函数节点是"VISA 写入",通过该函数节点向仪器设备发送了字符串"：FETC?",这段命令的作用是让仪器返回当前读取的数据。

VISA 系列函数是 LabVIEW 提供的用于总线通信的驱动。

程序框图中的第二个函数节点是"VISA 读取",这个函数从万用表仪器中读取了返回的数据,数据是字符串的格式。

接下来范例程序通过一系列的函数节点将字符串转化为浮点型数据,如图 3.41 所示。

2. 使用字符串与第三方程序通信的实例

在 LabVIEW 编程中,与第三方程序进行通信一般是通过 TCP/IP,这也是基于字符串进行通信。一般需要将数据打包成字符串通过 TCP/IP 发送,同时将接收到的字符串再解析成数据。接下来,通过一个 TCP/IP 通信的实例讲解具体字符串的应用,操作步骤如下。

（1）打开 NI 范例查找器,在左侧"搜索"标签页中的"输入关键词"文本框中输入 TCP,双击中间窗口中的 Simple TCP. lvproj 范例程序,如图 3.42 所示。

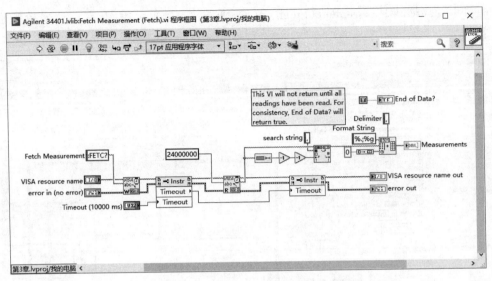

图 3.41　Fetch Measurement(Fetch)程序框图

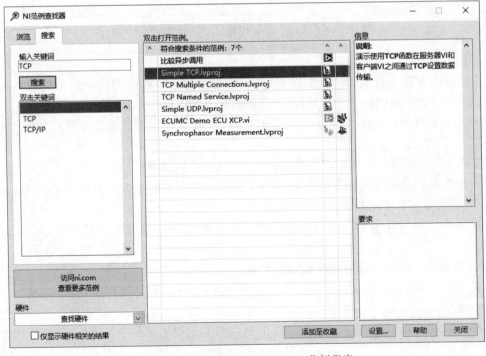

图 3.42　打开 SimpleTCP.lvproj 范例程序

（2）在 SimpleTCP. lvproj 范例程序中打开 Simple TCP-Client VI 文件，在程序框图中可以看到在"读取 TCP 数据"节点处输出的是通过 TCP/IP 接收到的字符串，之后又通过其他节点将字符串转换为数值，如图 3.43 所示。

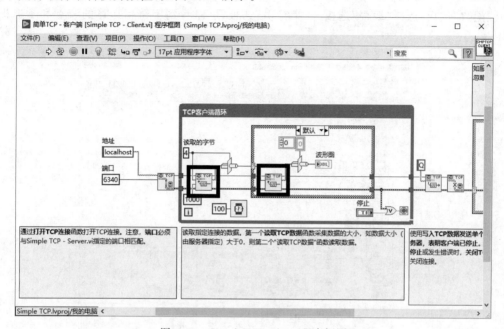

图 3.43　SimpleTCP-Client 程序框图

3. 单纯字符串的处理

LabVIEW 程序框图中的"字符串"选板提供了处理字符串的函数节点。

实际上，在 LabVIEW 中处理单纯字符串的情况比较少，主要有以下两个原因。

（1）LabVIEW 中提供了便捷的数据显示，取代了需要通过字符串将数值输出到前端的过程。

例如，程序运行过程中需要对一些变量的值进行检测。在文本编程语言中需要将这些过程变量转换为字符串输出到前面板，而 LabVIEW 可以直接提供数值的显示控件用来显示过程中的数据和最终的结果数据。所以在很多文本编程语言的 Debug 过程中通过字符串的数值显示就并不需要。

这也是我们在开始并没有进行 Hello World 字符串输出实验的原因，因为这个实验在单机版的 LabVIEW 的程序中并没有实际的意义。

（2）在 LabVIEW 中很少处理单纯基于文字的算法应用，如处理包含大量人名、属性信息的数据库。尽管 LabVIEW 提供了针对 Office、SQL 数据库的工具包，但是 LabVIEW 超过 80% 的应用是基于数值数据的，所以应该使用 LabVIEW 处理这样类型的项目应用。

微课视频

3.3.3 字符串运算操作实例

程序框图中的"字符串"选板提供了字符串操作的函数节点。在程序框图空白处右击，打开"函数"选板，选择"编程"选板→"字符串"选板，可以看到字符串运算的节点和子选板，如图3.44所示。

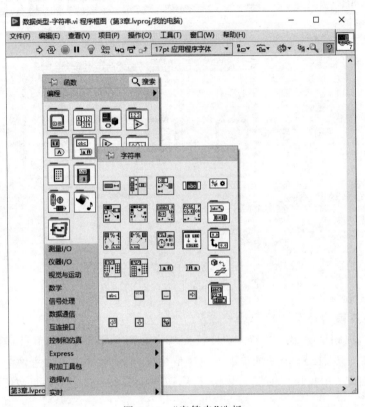

图3.44 "字符串"选板

字符串的运算操作中，很多情况下是从字符串文本中判断和截取某个特定的字符串，下面通过一个实例讲解字符串的运算操作。

本实例实现的功能是模拟程序与第三方硬件设备通信。在通信中使用串口总线的通信协议，串口总线通信过程中使用的数据是字符串形式，需要通过字符串运算将具体的数值数据解析出来。

解析的第一个步骤是截取出表示数据的字符串，具体实现如下。

(1) 在LabVIEW菜单栏中执行"文件"→"新建VI"命令，创建一个空白VI文件。

(2) 在LabVIEW菜单栏中执行"文件"→"保存"命令，将文件命名为"数据类型-字符串"。

(3) 在"数据类型-字符串"VI的前面板空白处右击，在弹出的菜单中选择"控件"选板→"新式"选板→"字符串与路径"选板，选择"字符串"输入控件放置在前面板中。

（4）在"字符串"输入控件中输入文本内容，模拟从硬件读取回来的数据。单击"字符串"输入控件的文本框，会进入输入模式，输入以下文本。

Initialize……

Transfering data：

Voltage：32

Voltage：34

Voltage：36

（5）"字符串"输入控件中的字符串数据中包含了硬件的状态和返回的数据，数据是字符串类型，无法直接进行数值的计算，接下来通过字符串的处理解析出数值类型的数据。首先将通过字符串的操作定位到字符串中数据的位置。

（6）在程序框图空白处右击，打开"函数"选板，选择"编程"选板→"字符串"选板，如图 3.45 所示，选择"截取字符串"函数节点，放置在程序框图中。

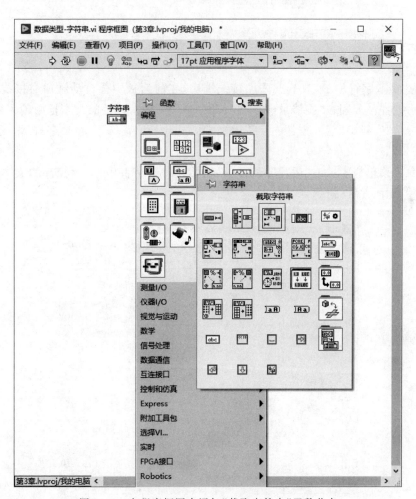

图 3.45　在程序框图中添加"截取字符串"函数节点

（7）在程序框图中，右击"截取字符串"函数节点左侧的"字符串"接线端，在弹出的菜单中选择"创建"→"输入控件"。可以看到，"截取字符串"函数节点创建了一个字符串数据类型的接线端。

同样，依次为"截取字符串"函数节点创建"偏移量（0）""长度（剩余）"接线端。在"截取字符串"函数节点右侧创建"子字符串"接线端，如图 3.46 所示。

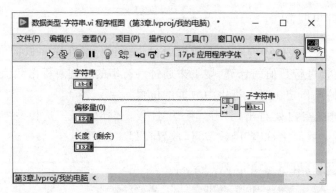

图 3.46　在程序框图中为"截取字符串"函数节点添加接线端

（8）为"截取字符串"函数节点添加接线端后，在前面板中会自动添加与接线端对应的输入和显示控件。分别在"偏移量（0）"和"长度（剩余）"输入控件的文本框中输入数值 42 和 2。这样，会从"字符串"输入控件的字符串文本中从起始位置偏移 42 个字符后，读取两个字符，也就是"32"这两位字符。

在前面板菜单栏中单击"运行"按钮，可以看到在"子字符串"显示控件的文本框中显示字符串"32"，如图 3.47 所示。

图 3.47　设置截取字符串的参数

这样，"数据类型-字符串"VI 就完成了一个基本字符串提取的功能。

3.3.4 字符串的转换

LabVIEW 对字符串的处理中，很多情况下需要将字符串转换为不同的数据格式。在"数据类型-字符串"这个实例中，通过截取字符串已经得到数值数据的字符串，接下来还需要进行字符串至数值的转换，这样才可以进行数值的计算。

"字符串"选板中的"数值/字符串转换"选板提供了用于字符串与数值相互转换的函数节点，如图 3.48 所示。

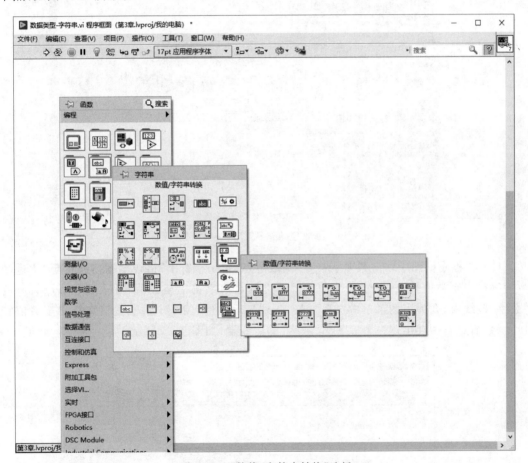

图 3.48 "数值/字符串转换"选板

接下来在"数据类型-字符串"实例程序中，将截取出的字符串数据转换为数值数据，具体操作步骤如下。

(1) 在"数据类型-字符串"VI 的程序框图空白处右击，打开"函数"选板，选择"编程"选板→"字符串"选板→"数值/字符串转换"选板，选择"十进制数值字符串至数值转换"函数节点，放置在"截取字符串"函数节点的后面，如图 3.49 所示。

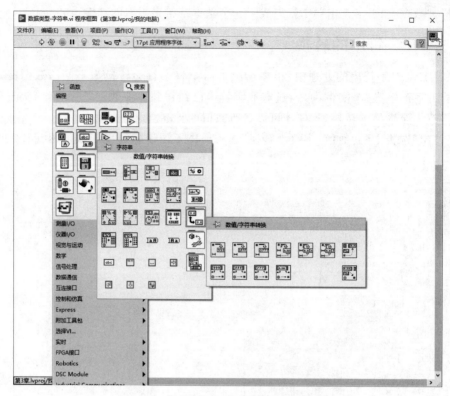

图 3.49　添加"数值/字符串转换"函数节点

（2）在程序框图中,将"截取字符串"函数节点的"子字符串"接线端输出连接至"十进制数值字符串至数值转换"的输入端,右击"十进制数值字符串至数值转换"函数节点右侧的"数字"接线端,在弹出的菜单中选择"创建"→"显示控件",在"十进制数值字符串至数值转换"函数节点右侧会出现一个标签为"数字"的接线端,如图 3.50 所示。

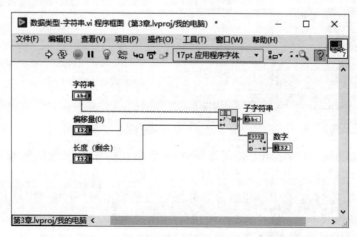

图 3.50　将截取的字符串转换为数值

（3）在前面板工具栏中单击"运行"按钮，从"数字"显示控件中可以看到，"子字符串"显示控件中的字符串数据类型的"32"已经被转换为数值数据类型的"32"，如图3.51所示。这样就完成了从串口总线得到字符串数据，并且解析出第一个数值数据。

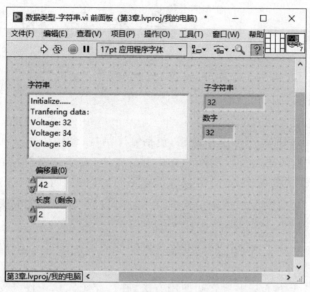

图3.51 从字符串解析出第一个数值数据

第 4 章

基 本 结 构

本章将介绍 LabVIEW 中的基本结构,包括顺序结构、循环结构、条件结构。

在 LabVIEW 中,数据通过数据流的方式进行传递,在讲解每种结构的时候,分别介绍数据流与不同数据结构的使用方法,以及隧道在不同的结构中的使用方法和特点。

在顺序结构中,对数据流与顺序结构进行比较,通过程序初始化的实例介绍数据流与顺序结构的混合使用。

在循环结构中,介绍了 While 循环和 For 循环的概念和使用方法,以及两种循环的区别和各自应用的典型场景。

在条件结构中,介绍了基本概念和使用方法,并且介绍默认条件分支的用法。

4.1　顺序结构

4.1.1　顺序结构的概念

顺序结构是 LabVIEW 程序设计中最基本的执行流程,简单来说,就是顺序地执行每个步骤,直到运行完所有的程序后停止。

在文本编程语言中,顺序结构是比较直观和容易理解的。文本编程语言有一个天然明确的执行顺序,就是自上到下逐行执行,直到运行到最后一行程序结束。顺序执行并不需要特别的顺序结构来保证执行的流程。

在 LabVIEW 编程环境中,没有和文本编程语言一样的自上而下运行的概念。因为 LabVIEW 是图形化的编程环境,编译器并没有从左到右或从上到下的顺序执行的机制,所以顺序执行需要特别的顺序结构来保证。

另外,在 LabVIEW 中,程序的执行遵循"数据流"的方式,数据流也是一种特殊的保证代码可以顺序执行的方法。因为数据流要求数据从程序起始的节点开始逐次流向下一个节点,每个节点运行的条件是所有数据到达节点的输入端点,然后在该节点进行运算,运算结果作为数据流出,继续流向下一个节点。这相当于在存在数据流关系的节点之间添加了顺序结构。

4.1.2 顺序结构使用实例

在程序框图空白处右击，打开"函数"选板，选择"编程"选板→"结构"选板，选择"平铺式顺序结构"，就可以添加顺序结构中的一帧，如图 4.1 所示。平铺式顺序结构的图标类似于电影胶片，在顺序结构中每帧的代码会依次顺序执行，就像电影胶片逐帧播放一样。

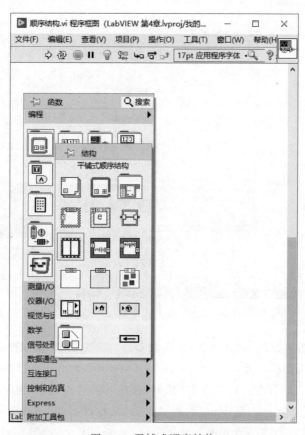

图 4.1 平铺式顺序结构

平铺式顺序结构是 LabVIEW 提供的顺序结构的一种，下面以平铺式顺序结构为例讲解顺序结构。

在平铺式顺序结构帧的右侧右击，在弹出的菜单中选择"在后面添加帧"，就可以在当前帧的后面添加一帧，如图 4.2 所示。新添加的帧中的代码会在本帧代码执行完毕后执行。

接下来通过实例讲解平铺式顺序结构的使用。实例的内容是通过平铺式顺序结构验证代码的顺序执行，具体步骤如下。

（1）在 LabVIEW 菜单栏中执行"文件"→"新建 VI"命令，创建一个空白 VI 文件。

（2）在 LabVIEW 菜单栏中执行"文件"→"保存"命令，将文件命名为"结构-顺序结构"。

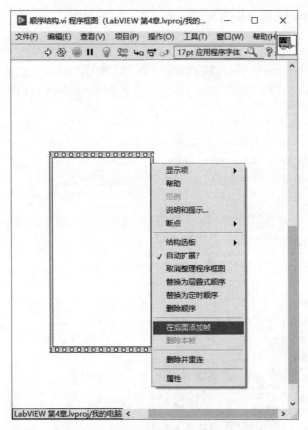

图 4.2　在平铺式顺序结构中添加帧

（3）在程序框图中添加"时间计数器"函数节点，用来监测 LabVIEW 代码的执行时间，返回的时间以毫秒为单位。

在程序框图空白处右击，打开"函数"选板，选择"编程"选板→"定时"选板，选择"时间计数器"函数节点放置在程序框图中，在函数节点的"毫秒计时值"接线端处右击，在弹出的菜单中选择"创建"→"显示控件"，如图 4.3 所示。

使用同样的方法再添加两个"时间计数器"函数节点，添加完成后的程序框图如图 4.4 所示。前面板中会显示 3 个"毫秒计时值"显示控件，如图 4.5 所示。

（4）在程序框图中添加"等待（ms）"函数节点，用来模拟代码的执行。"等待（ms）"函数节点提供了定时的功能，用来设定 LabVIEW 代码执行的时间间隔，单位为毫秒。

在程序框图空白处右击，打开"函数"选板，选择"编程"选板→"定时"选板，选择"等待（ms）"函数节点，放置在程序框图中，如图 4.6 所示。右击"等待（ms）"函数节点左侧的接线端，在弹出的菜单中选择"创建"→"常量"，在常量文本框中输入 1000，这样会为代码增加 1000ms 的等待延时。

用同样的方法继续添加两个"等待（ms）"函数节点和对应的常量，如图 4.7 所示。

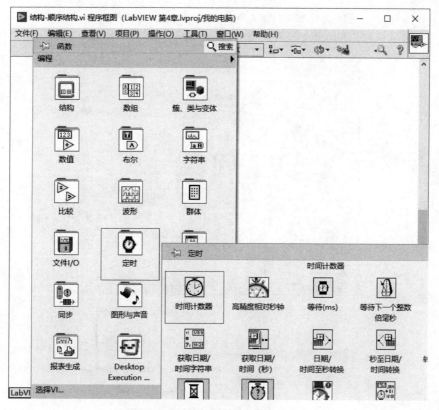

图 4.3 添加"时间计数器"函数节点

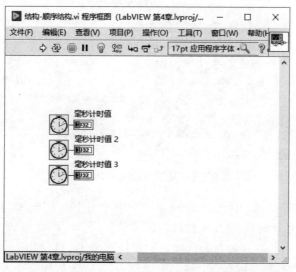

图 4.4 在程序框图中共添加 3 个"时间计数器"函数节点

图 4.5　前面板中的 3 个"毫秒计时值"显示控件

图 4.6　添加"等待(ms)"函数节点

　　(5) 在"结构-顺序结构"VI 的前面板工具栏中单击"运行"按钮,并观察"毫秒计时值"
"毫秒计时值 2""毫秒计时值 3"显示控件的结果。

　　当程序开始运行后,可以看到运行状态大概持续了 1s,也就是 1000ms 左右。如图 4.8
所示,"毫秒计时值""毫秒计时值 2""毫秒计时值 3"返回的值都是 28884278,这个值的含义
是当前的系统时间,单位是毫秒。

"毫秒计时值""毫秒计时值 2""毫秒计时值 3"显示控件返回的值是相同的,表示程序框图中的 3 个时间计数器同时开始,并且同时结束执行。在程序设计中这是一种并行的执行方式,而不是顺序执行的方式。

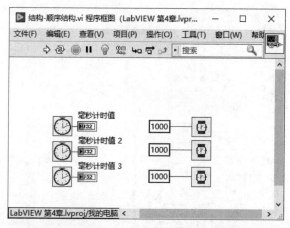

图 4.7　共添加 3 个"等待(ms)"函数节点

为什么在 LabVIEW 的程序框图中的代码没有顺序执行呢?因为上述程序框图中 3 个"时间计数器"函数节点和 3 个"等待(ms)"函数节点之间没有明确数据流的关系,所以执行的顺序是无法确定的。从运行的结果可以看出所有函数节点几乎是同时执行,这是一种并行模式,也就是说 3 个时间计数器是并行运行的。虽然每个"等待(ms)"函数节点设定了 1000ms 的延时,因为是同时执行,所以整体上执行的时间是 1000ms 而不是 3000ms。

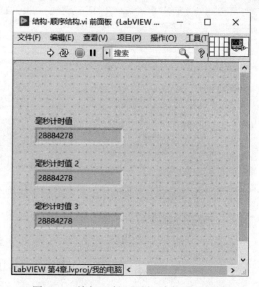

图 4.8　并行运行下时间计数器的结果

（6）接下来通过平铺式顺序结构指定代码顺序执行。在程序框图空白处右击，打开"函数"选板，选择"编程"选板→"结构"选板，选择"平铺式顺序结构"放置在程序框图中，如图4.9所示。

图4.9 添加平铺式顺序结构

右击平铺式顺序结构帧的右侧，在弹出的菜单中选择"在后面添加帧"，如图4.10所示。用同样方式继续在后面添加一帧，这样就创建了包含3帧的平铺式顺序结构，如图4.11所示。

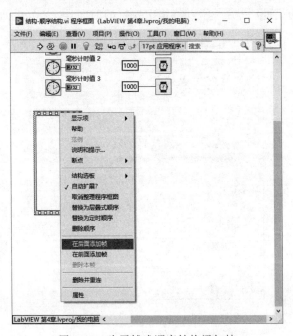

图4.10 为平铺式顺序结构添加帧

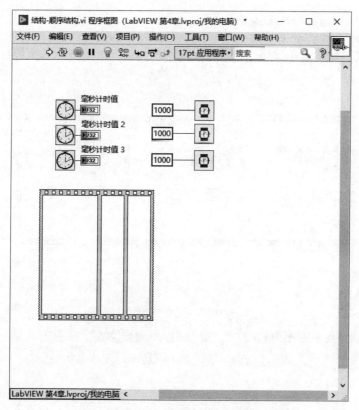

图 4.11　包含 3 帧的平铺式顺序结构

（7）将之前创建"时间计数器"和"等待(ms)"函数节点分别顺序地放入平铺式顺序结构的 3 帧当中，如图 4.12 所示，已经通过平铺式顺序结构规定了 3 个"等待(ms)"函数节点的执行顺序。

（8）在"结构-顺序结构"VI 前面板中，单击"运行"按钮再次启动程序。通过观察"运行"按钮的状态，可以看出本次程序运行时间明显要比之前没有添加平铺式顺序结构的时间长。

程序运行结束后，观察每个时间计数器输出的值，"毫秒计时值""毫秒计时值 2""毫秒计时值 3"显示控件的值分别为 119603437,119604437,119605437,3 个值依次分别递增 1000，如图 4.13 所示。

在平铺式顺序结构的第一帧中，"等待(ms)"节点和"时间计数器"节点同时执行，直到这两个节点都执行完毕，再执行下一帧。实际上第一帧中形成了两个并行执行的程序，执行的总时间是时间最长的那个程序的时间。"时间计数器"节点执行很快，相比"等待(ms)"节点可以忽略不计，"等待(ms)"节点执行的时间为 1000ms，所以第一帧实际完成的时间是 1000ms。

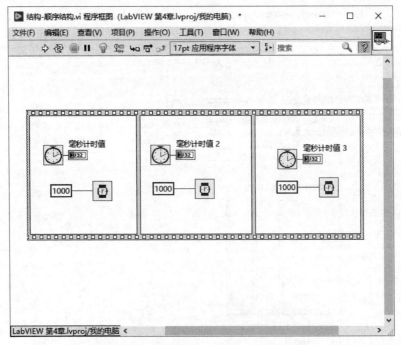

图 4.12　将函数节点放入平铺式顺序结构中

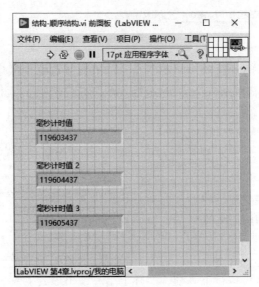

图 4.13　使用平铺式顺序结构后的运行结果

同样在第二帧中，"等待（ms）"节点和"时间计数器"节点同时执行，"时间计数器"节点完成当前时间值的读取并返回值，第二帧和第一帧中的"时间计数器"节点运行的时间间隔就是第一帧执行的时间，也就是第一帧中"等待（ms）"节点的定时时间 1000ms。从第二帧中的"时间计数器"节点的输出"毫秒计时值 2"显示控件中可以看到,"毫秒计时值 2"的值比第一帧中的"毫秒计时值"多了 1000。

同样在第三帧中"时间计数器"输出的"毫秒计时值 3"显示控件中的值也比"毫秒计时值 2"的值多了 1000。

4.1.3 数据流与顺序结构

1. 数据流实现顺序结构

顺序结构是 LabVIEW 中最基本的结构。实际上,如果观察 LabVIEW 中的程序,会发现尽管有些程序都是按照顺序的流程来执行,但是并没有在程序中使用顺序结构。

例如,在"数据结构-数值"VI 中,该程序实现了摄氏度向华氏度的转换。程序中需要的运行流程是依次执行"摄氏温度值"接线端与双精度浮点类型的数值常量 1.8 相乘,然后与"计算常量"接线端转换为双精度浮点数据类型后的结果相加再输出到"华氏温度值"。

为什么在这里并没有使用顺序结构也可以顺序执行呢?因为每个函数节点之间有明确的数据传递,也就是数据流。其中每个函数节点运行的条件是该函数节点所有的接线端需要的数据都流入之后,才会进入这个节点进行计算,计算完毕后再进行输出,这样就决定了程序是按照一个节点到下一个节点的顺序执行,如图 4.14 所示。

总的来说,在 LabVIEW 程序设计中,如果节点之间有明确的数据流关系,那么这些节点之间就通过数据流实现了

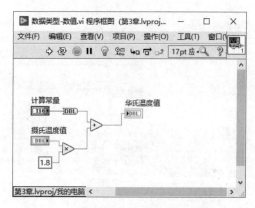

图 4.14 "数据结构-数值"VI 中的数据流

顺序结构,不需要再额外使用顺序结构规范执行的流程。所以在 LabVIEW 的程序设计中也往往使用数据流指定程序运行的顺序。

2. 数据流与并行结构

由前面的"结构-顺序结构"VI 实例可以知道,因为 LabVIEW 是一种图形化的开发环境,所以如果程序中的节点之间没有明确的数据流关系,那么编译器会将节点认为是相互独立的,并且在程序执行的过程中并行执行。

在这种情况下,每个节点是独立的线程。线程是独立调度和分派的基本单位。

在 LabVIEW 中,如果需要代码独立成一条线程,线程之间并行执行,那么只要将这些代码并行放置,保证代码间没有数据连线就可以实现,每个独立运行的代码就是一条独立的线程。

接下来通过实例讲解 LabVIEW 中数据流与执行顺序的关系。具体的实现步骤如下。

（1）新建一个 VI，并且保存为"数据流-并行"，在程序框图中实现随机数与"数值""数值2"常量的比较，并将结果输出。

（2）在程序框图中，框出上述实现的代码，使用菜单栏中"编辑"→"复制"命令，再使用菜单栏中"编辑"→"粘贴"命令，放置在原代码下方，如图 4.15 所示。

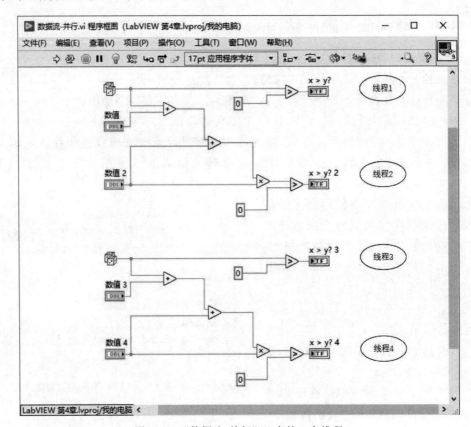

图 4.15　"数据流-并行"VI 中的 4 个线程

（3）这样在"数据流-并行"VI 的程序框图中，存在以下 4 个独立的线程。

- 线程 1："随机数(0-1)"函数节点与常量 0 比较。
- 线程 2："随机数(0-1)"函数节点与"数值"常量相加，然后与"数值 2"常量相加，再与"数值 2"常量相乘，最后与常量 0 比较。
- 线程 3："随机数(0-1)"函数节点与常量 0 比较。
- 线程 4："随机数(0-1)"函数节点与"数值 3"常量相加，然后与"数值 4"常量相加，再与"数值 4"常量相乘，最后与常量 0 比较。

在线程 1 中，只有一个"大于"函数节点，并且其他线程中的函数节点之间没有数据流的关系，所以线程 1 独立于其他线程运行。

在线程 2 中，在线程内部的节点之间存在数据流的关系，依次是"加"函数节点、"加"函数节点、"乘"函数节点、"大于"函数节点,而这些函数节点与其他线程中的函数节点都没有数据流的关系,所以线程 2 也是独立运行的。

同样地,线程 3 和线程 4 都是独立运行的。

在 LabVIEW 程序设计中,如果两段代码之间没有明确的数据流关系,那么这两段代码之间就是并行的线程。这种并行线程的方式可以为程序设计带来一些天然的便利,如需要程序同时运行多个线程,通过 LabVIEW 的图形化环境实现是十分方便的;在文本编程语言中实现多线程是一个比较复杂的过程。

同时需要注意的是,如果程序中需要明确指定运算顺序,需要通过数据流或顺序结构显性地指定程序运行的顺序。

3. 数据流与顺序结构的混合使用

如上所述,如果需要在 LabVIEW 中指定程序运行的顺序,可以通过数据流的方式,也可以通过顺序结构实现。实际上一般会将二者结合起来,在大部分的 LabVIEW 程序中都是通过节点或函数本身的数据流指定程序运行的顺序。但是在一些无法使用数据流的情况下,有限地使用顺序结构可以提高编写的效率。

4.1.4　顺序结构实现初始化实例

在"数据类型-数值"VI 中,程序通过运算将摄氏度转换为华氏度。在程序运行过一次之后,如果不关闭当前 VI 文件,当前控件的值会一直保留,如标签为"华氏温度值"的输出控件会一直保留上次运算的结果。

在每次程序执行之前,一般需要将前面板中所有的控件输入值和显示结果清除。这需要在整个程序执行之前为控件和变量赋值。

在程序运行开始阶段对程序中的控件和变量赋值属于初始化的工作,这在程序设计中是一个非常重要的工作。在这里需要使用结构指定所有的初始化工作,保证初始化代码必须在全部代码开始执行之前完成。

以"华氏温度值"显示控件值的初始化为例,通过对"华氏温度值"显示控件赋值为 0 实现初始化的工作。在"数据类型-数值"VI 的程序框图中,很难在"华氏温度值"显示控件赋值和程序其他代码之间建立明确的数据流,所以这时需要使用顺序结构建立程序运行的顺序流程,具体操作步骤如下。

(1) 在 LabVIEW 菜单栏中执行"文件"→"打开"命令,打开"数据类型-数值"VI 文件。

(2) 在 LabVIEW 菜单栏中执行"文件"→"另存为"命令,将文件命名为"数据类型-数值-初始化"。

(3) 为了对"华氏温度值"接线端进行初始化,这里需要为"华氏温度值"显示控件创建一个局部变量。局部变量就是在一个 VI 内部其他位置对控件值的引用,具体会在第 7 章中进行讲解。

右击"华氏温度值"接线端,在弹出的菜单中选择"创建"→"局部变量",如图 4.16 所示。

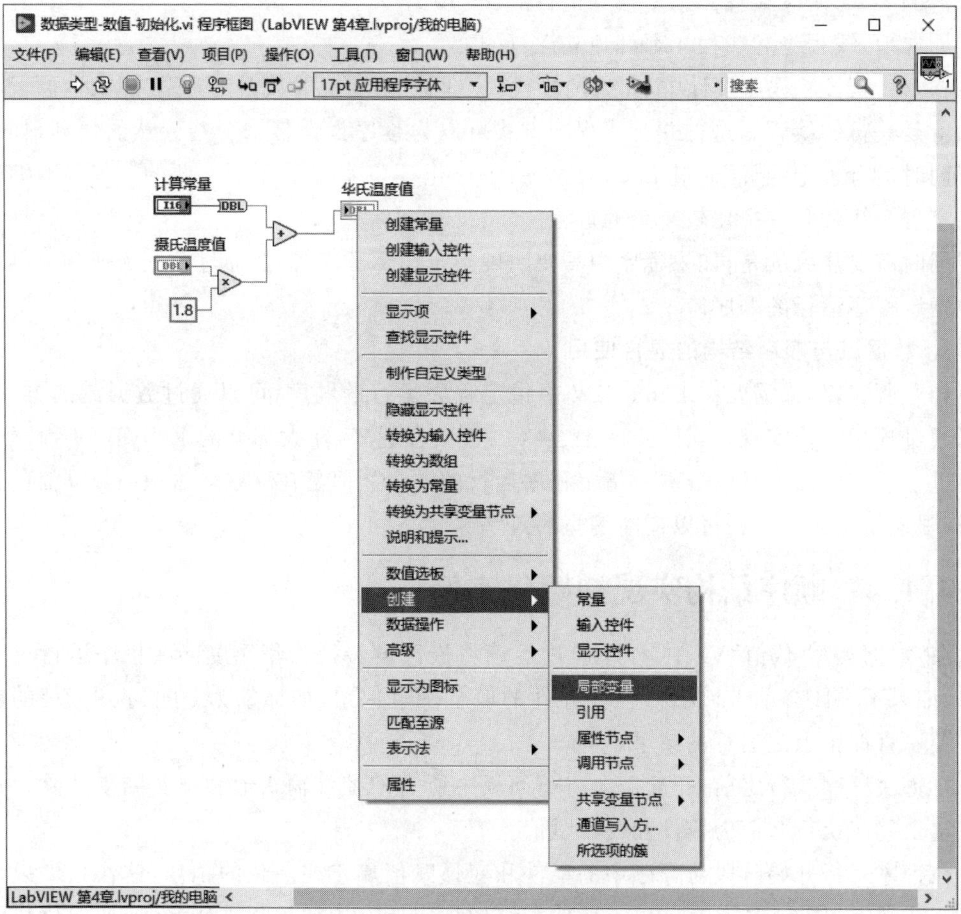

图 4.16　为"华式温度值"接线端创建局部变量

　　(4) 将创建好的"华氏温度值"局部变量拖动至程序的最左边,当前"华氏温度值"局部变量的属性是写入的状态,可以通过数值常量为"华氏温度值"局部变量赋值。右击"华氏温度值"局部变量左侧的接线端,在弹出的菜单中选择"创建常量",如图 4.17 所示。输入 0,将"华氏温度值"局部变量初始化为 0,如图 4.18 所示。

　　(5) 现在"华氏温度值"的初始化代码和温度转换代码之间没有数据流和结构的关系,所以无法保证初始化代码在程序的最开始运行。需要通过顺序结构指定初始化代码与温度转换代码之间的顺序执行关系。

　　实际上有很多种方式实现这样的顺序执行关系。例如,可以创建包含两帧的平铺式顺序结构,将初始化代码放在第一帧,将温度转换代码放在第二帧。

　　将所有代码放在顺序结构中在很多程序中不适用,并且编辑起来也不是很灵活。下面介绍一种数据流和顺序结构混用的方式,形式上更加灵活,在实际的项目中更加实用。

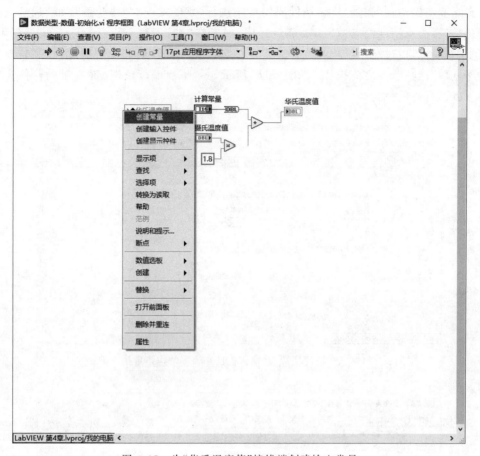

图 4.17　为"华氏温度值"接线端创建输入常量

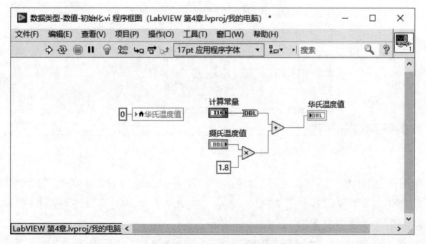

图 4.18　为"华氏温度值"局部变量赋值

　　实际上初始化代码与温度转换代码的顺序执行,只要实现对"华氏温度值"局部变量的赋值在"转换为双精度浮点数"函数节点之前,或者在"乘"函数节点运行之前执行就可以。如图 4.19 所示,通过顺序结构和数据流实现对"华氏温度值"局部变量的赋值在"转换为双精度浮点数"函数节点之前执行;如图 4.20 所示,对"华氏温度值"局部变量的赋值在"乘"函数节点运行之前执行。

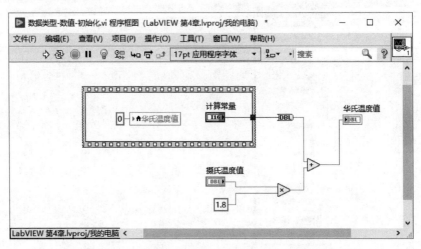

图 4.19　通过"计算常量"输入控件和顺序结构指定执行顺序

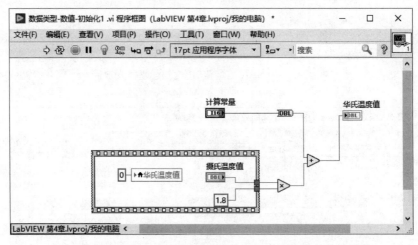

图 4.20　通过"摄氏温度值"输入控件和顺序结构指定执行顺序

　　(6) 在前面板中为"计算常量"输入控件赋值为 32,为"摄氏温度值"输入控件赋值为 35。为了观察方便,为显示控件添加数字显示。右击"华氏温度值"显示控件,在弹出的菜单中选择"显示项"→"数字显示",如图 4.21 所示。

　　在前面板工具栏中单击"运行"按钮,运行结束后,得到"摄氏温度值"输入为 35 时,"华氏温度值"输出为 95,如图 4.22 所示。

图 4.21 为显示控件添加数字显示

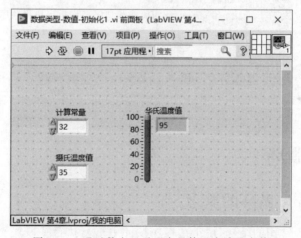

图 4.22 通过数字显示观察具体温度计示意数

为了能够观察到在程序中对"华氏温度值"显示控件进行初始化的过程,需要使用"高亮显示执行过程"功能。在程序框图工具栏中,单击"高亮显示执行过程"按钮,然后同时打开前面板和程序框图,再次单击工具栏中的"运行"按钮执行程序。

可以看到,在开始的时候"华氏温度值"显示控件会首先显示为 0,程序运行结束后变为 95,如图 4.23 和图 4.24 所示。这说明在程序的执行过程中,"华氏温度值"显示控件初始化的程序代码首先执行,然后顺序执行了摄氏度到华氏度的转换的程序代码。

图 4.23 通过"高亮显示执行过程"观察显示控件初始化过程

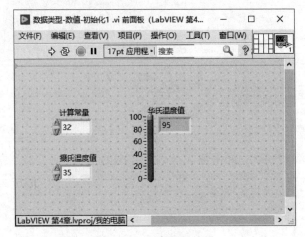

图 4.24 程序运行结果

4.2 While 循环

4.2.1 While 循环的概念

循环是程序中最常用的结构,用于在程序设计中重复执行一段逻辑或代码。计算机程序的优势就是可以无差别地往复执行,所以大部分的程序和算法都会涉及循环结构。

1. While 循环结构

LabVIEW 中的 While 循环由 3 部分构成:While 循环框、条件停止端、循环计数器,如图 4.25 所示。

1) While 循环框

将需要循环执行的代码放在 While 循环框内,可以通过鼠标的拖动调整循环框的大小。While 循环框内可以嵌套其他结构,如顺序结构、循环结构、条件结构,都可以部署在 While 循环框之内。

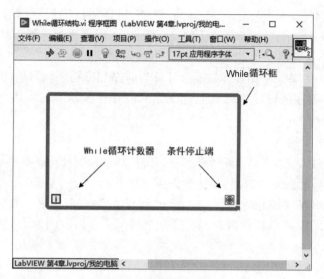

图 4.25　While 循环结构

2）条件停止端

通过条件停止端判断循环执行的条件。在每执行完一遍 While 循环框中的程序代码后,会进行条件停止端的判断:如果输入条件停止端的值为真,那么会停止当前的循环,并按照数据流的方式继续执行 While 循环后面的代码;如果输入条件停止端的值为假,那么会继续执行 While 循环框中的程序代码。

条件停止端默认为"真(T)时继续"。如果程序设计需要,也可以定制化为"假(F)时继续"。右击条件停止端,在弹出的菜单中选择"真(T)时继续",这时 While 循环会循环执行,直到条件停止端输入为假值,如图 4.26 所示。

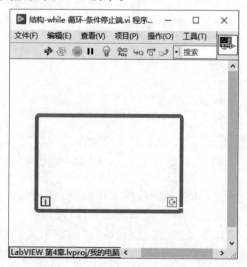

图 4.26　真(T)时继续的 While 循环

条件停止端的停止条件无论是"真(T)时继续"还是"假(F)时继续",实质都是一样的,在项目中所有的条件停止端都选择统一的停止条件,一般来说都选择"真(T)时继续"。

3) While 循环计数器

在 While 循环中,While 循环计数器会计算当前 While 循环执行的次数,计数器从 0 开始。在 LabVIEW 程序的设计中可以通过 While 循环计数器参与算法的计算或观察当前 While 循环的运行状态。

2. 随机数发生器实例

接下来通过"随机数发生器"实例讲解 While 循环结构的使用。在"随机数发生器"实例中,使用 While 循环产生随机波形,具体操作步骤如下。

(1) 在 LabVIEW 菜单栏中执行"文件"→"新建 VI"命令,创建一个空白 VI。

(2) 在 LabVIEW 菜单栏中执行"文件"→"保存"命令,将文件命名为"数据结构-while 循环"。

(3) 在程序框图空白处右击,打开"函数"选板,选择"编程"选板→"结构"选板,选择"While 循环"结构放置在程序框图中,如图 4.27 所示。

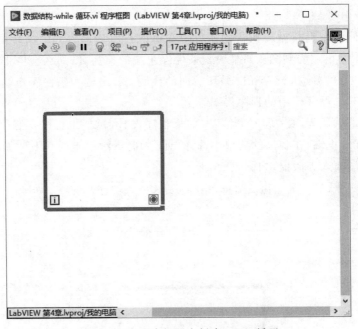

图 4.27　在程序框图中创建 While 循环

在 While 循环中,在条件停止端左侧的输入接线端上右击,在弹出的菜单中选择"创建输入控件",这样就创建了一个控制停止的布尔输入控件的接线端。

(4) 接下来在 While 循环中添加"随机数(0-1)"函数节点。在程序框图 While 循环框中的空白处右击,打开"函数"选板,选择"编程"选板→"数值"选板,选择"随机数(0-1)"函数节点放置在 While 循环框中。

(5) 创建好"随机数(0-1)"函数节点后,在前面板中为"随机数(0-1)"函数节点添加"波形图表"显示控件,可以以波形的方式显示数据,非常直观。

在前面板空白处右击,选择"控件"选板→"新式"选板→"图形"选板,选择"波形图表"显示控件放置在前面板中。

在程序框图中,将"波形图表"显示控件的接线端放置在 While 循环框中,将"随机数(0-1)"函数节点的输出端连接到"波形图表"输入接线端,如图 4.28 所示。

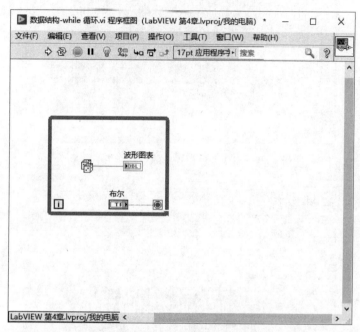

图 4.28 在 While 循环框中放置"随机数(0-1)"函数节点和"波形图表"显示控件

(6) 单击"运行"按钮,当程序开始执行后,"波形图表"显示控件以波形的方式显示不断生成的随机数,产生随机数数值的范围是 0~1,如图 4.29 所示。

通过程序运行可以知道 While 循环在循环执行"随机数(0-1)"函数节点,每当产生一个新的随机数,就会在波形图表中显示出来。

(7) 在前面板中单击布尔输入控件,可以看到程序停止。因为布尔输入控件被单击时 While 循环的条件停止端接收到真值,While 循环停止。这时程序框图中的"随机数(0-1)"函数节点不再产生新的数据,前面板中的波形图表也不再更新数据,显示的数据停留在最后一次"随机数(0-1)"函数节点输入的数据,如图 4.30 所示。

(8) 观察前面板中的布尔输入控件,可以看到当程序停止后,布尔输入控件恢复了假值的状态。这样再次单击"运行"按钮开始执行 While 循环的时候,在条件停止端就会收到假值,程序可以循环执行。

这是因为布尔输入控件当前的机械动作是释放时触发,所以每次输入后布尔输入控件会自动恢复至起始的状态。

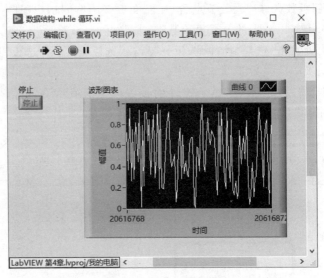

图 4.29　在 While 循环中随机数产生的波形

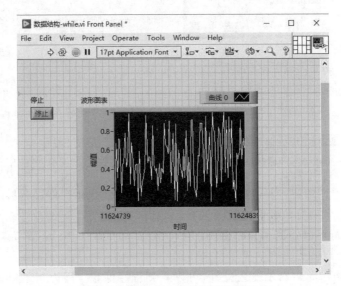

图 4.30　程序停止后波形图表的显示

4.2.2　While 循环与定时

微课视频

微课视频

执行 While 循环即为执行 While 循环框中的代码,每次循环的时间就是执行代码需要的时间。随着中央处理器(Central Processing Unit,CPU)处理能力的提升,While 循环可以达到相当高的代码执行速率,但计算机也会因为 While 循环执行代码而被占用大量 CPU 资源。

在实际应用中并不需要 While 循环在最快的循环速率下执行,如在"数据结构-while"

VI 中循环生成随机数,如果 While 循环在最大循环速率下执行,最高会达到上百万次的计算,在实例运行的计算机中(CPU 型号 i7-8700),每秒钟产生了约 300 万个随机数。实际上,对于程序来说并不需要这么高的速率,而且应用也无法及时处理这么多数据。

在这种情况下,需要人为降低 While 循环的循环速率,让 While 循环在执行每次代码结束之后等待一段时间。这样也可以大大降低对 CPU 的占用率,将资源释放给程序中的其他线程或计算机中的其他应用。

LabVIEW 的程序框图提供了用于定时的函数节点,可以实现上述功能。接下来通过一个实例讲解定时在 While 循环中的应用,实现步骤如下。

(1) LabVIEW 菜单栏中执行"文件"→"打开"命令,打开"数据结构-while 循环"VI 文件。在程序框图中右击"等待(ms)"函数节点输入端的数值常量 200,在弹出的菜单中选择"转换为输入控件",如图 4.31 所示。

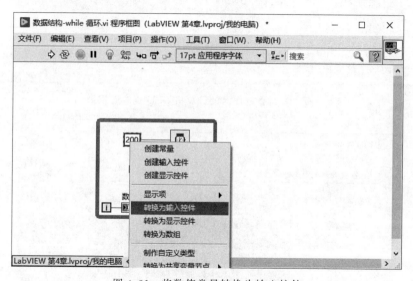

图 4.31　将数值常量转换为输入控件

(2) 在前面板"等待时间(毫秒)"输入控件的输入框中输入 0。同时启动 Windows 任务管理器,切换到"性能"→"CPU"选项卡,可以观察到 CPU 的使用情况。可以看到在没有运行程序的时候,CPU 的利用率是 19%,如图 4.32 所示。

(3) 首先观察当定时设为 0 时的计算机 CPU 使用情况,保持任务管理器 CPU 资源的窗口不关闭。

在"数据结构-while 循环"VI 的前面板工具栏中单击"运行"按钮,如图 4.33 所示,可以看到波形图表中的数据更新得非常快,"数值"显示控件中的数值增长得很快,表示 While 循环在很短的时间之内就执行了 100 858 278 次循环。

观察"任务管理器"窗口"性能"选项卡中的 CPU 利用率,此时的 CPU 利用率从之前的 19% 增长到 88%,如图 4.34 所示。

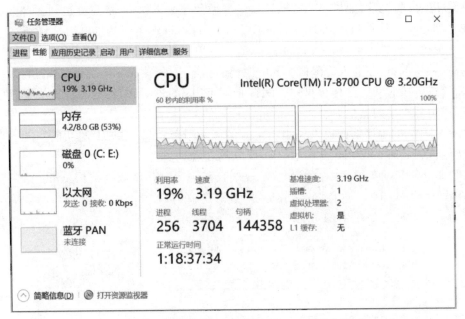

图 4.32　未运行程序时的计算机 CPU 资源使用情况

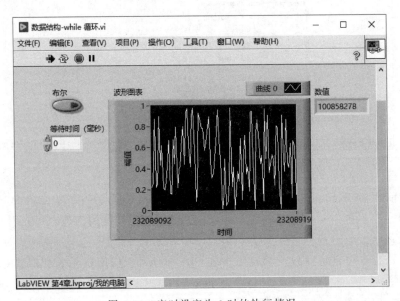

图 4.33　定时设定为 0 时的执行情况

接下来分析一下程序具体运行的情况。当前面板"等待时间（毫秒）"输入为 0 时，实际每次 While 循环执行的时间十分接近 0ms 的时间间隔。在 While 循环中的代码分为两部分：随机数生成部分和定时部分。这两部分没有数据流的关系，在 While 循环中是两个并行的线程。整个 While 循环的循环时间是这两个线程之中耗时较长的那个。当将定时部分设定为 0 时,整个 While 循环的执行时间就是随机数产生线程耗费的时间,非常接近 0ms,所以整个 While 循环的循环速率非常快。从计算机 CPU 利用率来看,基本上 CPU 的资源都被占用了。

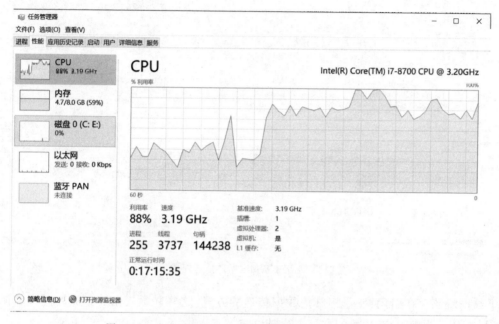

图 4.34 未定时的 While 循环程序执行时的 CPU 利用率

(4) 接下来对比观察当定时设为 200ms 时 CPU 的利用情况。在"数据结构-while 循环"VI 前面板的"等待时间(毫秒)"输入控件文本框中输入 200,单击"执行"按钮。

这时 While 循环设定了 200ms 的延时,与随机数生成部分比较,定时部分执行的时间更长,所以整个 While 循环的循环时间为 200ms。可以明显看到,在"数据结构-while 循环"VI 前面板中"数值"显示控件的数字增加得没有之前快了,代表 While 循环执行的速率下降,同时波形图表中数据更新的速率也下降了。CPU 利用率也从 88% 下降到 37%,如图 4.35 所示。

4.2.3 数据流与 While 循环

1. 数据流方式流入 While 循环实例

在 LabVIEW 中,如果通过数据流的方式进行数据传递,While 循环允许数据在执行之前流入,在执行之中数据流是无法传递到 While 循环之中的。当 While 循环执行结束之后,数据流才可以流出 While 循环。

程序框图中,在数据流流入和流出 While 循环的位置,会在 While 循环框生成一个方块标记,称为隧道。

控件位于 While 循环框之中进行数据输入不属于数据流入的情况。在 LabVIEW 中,

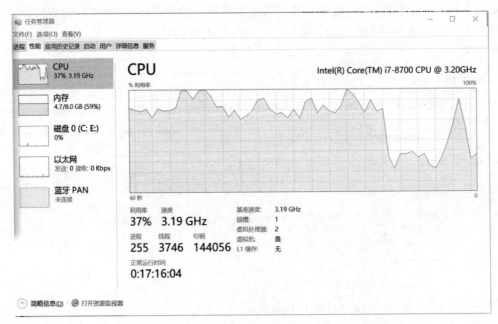

图 4.35　定时为 200ms,While 循环执行时的 CPU 利用率

除了数据流还存在引用、变量等其他数据传递的方式,这些并不遵循数据流的流入和流出 While 循环的规则,会在后面的章节进行讨论。

接下来通过实例讲解数据流流入与流出 While 循环,具体操作步骤如下。

(1) 在 LabVIEW 菜单栏中执行"文件"→"新建 VI"命令,创建一个空白 VI。

(2) 在 LabVIEW 菜单栏中执行"文件"→"保存"命令,将文件命名为"数据结构-While 循环数据进入"。

(3) 在"数据结构-While 循环数据进入"VI 程序框图空白处右击,打开"函数"选板,选择"编程"选板→"结构"选板,选择"While 循环"结构放置在程序框图中。

(4) 在程序框图中右击,打开"函数"选板,选择"编程"选板→"定时"选板,选择"等待(ms)"函数节点放置在程序框图中,右击函数节点左侧输入端,在弹出的菜单中选择"创建"→"常量",输入 200。这样就为 While 循环设置了 200ms 的定时。一般来说,While 循环中的代码运行时间都会小于定时的时间,所以 While 循环实际运行的时间为 200ms。

(5) 右击 While 循环的循环计数器右侧的接线端,在弹出的菜单中选择"创建"→"显示控件",创建输出到前面板"数值"显示控件的接线端。这样通过前面板的"数值"显示控件可以观察 While 循环的执行情况。

(6) 右击 While 循环的条件停止端左侧的接线端,在弹出的菜单中选择"创建"→"输入控件",创建从前面板输入的"停止"输入控件的接线端。

(7) 接下来在 While 循环中添加输出正弦波形的代码。

在程序框图空白处右击,打开"函数"选板,选择"信号处理"选板→"波形生成"选板,选择"基本函数发生器"节点,如图 4.36 所示,放置在 While 循环框中。

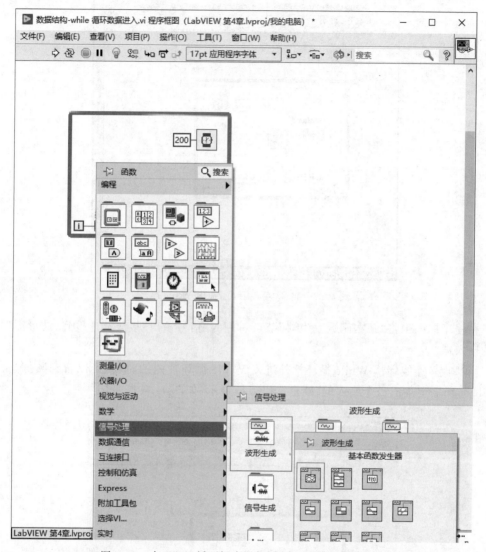

图 4.36　在 While 循环框中添加"基本函数发生器"节点

在"基本函数发生器"节点左侧的"频率"(程序框图中标签为 frequency)和"幅度"(程序框图中标签为 amplitude)输入端分别右击,并且在弹出的菜单中选择"创建"→"输入控件"。

在本实例中(使用 LabVIEW 2018 版本),拖动"频率"接线端向左移动到 While 循环框外面,如图 4.37 所示。如果是 LabVIEW 2017 之前的版本,将接线端拖出 While 循环框以后,需要重新连线。

在前面板空白处右击,在弹出的菜单中依次选择"控件"选板→"新式"选板→"波形"选板,选择"波形图"显示控件放置在前面板中。

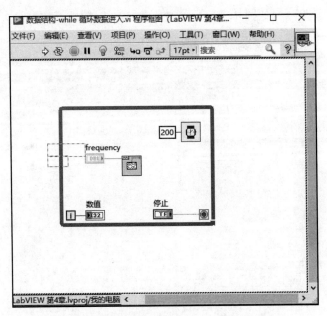

图 4.37　将"频率"接线端拖出 While 循环

　　在程序框图中将"基本函数发生器"节点右侧的"信号输出"接线端连接到"波形图"接线端的输入端。

　　当"频率"接线端从 While 循环框外进入 While 循环框内的时候,可以看到数据连线在 While 循环框上生成一个输入的"隧道",以方框显示,如图 4.38 所示。

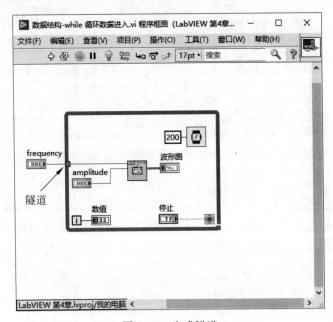

图 4.38　生成隧道

在前面板中整理输入控件和显示控件,如图 4.39 所示。

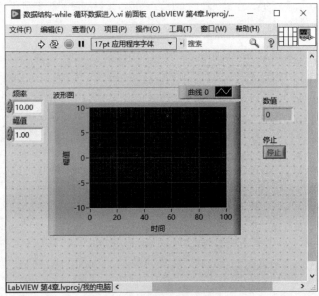

图 4.39 整理前面板

(8) 单击"运行"按钮,可以看到在"频率"输入控件显示为 10.00,"幅值"显示为 1.00,表示当前通过程序输出了频率为 10Hz,幅值为 1 的正弦波。从"波形图"显示控件中的波形可以看到输出的波形周期为 0.1s(频率为 10Hz),幅值为 1,如图 4.40 所示。

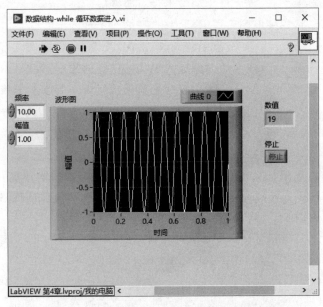

图 4.40 输出频率为 10Hz,幅值为 1 的波形

（9）不停止程序，在"频率"输入控件文本框中输入 20，观察波形，可以看到输出波形的周期还是 0.1s，如图 4.41 所示。波形并没有改变为 20Hz 频率，可知当前输入控件的频率值并没有输入"基本波形发生器"节点。

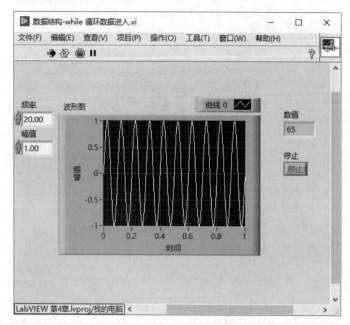

图 4.41　修改频率值

为什么改变了频率之后，程序产生的波形没有改变呢？

如图 4.42 所示，从程序框图可以看到，"频率"输入控件的接线端是通过隧道进入循环，然后再连接到"基本函数发生器"节点的输入端。在这个数据流中，发生了数据从 While 循环外到 While 循环内的过程，按照数据流流入 While 循环的规则，数据只有在 While 循环执行之前可以流入，而在 While 循环开始执行之后就无法流入。所以在步骤（8）启动程序运行的时候，"频率"输入控件的值（10）通过数据流流入了 While 循环结构，并且输入"基本函数发生器"节点，同时"幅值"输入控件也将值 1 输入"基本函数发生器"节点，While 循环开始重复执行产生频率为 10Hz，幅度为 1 的正弦波。

而在循环执行过程中改变"频率"输入控件的值，这个值已经无法通过隧道传入 While 循环，"基本函数发生器"节点接收到的频率值一直是 10，所以在前面板"波形图"显示控件中看到的波形并没有改变。

（10）在不停止程序的情况下，在"幅值"输入控件文本框中输入 5。"波形图"显示控件显示的是频率为 10Hz，幅度为 5 的正弦波形，如图 4.43 所示。可以知道，当改变"幅值"输入控件的值之后，这个值在 While 循环执行的过程中也输入"基本函数发生器"节点。这是因为"幅值"输入控件的接线端位于 While 循环框之内，所以当更新输入控件"幅值"的值时，这个值可以通过数据流传到"基本函数发生器"节点，这样输出波形的幅度就变成了 5。

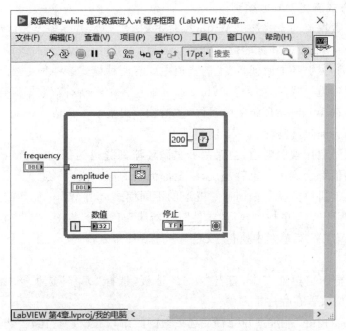

图 4.42 "频率"接线端通过隧道输入 While 循环

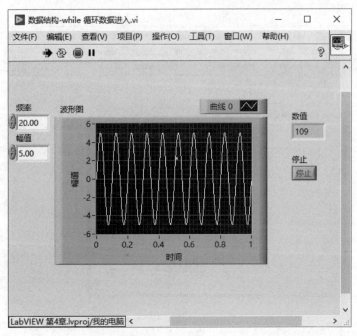

图 4.43 "幅值"接线端在 While 循环内时改变波形幅度

2. 数据流方式流出 While 循环

当数据通过数据流的方式流出 While 循环的时候,需要等待至 While 循环结束执行的时候,在数据流出 While 循环框的位置会产生隧道。

数据流出 While 循环的时候,产生的隧道主要有两种模式。一种是最终值,这是默认的模式。在最终值隧道模式时,如果在 While 循环的过程中不断有新数据流到隧道,隧道只会保留最后的值。在 While 循环结束的时候,隧道就流出最后一个值。也就是说,只有最后一个流入隧道的值会通过隧道流出 While 循环。

另一种模式是启用索引隧道,会保留每次循环流到隧道的值,在 While 循环结束之后,所有进入隧道的值都会流出。也就是说,将全部流入的值都流出隧道。

下面通过实例讲解数据是如何通过隧道的不同模式流出 While 循环的。

(1) 在 LabVIEW 菜单栏中执行"文件"→"新建 VI"命令,创建一个空白 VI。

(2) 在 LabVIEW 菜单栏中执行"文件"→"保存"命令,将文件命名为"数据结构-while 循环数据流出"。

(3) 在程序框图空白处右击,打开"函数"选板,选择"编程"选板→"结构"选板,选择"While 循环"结构放置在程序框图中。

在程序框图空白处右击,打开"函数"选板,选择"编程"选板→"比较"选板,选择"等于?"函数节点放置在 While 循环框中,如图 4.44 所示,为条件停止端添加停止条件,当循环 11 次后停止 While 循环。

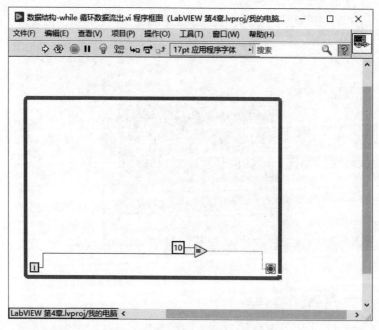

图 4.44　循环 11 次的 While 循环

　　循环计数器的计数从 0 开始,当"等于?"函数节点为真时,While 循环一共执行了 11 次 (10+1)。

　　(4) 右击循环计数器,在弹出的菜单中选择"创建"→"显示控件",与循环计数器输出端进行连线,并将连线通过 While 循环输出到 While 循环框右侧,可以看到当连线通过 While 循环框右侧时,生成了一个隧道,在隧道上右击,选择"创建"→"显示控件",如图 4.45 所示。

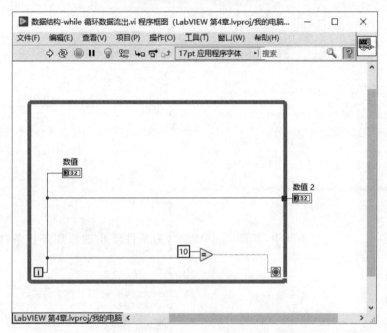

图 4.45　未启用索引输出循环计数器值

　　(5) 在"数据结构-While 循环数据流出"VI 的程序框图工具栏中单击"高亮显示执行过程"按钮,然后前面板工具栏中单击"运行"按钮。

　　当程序运行结束后,可以看到前面板中的"数值"和"数值 2"显示控件都输出 10。实际上 While 循环执行了 11 次,因为"数值"显示控件从 0 开始显示,依次显示的值为 0,1,2,…,10。"数值 2"显示控件一直显示为 0,在第 11 次循环结束的时候,变成了 10。

　　从程序框图中可以直观地看到这个过程。循环计数器产生的值通过数据传到"数值"接线端和"等于?"函数节点,在"等于?"函数节点与常量 10 进行比较,比较的结果通过数据流传给条件停止端。这样当循环计数器在第 11 次循环时输出 10,比较结果为真,条件停止端为真,停止 While 循环。

　　在 While 循环执行的过程中,循环计数器输出值传递到隧道,但是在 While 循环结束之前都不会输出。直到 While 循环执行结束,隧道中的数值才会通过数据流传递至"数值 2"接线端,这个时候隧道输出的值为 10,所以在前面板"数值 2"显示控件显示 10,如图 4.46 所示。

　　(6) 启用隧道索引。如图 4.47 所示,在程序框图中删除"数值 2"接线端。右击 While 循环框的隧道,在弹出的菜单中选择"隧道模式",勾选"索引"。

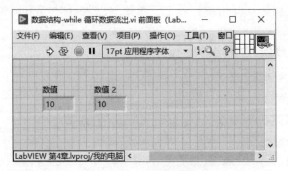

图 4.46 最终值模式

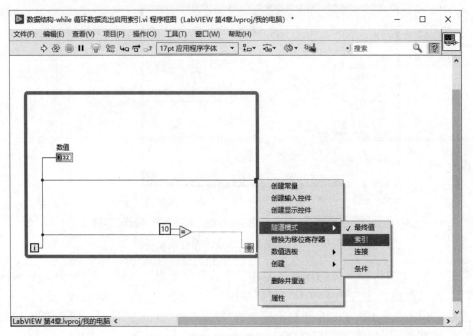

图 4.47 启用索引

如图 4.48 所示,右击 While 循环的隧道,在弹出的菜单中选择"创建显示控件"。

可以看到隧道输出的接线端是数组类型。将鼠标指针放置在新建的"数值"显示控件右下角,当鼠标指针变为拉伸状态后,按下并向下拖动直到数组显示了 11 个元素。

(7) 单击"运行"按钮,当程序执行结束后可以看到,在"数组"显示控件中显示了 0～10 的 11 个数值,如图 4.49 所示。实际上 While 循环执行了 11 次,当在隧道为启用索引模式后,每次循环中循环计数器的值在流到隧道的时候都存储在了隧道中。在循环执行的过程中数据并没有流出隧道到"数值"接线端,所以看到"数值"显示控件并没有更新数值。在第 11 次循环时,条件停止端会得到真值并停止 While 循环,隧道中的数据会流出,这样前面板窗口中的"数组"显示控件显示了 0～10 的 11 个值,这些数值是循环执行过程中隧道存储的值。

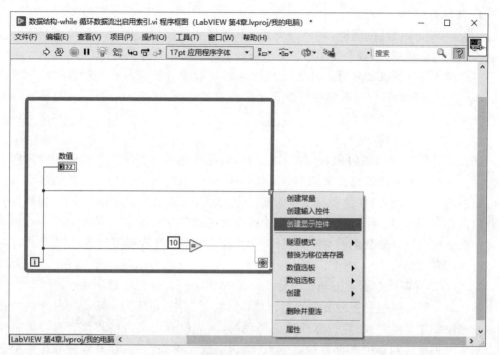

图 4.48 为隧道创建显示控件的接线端

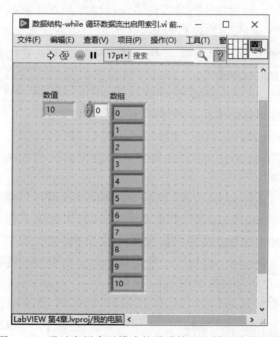

图 4.49 通过启用索引模式的隧道输出的循环计数器值

3. 移位寄存器

在使用 While 循环的时候,如果需要将 While 循环当前执行中的数据传递到下一次或后面若干次的循环中,一般会使用移位寄存器的方式存储需要传递的值,并且将这个值传递到下一次循环或再后面的循环当中。移位寄存器一般成对出现,在当前循环中,数据流入 While 循环框右侧的移位寄存器中;在下次循环中,数据会从 While 循环框左侧的移位寄存器中流出。

1)移位寄存器的原理

在使用移位寄存器的时候,LabVIEW 编译器在内存中开辟了一个指定的空间用于存储流入输入移位寄存器的值。无论 While 循环执行多少次,都只是使用之前创建移位寄存器时使用的内存空间,消耗的资源是输入移位寄存器中数据大小的存储空间。如果没有使用移位寄存器,如使用变量的方式在循环中进行数据的保存和传递,每次循环都会在内存中开辟一个新的用于存储数据的空间,这样会在内存中重复开辟存储空间,占用大量内存和造成不必要的资源浪费。

2)移位寄存器的数据类型和初始化

移位寄存器可以接受多种数据类型,包括数值、字符串、布尔和一些更加复杂的数据类型。在刚刚创建好的时候,移位寄存器是黑色的,因为没有定义当前移位寄存器的数据类型。当将数据连接到移位寄存器后,它会自动识别数据类型,并且针对这种数据类型进行操作。

移位寄存器创建好以后的默认值是当前输入移位寄存器的数据类型的默认值。例如,数值类型是 0,布尔类型是假,字符串类型是空字符串。在创建移位寄存器并进行初始化的时候,可以创建目标数据的默认值常量,并输入移位寄存器作为初始值。这样在为移位寄存器初始化的同时也定义了数据类型。

3)均值滤波实例

接下来通过实例讲解移位寄存器的使用,具体操作步骤如下。

(1)在 LabVIEW 菜单栏中执行"文件"→"新建 VI"命令,创建一个空白 VI。

(2)在 LabVIEW 菜单栏中执行"文件"→"保存"命令,将文件命名为"数数据结构-while 循环-移位寄存器"。

(3)在程序框图空白处右击,打开"函数"选板,选择"编程"选板→"结构"选板,选择"While 循环"结构放置在程序框图中,右击条件停止端,在弹出的菜单中选择"创建"→"输入控件",为 While 循环添加停止按钮的接线端,如图 4.50 所示。

(4)接下来在 While 循环上添加 5 个移位寄存器。在 While 循环框左侧右击,在弹出的菜单中选择"添加移位寄存器",如图 4.51 所示。

在已经添加的移位寄存器上右击,在弹出的菜单中选择"添加元素",如图 4.52 所示,可以看到在原有的移位寄存器下方增加了一个移位寄存器。

重复这个过程,添加移位寄存器元素,使移位寄存器有 5 个输入元素,如图 4.53 所示。

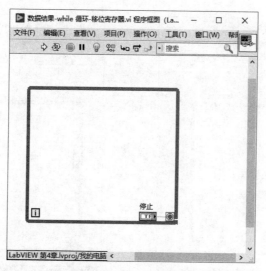

图 4.50　添加 While 循环

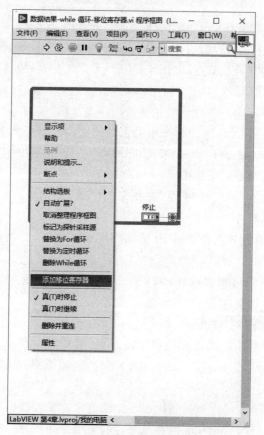

图 4.51　添加移位寄存器

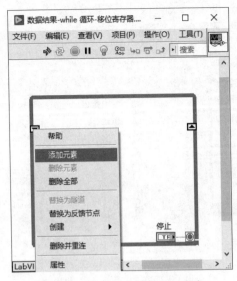

图 4.52　为移位寄存器添加元素

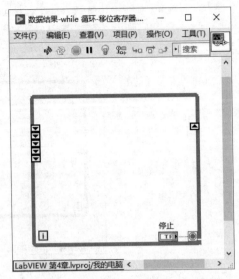

图 4.53　有 5 个输入元素的移位寄存器

（5）接下来在 While 循环中添加生成正弦波形的函数节点。

在程序框图空白处右击,依次选择"函数"选板→"数学"选板→"初等与特殊函数"选板→"三角函数"选板→"正弦"函数节点,如图 4.54 所示。"正弦"函数节点用来计算输入数值的正弦值,将循环计数器除以 10 连接到"正弦"函数节点的输入端,这样当 While 循环执行时,通过"正弦"函数节点会输出一条连续的正弦波形。

（6）为了验证滤波的效果,下面为产生的正弦波形添加随机噪声。

在程序框图空白处右击,打开"函数"选板,选择"编程"选板→"数值"选板,选择"随机数（0-1）"函数节点放置在 While 循环中。

在程序框图空白处右击,打开"函数"选板,选择"编程"选板→"数值"选板,选择"除"函数节点放置在 While 循环中。

将"随机数（0-1）"函数节点与常量 10 输入"除"函数节点,并将得到的值与"正弦"函数节点输出相加,将结果输入 While 循环框右侧的移位寄存器。

通过将随机数与正弦值相加,就得到了一个包含噪声的正弦波。这里将随机数的值除以 10,适当地将噪声进行衰减。

完成的程序框图如图 4.55 所示。

（7）接下来通过移位寄存器实现均值滤波。

均值滤波的原理是求相邻的若干个元素的平均值,将结果作为当前的输出值。通过平均值的计算可以在一定程度上抑制噪声。

通过之前的程序设计,可以知道每次循环产生的带有噪声的值被输入右侧移位寄存器,在下一次循环执行的时候,会从左侧的移位寄存器输出。同时,在本次循环从移位寄存器输出的值会向下流动,在下次循环的时候从下面的一个移位寄存器输出。这样当循环次数大于 5 次后,在每次循环中会从 5 个移位寄存器输出前 5 次输入移位寄存器的值。

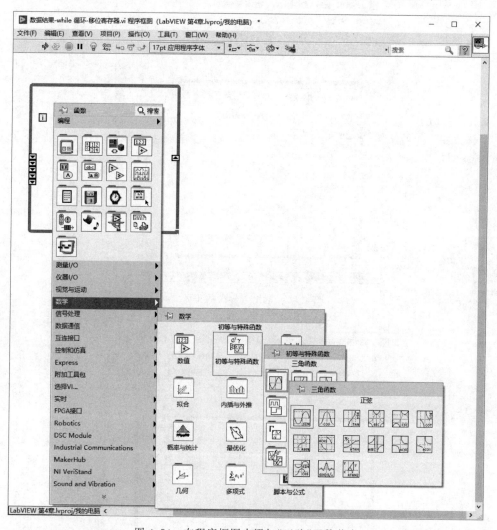

图 4.54　在程序框图中添加"正弦"函数节点

在程序框图空白处右击,打开"函数"选板,选择"编程"选板→"数值"选板,选择"复合运算"函数节点放置在 While 循环中。复合运算默认是进行加法计算。

将 5 个输入移位寄存器的输出值和带有噪声的正弦波输入"复合运算"函数节点,将结果除以 6 求平均值,如图 4.56 所示。

(8) 接下来观察通过移位寄存器实现均值滤波的效果。

在程序框图空白处右击,打开"函数"选板,选择"编程"选板→"定时"选板,选择"等待(ms)"函数节点放置在 While 循环中。在"等待(ms)"函数节点左侧输入端右击,在弹出的菜单中选择"创建常量",输入 10,为 While 循环设定 10ms 的循环定时。

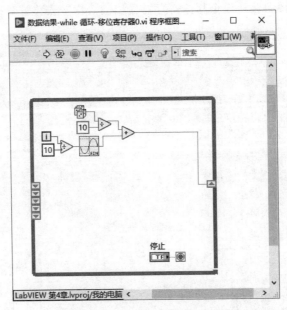

图 4.55　输出带噪声的正弦波

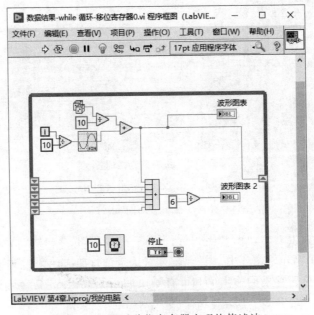

图 4.56　通过移位寄存器实现均值滤波

在 While 循环中,产生随机数、进行正弦计算以及均值滤波的代码运行时间远小于10ms,所以 While 循环的实际运行时间是"等待(ms)"函数节点设定的 10ms。

在前面板空白处右击,依次选择"控件"选板→"新式"选板→"图形"选板,选择"波形图表"显示控件,放置两个"波形图表"显示控件在前面板中。

程序框图中的"加"函数节点和"复合运算"函数节点处,将这两个函数节点的输出连接到创建好的"波形图表"显示控件接线端上,如图4.57所示。这样前面板的两个波形图表分别显示了包含噪声的正弦波波形和通过了均值滤波的正弦波波形。

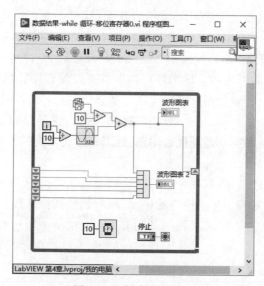

图 4.57　创建波形图表

(9) 单击"运行"按钮。如图4.58所示,可以看到在"波形图表"显示控件中显示了包含噪声的正弦波形,正弦波形的幅度为1,噪声的幅度为0～0.1的随机数。

在"波形图表 2"显示控件中显示一个包含噪声的正弦波,对比"波形图表"显示控件中的波形可以看到,通过移位寄存器实现的均值滤波,随机数噪声得到了一定的抑制,相比较未滤波的波形更加平滑。

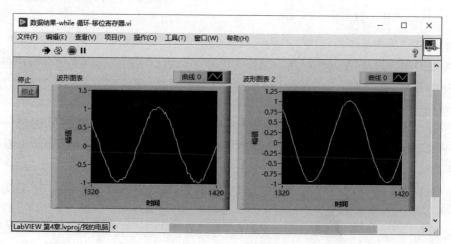

图 4.58　波形对比

4.2.4 While 循环与连续执行

下面对程序框图中的 While 循环结构和工具栏中的"连续执行"按钮的功能和使用进行比较。

LabVIEW 程序中只有一个 While 循环的时候,通过 While 循环实现重复执行代码与单击工具栏中的"连续执行"按钮实现重复执行的功能很相似。但是实际上一般都会使用 While 循环进行程序的控制,而很少使用"连续执行"按钮。

使用 While 循环的原因是 While 循环可以提供更好的程序控制。例如,通过条件停止端判断当前程序运行的状态,进而决定循环执行状态。另外,在程序中往往不是所有的部分都需要进行循环执行,而是其中的一部分需要循环执行。通过 While 循环可以指定需要循环执行的代码部分,这样不需要循环执行的部分(如初始化功能或程序结束时释放资源的代码部分)可以不用重复执行。

如果使用"连续执行"按钮,程序中的所有代码都会循环执行,那些不需要循环执行的代码也在循环执行。这样对程序无法更好地控制,同时代码执行的效率也不高。

所以"连续执行"按钮仅在调试代码的时候使用,在发布程序的时候都是使用 While 循环。

4.3 For 循环

For 循环实现的功能也是循环执行代码。For 循环可以指定循环的次数。一般来说,For 循环用于数据处理的情况较多,如对数组进行操作。While 循环则更多地用于程序执行流程的控制。

For 循环结构如图 4.59 所示。

4.3.1 For 循环的概念

For 循环结构由 For 循环框、循环计数器和总数接线端构成。将需要执行的代码放在 For 循环框当中,通过总数接线端指定循环的次数。总数接线端的数据类型是数值整型。

接下来通过实例讲解 For 循环。在本实例中,通过 For 循环计算 $1\sim N$ 的平均数,具体操作步骤如下。

(1) 在 LabVIEW 菜单栏中执行"文件"→"新建 VI"命令,创建一个空白 VI。

(2) 在 LabVIEW 菜单栏中执行"文件"→"保存"命令,将文件命名为"数据结构-For 循环-循环次数"。

(3) 在程序框图空白处右击,打开"函数"选板,选择"编程"选板→"结构"选板,选择"For 循环"结构放置在程序框图中。

(4) 在"For 循环"结构的"总数接线端"输入端右击,在弹出的菜单中选择"创建输入控件",创建"数值"输入控件的接线端。

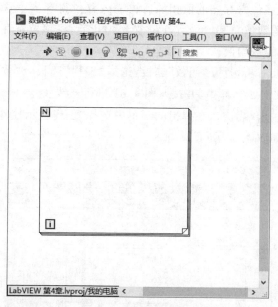

图 4.59　For 循环结构

（5）在 For 循环框左侧右击，在弹出的菜单中选择"添加移位寄存器"，如图 4.60 所示。

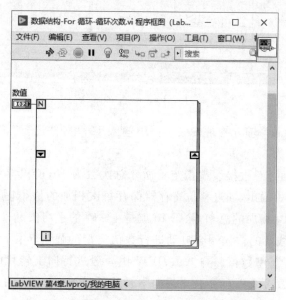

图 4.60　创建移位寄存器和总数接线端输入控件

（6）接下来通过 For 循环实现计算平均值的功能。

实现计算 $1\sim N$ 的平均值的逻辑如下。通过总数接线端指定 N 的值，将循环计数器产生的值进行相加，因为循环计数器的值是从 0 开始，所以将循环计数器产生的值加 1 后再进行相加,将得到的值与移位寄存器的值相加后再输入移位寄存器。这样移位寄存器中存储的是循环到当前次数的数值总和。最后,For 循环停止后,将移位寄存器输出的值除以循环总数,就得到了 $1 \sim N$ 的平均值。

在程序框图空白处右击,打开"函数"选板,选择"编程"选板→"数值"选板,选择"加"和"加 1"函数节点放置在 For 循环中,并按照图 4.61 进行连线。

在"除"函数节点输出端右击,在弹出的菜单中选择"创建显示控件"。

实现的程序框图如图 4.61 所示。

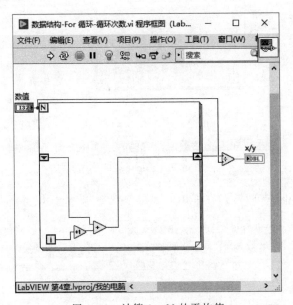

图 4.61　计算 $1 \sim N$ 的平均值

（7）在前面板"数值"输入控件的文本框中输入 10,单击"运行"按钮,从 x/y 显示控件得到 $1 \sim 10$ 的平均值为 5.5。

在 For 循环中,通过总数接线端指定了循环总次数为 10,所以 For 循环会执行 10 次。循环计数器会从 0 开始输出,通过移位寄存器保存每次相加的值,当循环结束的时候,通过移位寄存器输出 $1 \sim 10$ 相加的总和,除以 10 就是 $1 \sim 10$ 的平均值。

For 循环总数接线端的输入端会自动进行数值类型的强制转化,无论输入的数值是什么类型,都会转为 I32 整型数值。与 LabVIEW 中一般进行向上转化的数值类型强制转化不同,在 For 循环总数接线端可能会出现向下转化的情况,如输入的是双精度浮点数类型 DBL,那么会向下转化为 I32 的数据类型。

4.3.2　For 循环与 While 循环比较实例

微课视频

For 循环和 While 循环使用的场景非常不同,While 循环都是在循环次数未知的情况下使用,并且 While 循环一般都是通过每次代码执行的情况,再使用条件停止端判断程序是否继续执行下去。For 循环从开始就明确知道循环执行的次数。

For 循环和 While 循环的执行机制也不相同。For 循环是先判断循环次数,然后进行代码的执行;而 While 循环是先执行,然后判断是否需要继续执行下去。这样的结果是 For 循环可以执行 0 次,也就是不执行结构中的代码;而 While 循环至少执行一次,然后再判断是否继续执行下去。

接下来通过实例比较 For 循环和 While 循环的不同,具体操作步骤如下。

(1) 在 LabVIEW 菜单栏中执行"文件"→"新建 VI"命令,创建一个空白 VI。

(2) 在 LabVIEW 菜单栏中执行"文件"→"保存"命令,将文件命名为"数据结构-For 循环和 While 循环"。

(3) 在程序框图空白处右击,打开"函数"选板,选择"编程"选板→"结构"选板,选择"For 循环"结构放置在程序框图中。

(4) 在 For 循环的总数接线端输入端右击,在弹出的菜单中选择"创建常量",在文本框中输入 0。

(5) 在程序框图空白处右击,打开"函数"选板,选择"编程"选板→"对话框与用户界面"选板,选择"单按钮对话框"放置在 For 循环中,如图 4.62 所示。在"单按钮对话框"的"消息"接线端处右击,在弹出的菜单中选择"创建常量",在创建好字符串常量的文本框中输入"For 循环执行"。

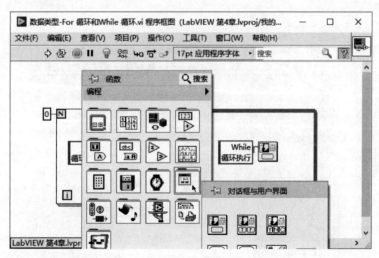

图 4.62 在程序框图中添加单按钮对话框

(6) 在程序框图空白处右击,打开"函数"选板,选择"编程"选板→"结构"选板,选择"While 循环"结构放置在程序框图中。在条件停止端上右击,在弹出的菜单中选择"创建常量",可以看到条件停止端创建了一个假值的布尔常量。在布尔常量上单击,将布尔常量改为真值。

用同样的方法在 While 循环添加"单按钮对话框"并在字符串常量的文本框中输入

"While 循环执行",如图 4.63 所示。

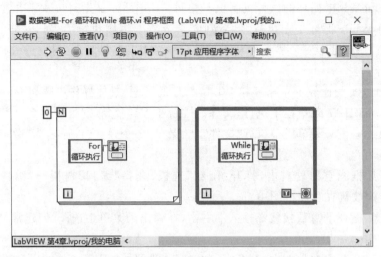

图 4.63　添加了单按钮对话框的 For 循环和 While 循环

（7）单击"运行"按钮,可以看到弹出了"While 循环执行"对话框,如图 4.64 所示。这代表 While 循环执行,并弹出了对话框。"For 循环执行"对话框没有弹出,代表 For 循环没有执行。

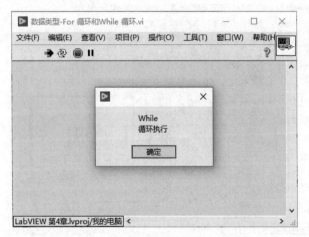

图 4.64　弹出"While 循环执行"对话框

根据 For 循环的执行特点,因为在总数接线端输入了 0,所以在执行之前进行判断,判断的结果是不执行,所以并没有对话框弹出。

而 While 循环首先运行程序,执行的过程中弹出单按钮对话框,然后在条件停止端处进行判断,因为输入的是真值,所以 While 循环停止。

4.4　条件结构

4.4.1　条件结构的概念

条件结构就是根据条件输入端的值判断执行不同条件分支当中的代码。条件结构用于判断的数据可以是多种类型,如数值型、字符串、布尔等。条件结构根据输入数据的值判断具体执行的条件分支。

LabVIEW中的条件结构可以包含两种条件分支,这时一般是使用布尔值判断,然后执行代码,这种情况和文本编程语言中的 if 结构相类似。

LabVIEW中的条件结构也可以包含 3 种甚至更多的条件分支。可以使用数值、字符串、枚举类型作为判断的数据输入,这时相当于文本编程语言中的 case 结构。

条件结构由以下几部分组成:条件结构框、条件选择器标签、选择器接线端,如图 4.65所示。其中各个部分的功能如下。

1) 条件结构框

条件结构框中是当前条件分支需要执行的代码。条件结构框只能显示一种条件分支下的代码,可以通过条件选择器标签切换不同情况下的代码。

2) 条件选择器标签

条件选择器标签用来标识当前条件分支对应的判断数据,从选择器接线端输入的数据与条件选择器标签中的数据进行对比,条件结构执行与输入数据项匹配的条件分支的代码。

3) 选择器接线端

与条件选择器标签进行判断的数据通过选择器接线端输入条件结构。

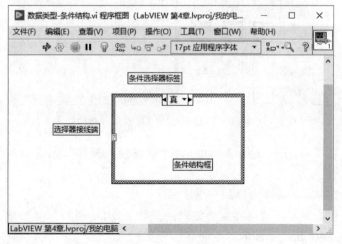

图 4.65　条件结构

微课视频

微课视频

4.4.2 条件结构的应用

1. 布尔类型的条件结构

布尔类型的条件结构使用得最多。这种条件结构包含两个条件分支,分别对应输入布尔数据的真值和假值两种情况,选择器接线端输入的数据是布尔数据类型。

接下来通过一个实例讲解布尔类型的条件结构。实例实现的功能是通过输入控件的选择可以输出正弦波形或包含噪声的正弦波形。

(1) 在 LabVIEW 菜单栏中执行"文件"→"新建 VI"命令,创建一个空白 VI。

(2) 在 LabVIEW 菜单栏中执行"文件"→"保存"命令,将文件命名为"数据结构-条件结构-布尔"。

(3) 在程序框图空白处右击,打开"函数"选板,选择"编程"选板→"结构"选板,选择"条件"结构放置在程序框图中,如图 4.66 所示。

图 4.66　在程序框图中放置条件结构

右击选择器接线端,在弹出的菜单中选择"创建输入控件",创建布尔型输入控件接线端,如图 4.67 所示。

(4) 为条件结构编辑条件为真的分支。

首先通过条件选择器标签选择需要编辑的条件分支,一般布尔类型输入选择器接线端后,条件选择器标签中默认是真值对应的条件分支。

在真值的条件分支中,在条件结构框空白处右击,在弹出的"函数"选板中选择"信号处理"选板→"波形生成"选板,选择"高斯白噪声波形"函数节点放置在条件分支中,如图 4.68 所示。"高斯白噪声波形"函数节点使用默认输入值,生成标准差为 1 的高斯白噪声。

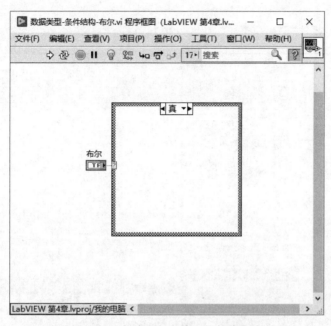

图 4.67　创建布尔型输入控件接线端

（5）接下来放置基本函数发生器,通过条件结构选择是否叠加高斯白噪声。

在程序框图中的条件结构框左侧右击,在弹出的菜单中选择"信号处理"选板→"信号生成"选板,选择"基本函数发生器"函数节点放置在条件结构框左侧。在"基本函数发生器"函数节点的"频率"接线端右击,在弹出的菜单中选择"创建输入控件"。

将"基本函数发生器"函数节点的"波形"输出端连接到条件结构,在程序框图空白处右击,在弹出的菜单中选择"编程"选板→"数值"选板,选择"加"函数节点放置在条件结构的真值分支当中,将"基本波形发生器"和"高斯白噪声波形"通过"加"函数节点将相加后的波形输出条件结构,如图 4.69 所示。这样在条件结构的真值分支中,产生的正弦波形与高斯白噪声进行了叠加。

（6）为条件结构编辑条件为假的分支。

注意当前工具栏中"运行"按钮是断线的状态,因为将布尔控件连接到条件选择器接线端后,条件结构就包含两个分支,而现在只定义了一个分支,所以需要继续定义另一个条件分支。

通过条件选择器标签将条件分支切换到假值的状态。在假值条件分支中直接输出"基本函数发生器"函数节点产生的波形,如图 4.70 所示。

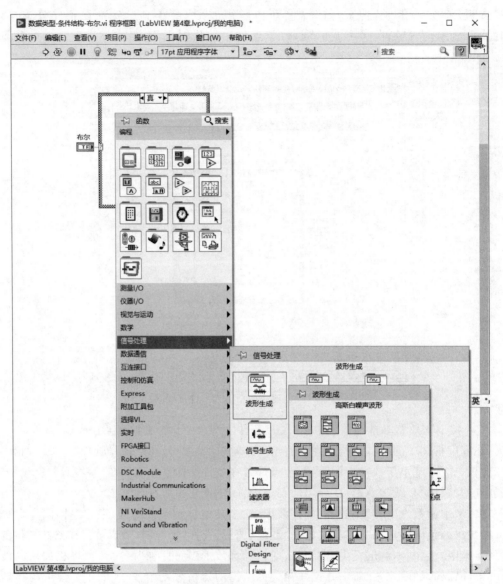

图 4.68　在程序框图中添加"高斯白噪声波形"函数节点

（7）在前面板空白处右击，在弹出的"控件"选板中选择"新式"选板→"图形"选板，选择"波形图"显示控件放置在前面板中。在程序框图中将条件结构的波形输出连接到"波形图"接线端，如图 4.71 所示。

（8）单击"运行"按钮，运行程序，如图 4.72 所示。

在前面板中的"幅值"输入控件的文本框中输入 10.00，"布尔"输入控件默认值为假，条件结构执行的是条件选择器标签为假的分支。在这个分支中"基本函数发生器"函数节点产生的波形直接输出至"波形图"显示控件，所以显示幅值为 10 的正弦波。

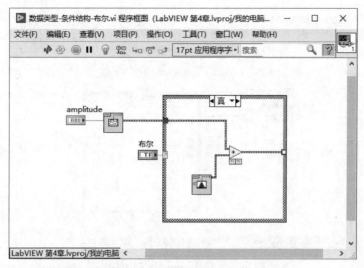

图 4.69 在真值条件分支中叠加高斯噪声

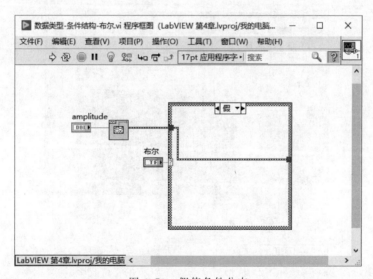

图 4.70 假值条件分支

（9）在前面板中，单击"布尔"输入控件，"布尔"控件会赋值为真，这时执行的是条件选择器标签为真的条件分支。在这个分支中"基本函数发生器"函数节点输出的正弦波形叠加了"高斯白噪声波形"函数节点输出的幅值为 1 的高斯白噪声。从前面板的"波形图"显示控件中看到带有噪声的正弦波形，如图 4.73 所示。

2. 数值类型的条件结构

使用条件结构的时候，经常需要根据数值进行条件分支的判断。这时需要执行的条件分支往往大于两种，并且直接使用数值输入选择器接线端进行条件分支的判断。

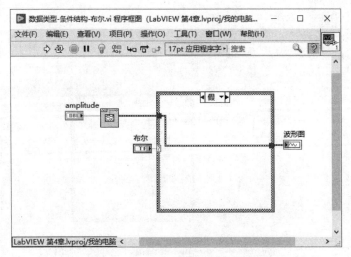

图 4.71　创建"波形图"显示控件

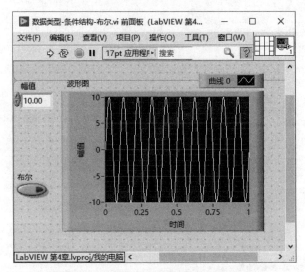

图 4.72　波形图显示幅值为 10 的正弦波形

　　条件结构在使用数值类型输入选择器接线端的时候,需要特别注意的是一定要设定默认条件分支。默认条件分支的作用是当输入选择器接线端的数值不在定义的条件选择器标签的范围之内的时候,就会执行默认条件分支。当使用数值类型输入选择器接线端的时候,输入的数据可能出现很多种情况,而定义的条件选择器标签毕竟有限,如果前序程序出错或出现不可预料的情况,就会出现输入选择器接线端的数值超出条件选择器标签范围的情况。如果定义了默认条件分支,就可以很好地控制程序。

　　接下来通过实例讲解数值类型的条件结构,实现的功能是超文本传输协议(Hypertext

Transfer Protocol，HTTP)①通信的错误判别器。

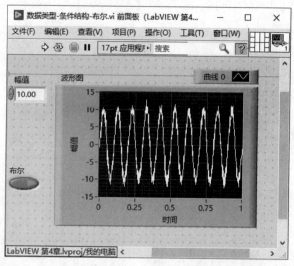

图 4.73　波形图显示幅值为 10 的带有噪声的正弦波形

　　在 HTTP 网络通信中，根据返回的数据以及错误代码需要进行各类错误的判别和错误状态的解析，实现实例需要使用数值类型的条件结构。因为使用 HTTP 进行网络服务申请时，反馈信息往往通过数值表示当前的通信状态和错误信息，通过解析和判断当前反馈的信息可以帮助决定下一步的操作。

　　实例的具体操作步骤如下。

　　(1) 在 LabVIEW 菜单栏中执行"文件"→"新建 VI"命令，创建一个空白 VI。

　　(2) 在 LabVIEW 菜单栏中执行"文件"→"保存"命令，将文件命名为"数据结构-条件结构-数值"。

　　(3) 在程序框图空白处右击，打开"函数"选板，选择"编程"选板→"结构"选板，选择"条件"结构放置在程序框图中。

　　在前面板空白处右击，在弹出的"控件"选板中选择"新式"选板→"数值"选板，选择"数值"输入控件放置在前面板中。右击"数值"输入控件，在弹出的菜单中选择"表示法"→I32，将"数值"输入控件的数值类型修改为整型。

　　在程序框图中，将"数值"输入控件的接线端连接到选择器接线端，如图 4.74 所示。

　　(4) 接下来定义不同的条件分支。本实例针对比较常见的 HTTP 网络错误代码进行判断，并且根据错误代码输出字符串类型的错误提示。常见的 HTTP 网络错误代码和提示如下。

_____

　　① 根据百度百科，HTTP 的定义是简单的请求-响应协议，它通常运行在 TCP 之上。它指定了客户端可能发送给服务器什么样的消息以及得到什么样的响应。请求和响应消息的头以 ASCII 码形式给出；而消息内容则具有一个类似 MIME 的格式。这个简单模型是早期 Web 成功的有功之臣，因为它使开发和部署直截了当。

- 400：请求出现语法错误；
- 403：禁止访问,资源不可用；
- 404：无法找到文件；
- 405：资源被禁止；
- 406：无法接受；
- 407：要求代理身份验证。

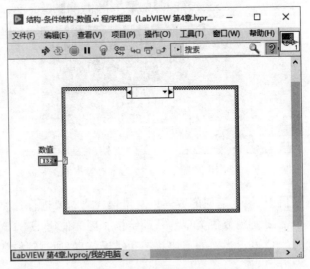

图 4.74　创建数值类型的条件结构

在程序框图条件结构的条件选择器标签文本框中输入第一个条件分支的判断条件标签400。在 400 条件分支中创建一个文本的字符串常量,内容是"错误代码 400,请求出现语法错误",将这个字符串常量连接到条件结构的右侧,并在输出端右击,在弹出的菜单中选择"创建显示控件",如图 4.75 所示。

(5) 在程序框图中右击条件选择器标签,在弹出的菜单中选择"在后面添加条件分支",如图 4.76 所示。在新创建的条件分支的条件选择器标签中输入 403,这样为条件结构创建了一个标签为 403 的条件分支。

在标签为 403 的条件结构分支中,在程序框图空白处右击,打开"函数"选板,选择"编程"选板→"字符串"选板,选择"字符串"常量放置在当前的条件分支中。在"字符串"常量文本框中输入"错误代码 403,禁止访问,资源不可用",并将"字符串"常量连接到输出的"字符串"显示控件,如图 4.77 所示。

(6) 按照上面的方法,依次为 404,405,406,407 的错误代码创建错误解析内容。

(7) 接下来为条件结构创建默认错误选项。在条件选择器标签的文本框中右击,在弹出的下拉菜单中选择"0 默认"一项。在条件分支中创建"未知错误"字符串常量,输出到"字符串"显示控件的接线端,如图 4.78 所示。

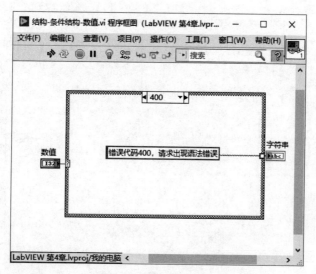

图 4.75　创建条件选择器标签为 400 的条件分支

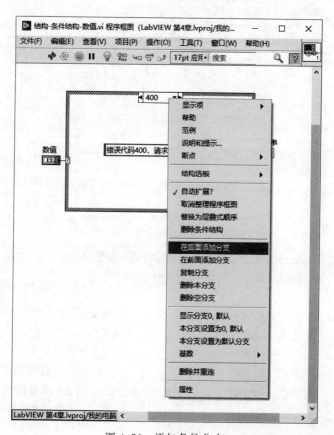

图 4.76　添加条件分支

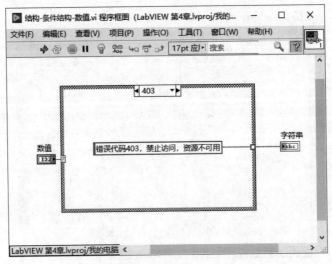

图 4.77　添加错误代码 403 的条件分支

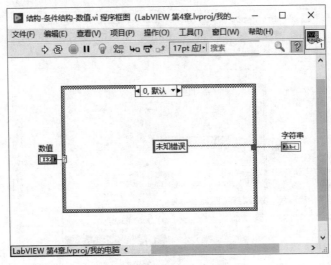

图 4.78　创建默认分支

（8）单击"运行"按钮，运行程序。首先观察已经在条件分支中定义的错误类型。在"数值"输入控件的文本框中输入 400 和 403 时，分别返回错误提示，如图 4.79 和图 4.80 所示。

（9）接下来观察输入值是未定义的条件分支的执行情况。在前面板"数值"文本框中输入 9099，这个值是条件结构的条件选择器标签中没有定义过的，所以当条件选择器的选择接线端得到这个数值时，没有对应的条件分支可以匹配，条件结构就执行默认分支。在这个默认分支中，输出的结果是"未知错误"，如图 4.81 所示。

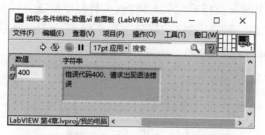

图 4.79 错误代码为 400 时的程序运行结果

图 4.80 错误代码为 403 时的程序运行结果

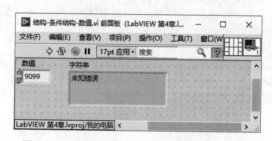

图 4.81 错误代码为 9099 时的程序运行结果

4.4.3 条件结构的隧道

在使用条件结构时,当数据流入和流出条件结构的时候,都会在条件结构框上出现一个隧道。数据通过隧道流入和流出条件结构。

实际上,条件选择器接线端除了可以接受数据进行判断外,也是一个数据流入的隧道。如果在条件分支中需要使用这个数据,可以直接引用。如图 4.82 所示,当数据流入条件结构的时候,会在条件结构框上产生一个隧道。数据通过隧道可以进入条件结构,同时连接到条件选择器接线端的数据也可以进入条件结构的分支进行运算。

4.4.4 条件结构隧道输出默认值

当有数据流出条件结构的时候,相当于条件结构不同的条件分支都在对同一个输出的隧道传递值,编译器需要在所有条件分支都有明确的数据流出到输出隧道的时候,才认为条件结构是完整的。如果存在条件分支没有定义的情况,工具栏中的"运行"按钮会显示断线状态。

在使用条件结构时,需要保证输出的隧道上每个条件分支都有数据流出。

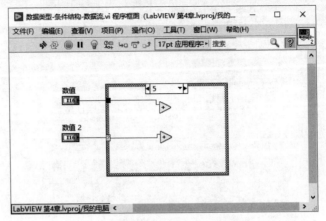

图 4.82　数据通过隧道进入条件结构

如果不想在每个条件分支上定义隧道的输出,可以在输出的隧道上右击,在弹出的菜单中选择"未连线时使用默认",如图 4.83 所示。这时在条件分支中的隧道上所有未定义的条件分支都会输出一个默认值,为当前数据类型的默认值。例如,数值类型的默认值为 0,布尔类型的默认值为假,字符串的默认值为空字符串。

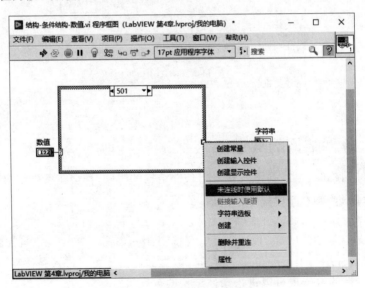

图 4.83　未连线时使用默认

实际上,使用条件结构时会避免使用"未连线是使用默认"选项,因为这样会不清楚在什么条件分支中输出了默认值,导致无法预计输出结果。在程序编写时建议手动为每个条件分支隧道建立输出结果。

第 5 章

进阶数据类型

本章将介绍 LabVIEW 中的进阶数据类型,包括数组和簇。

在数组的讲解中,介绍数组的概念和使用,以及与数组相关的函数节点的使用,同时结合 For 循环结构讲解通过结构对数组的数据进行运算。

在簇的讲解中,介绍簇的概念,以及捆绑和解除捆绑的方法。

LabVIEW 编程环境最大的特点就是图形化,数据流和数据可视化是 LabVIEW 编程环境提供的最具特点的方式。最后,本章深入介绍 LabVIEW 中的数据流的编程方式,分别介绍在前面板的数据可视化、前面板控件的可视化操作,以及程序框图中的数据流可视化。

5.1 数组

5.1.1 数组的概念

微课视频

数组就是同种数据类型的一个集合。例如,将每分钟的温度值记录下来组成的数组就是一个数值型的数组;一串数字信号就是一个布尔类型的数组;在串口通信中每次得到的字符串组成的集合也可以是一个字符串类型的数组,如图 5.1 所示。

数组的基本组成元素是索引和元素。元素在数组中是数据类型相同的数据,这些元素按照一定的顺序排列,每个元素在数组中的位置通过索引来标记。

5.1.2 数组的元素数据类型

在 LabVIEW 中,很多种数据类型都可以作为数组的元素,包括数值、布尔、字符串,也包含一些更加复杂的数据类型,如枚举、图片、簇、引用等数据类型,如图 5.2 所示。基本上,除了数组不可以作为数组的元素外,其他类型的数据都可以作为数组的元素。

在前面板中的大部分控件都可以选择作为数组的元素。图表类的控件不可以作为数组的元素,因为图表本身包含了大量数据,其实质也是一个数组。

5.1.3 数组的类型

根据结构的不同,可以将数组分为一维数组、二维数组、三维数组等,在前面板中可以根据数组索引表示的不同判别数组的维数,如图 5.3 所示。

程序中主要使用的是一维数组和二维数组,再高维度的数组较少使用,因为很少有与之对应的物理含义。

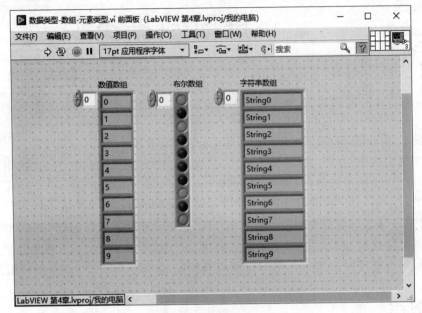

图 5.1 数值、布尔和字符串类型的数组

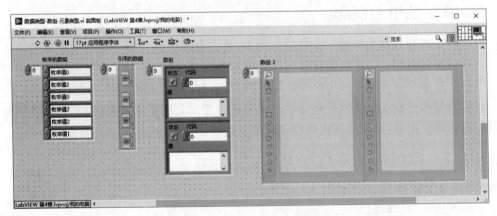

图 5.2 不同元素组成的数组

5.1.4 数组的索引

因为数组的元素类型完全一致,所以对数组的操作主要是使用索引进行的。索引就是元素在数组结构中位置的唯一标识。首先需要操作索引指定到需要处理的元素,然后根据这个元素的数据类型,使用这种数据类型的节点或函数进行处理。

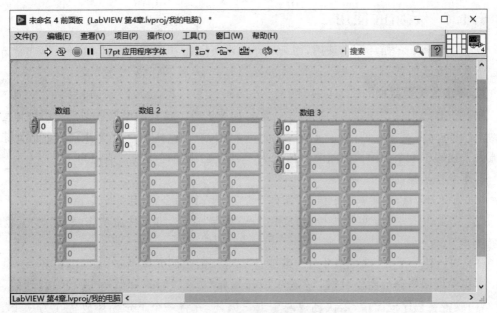

图 5.3　一维、二维和三维数组

数组的索引和数组的维度是一致的,一维数组具有一个索引,二维数组具有两个索引,三维数组具有 3 个索引,如图 5.4 所示。

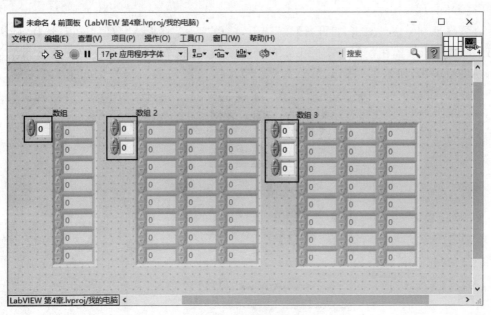

图 5.4　数组的索引

5.1.5　数组的使用

数组常常和 For 循环配合使用,因为 For 循环可以在隧道启用索引,这样可以非常方便地进行数组元素的索引。

1. 对数值类型数据的二值化实例

在一些算法中会用到数值的二值化处理。需要进行二值化的原始数据是一组数值型的数据,数组的元素是浮点型,二值化后会变为布尔型。一般会设定一个门限值,数值元素的数值大于或等于这个门限值时将其二值化为 1,小于门限值时将其二值化为 0。

具体操作步骤如下。

(1) 在 LabVIEW 菜单栏中执行"文件"→"新建 VI"命令,创建一个空白 VI。

(2) 在 LabVIEW 菜单栏中执行"文件"→"保存"命令,将文件命名为"数据类型-数组-数组操作"。

(3) 初始化一个二维数组,数组的维度是 10×5,数组的元素是 0~1 的随机数。

在程序框图空白处右击,打开"函数"选板,选择"编程"选板→"结构"选板,选择"For 循环"结构放置在程序框图中,依次创建两个 For 循环,并将一个 For 循环放置在另一个 For 循环的内部。

在程序框图空白处右击,打开"函数"选板,选择"编程"选板→"数值"选板,选择"常量"数值放置在程序框图中,依次建立两个数值常量,并且输入 10 和 5,将这两个数值常量连接至 For 循环的总数接线端。

在程序框图空白处右击,打开"函数"选板,选择"编程"选板→"数值"选板,选择"随机数(0-1)"函数节点放置在程序框图的 For 循环中。将"随机数(0-1)"函数节点通过两个 For 循环的隧道输出,如图 5.5 所示。

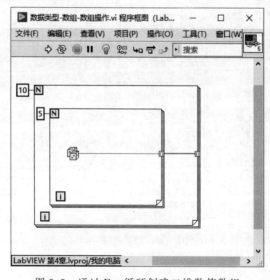

图 5.5　通过 For 循环创建二维数值数组

（4）在程序框图空白处右击，打开"函数"选板，选择"编程"选板→"数组"选板，选择"数组大小"函数节点放置在程序框图中，如图 5.6 所示，将产生的数组数据连接到"数组大小"函数节点的"数组"接线端。

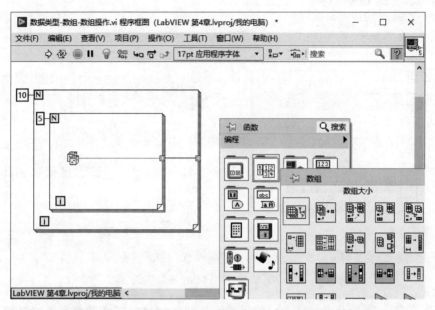

图 5.6　通过"数组大小"函数节点获取数组的维度信息

右击"数组大小"函数节点的"大小"输出端，在弹出的菜单中选择"创建输出控件"，这样可以获得创建数组的维度信息，如图 5.7 所示。

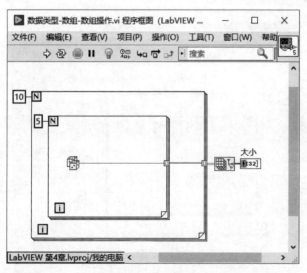

图 5.7　为"数组大小"函数节点创建输出控件

（5）索引数组中的元素。在程序框图中右击，打开"函数"选板，选择"编程"选板→"数组"选板，选择"索引数组"函数节点放置在程序框图中，如图5.8所示。

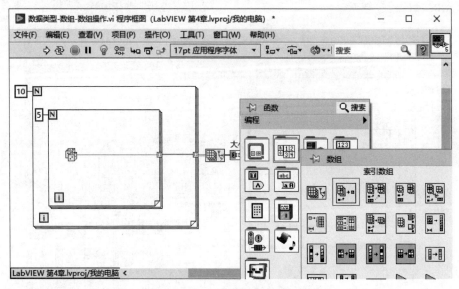

图5.8　放置"索引数组"函数节点

将"数值大小"函数节点的"大小"输出端连接到"索引数组"函数节点的"数组"接线端。拖动"索引数组"函数节点的下端，其显示出两个"索引"输入端。创建两个整型常量0和1，分别连接到"索引数组"函数节点的索引0和索引1，如图5.9所示。这样"索引数组"函数节点得到的就是通过For循环生成的数组的列和行信息。

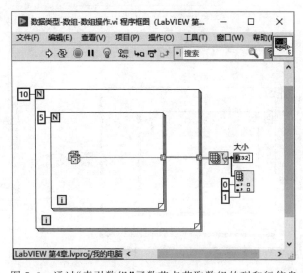

图5.9　通过"索引数组"函数节点获取数组的列和行信息

（6）通过 For 循环索引数组元素。在程序框图空白处右击，打开"函数"选板，选择"编程"选板→"结构"选板，选择"For 循环"结构放置在程序框图中。创建两个 For 循环，将一个"For 循环"结构放置在另一个"For 循环"结构之中。将"索引数组"函数节点的索引 0 输出的值连接到外面的"For 循环"结构的总数接线端上，将"索引数组"函数节点的索引 1 输出的值连接到内部的"For 循环"结构的总数接线端上，如图 5.10 所示。

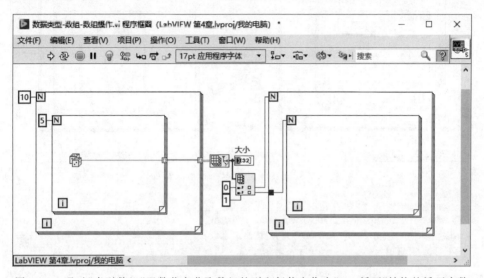

图 5.10　通过"索引数组"函数节点获取数组的列和行信息作为"For 循环"结构的循环次数

（7）通过"条件"结构创建二值化判断算法。将生成的 10×5 随机数组通过两个隧道连接到内部的"For 循环"结构。在前面板中创建双精度浮点型的"数值"输入控件，在程序框图中将"数值"控件的接线端通过两个隧道连接到内部的 For 循环中。

可以看到通过两个"For 循环"结构的隧道，已经将生成的二维数组中的元素索引出来，所以在内部的"For 循环"结构中每次处理的数据是生成二维数组中的元素随机数值。内部的"For 循环"结构将随机数值与数值常量通过"大于或等于？"函数节点进行比较，输出为布尔型结果，将布尔型结果通过"条件"结构判断，输出整型常量 1 或 0。

在程序框图空白处右击，打开"函数"选板，选择"编程"选板→"比较"选板，选择"大于或等于？"节点放置在程序框图中。

在程序框图空白处右击，打开"函数"选板，选择"编程"选板→"结构"选板，选择"条件"结构放置在程序框图中。

为"条件"结构的条件分支分别创建数值常量 0 和 1，并依次通过"条件"结构和两个"For 循环"结构的隧道输出，如图 5.11 和图 5.12 所示。

（8）在程序框图中创建数组的显示控件，如图 5.13 所示。

（9）在前面板中为产生的随机数组和最终二值化的结果创建显示控件。在前面板中通过鼠标拖动，将创建的"数组""数组 2"显示控件的元素显示完全。将二值化门限值的"数值"输入控件设置为 0.5。

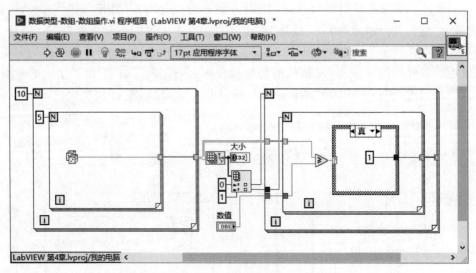

图 5.11　元素大于或等于门限值的条件分支

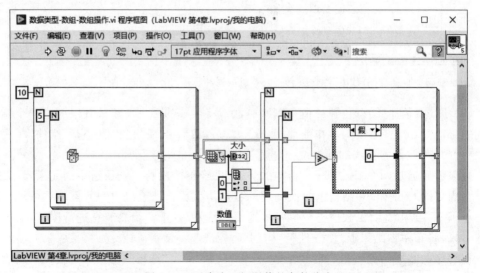

图 5.12　元素小于门限值的条件分支

　　单击"运行"按钮,执行程序可以得到二值化之后的数组值。如图 5.14 所示,"数组"显示控件显示的是二值化之前的数组,"数组 2"显示控件显示的是二值化之后的数组。

　　(10) 为了更加直观地观察二值化的效果,通过"强度图"显示控件观察结果。在前面板空白处右击,选择"控件"选板→"新式"选板→"图形"选板,选择"强度图"显示控件放置在前面板中,依次创建两个强度图。单击"强度图"显示控件的幅值选择框,双击默认的上限100,输入 1,将强度图的显示范围修改为 0~1。

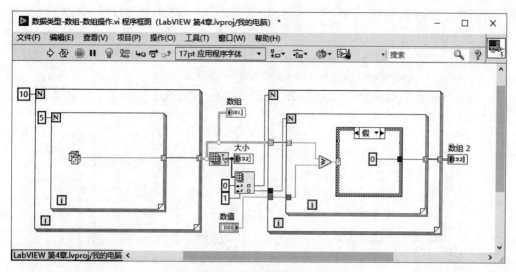

图 5.13 为数组创建显示控件

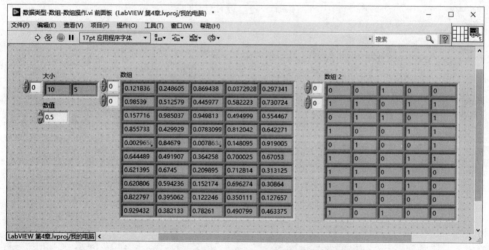

图 5.14 通过元素操作二值化之后的结果

在程序框图中,将两个"强度图"显示控件的接线端分别连接到产生的随机数组和二值化的数组,如图 5.15 所示。

单击"运行"按钮,观察二值化的结果,可以通过"强度图"显示控件看到二值化前后数组的变化,如图 5.16 所示。

这个实例实际上来自自动驾驶中的图像识别,使用二值化将图像中有标志性的图形提取出来,如道路上的道路线,如图 5.17 所示。

2. 自动索引和循环次数

For 循环是处理数组最方便的结构,因为 For 循环可以通过若干次的循环执行索引数组中的元素。实际上 LabVIEW 中的 For 循环可以更加高效地处理数组,因为 For 循环可以自动对数组进行索引。

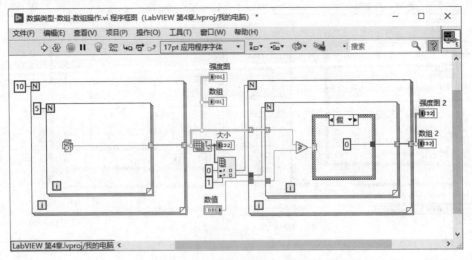

图 5.15　将随机数组和二值化数组连接入强度图

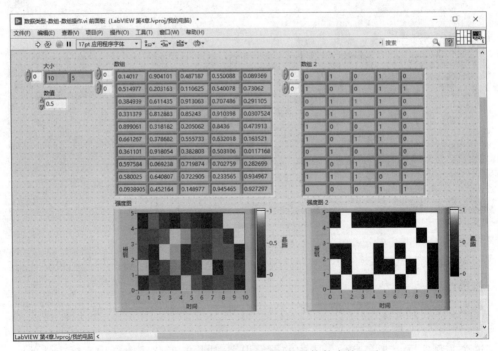

图 5.16　二值化数据在"强度图"显示控件中的显示

例如,通过一个 For 循环产生一个 10 个元素的数组,并且将其输入第二个 For 循环中,如图 5.18 所示。

图 5.17　在自动驾驶中使用二值化识别路标

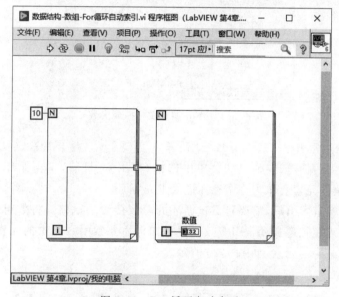

图 5.18　For 循环自动索引

　　注意,如果没有给第二个 For 循环的总数接线端赋值,程序并不会报错。For 循环会将输入数据的维度值作为 For 循环的循环次数。在本例中,输入的数组维度值为 10,所以第二个 For 循环执行 10 次。观察第二个 For 循环,循环计数器显示的是 9,因为计数是从 0 开始的,循环了 10 次的终值即为 9,如图 5.19 所示。

3. 隧道和自动索引

1）数组通过隧道进入 For 循环

　　当数组元素进入 For 循环的时候,会创建一个隧道。在默认的情况下,当数据通过隧道进入 For 循环,并不是所有的元素都一次性地进入,而是每次进入一个元素,进入元素的索引是当前 For 循环中循环计数器的值。

2）数组通过隧道流出 For 循环

　　数据流出 For 循环时,在隧道上默认会自动为每次流出的元素创建索引,所以当数据通过隧道流出 For 循环时,会自动变成数组的数据类型。

这种数据通过隧道进入和流出 For 循环的方式十分便于处理数组元素。只需要将数组通过隧道进入 For 循环,不需要设置 For 循环的总数接线端,就可以处理数组中的单个元素。当单个元素流出 For 循环的时候,又会自动根据索引组成原来的数组。

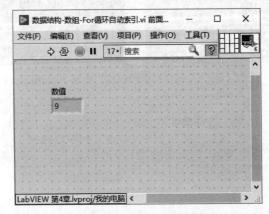

图 5.19　For 循环实际循环次数

4. 隧道和禁用索引

右击数据流入的隧道,在弹出的菜单中选择"禁用索引"后,For 循环不会在隧道处索引数据,数组的全部元素会作为一个整体进入 For 循环。

当禁用输入隧道索引后,需要对 For 循环的总数接线端赋值。将数组维度信息输入总数接线端的结果与在隧道自动索引等效。这时如果需要索引数组中的元素,就需要使用循环计数器索引数组中的元素,如图 5.20 所示。

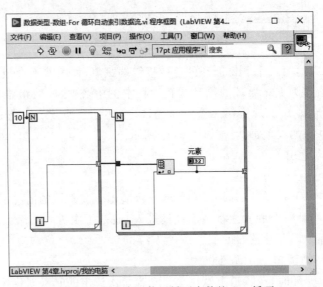

图 5.20　禁用索引使用循环次数的 For 循环

在输出隧道上禁用了索引后,输出的是最后一个流入隧道的值。

5.2 簇

5.2.1 簇的概念

簇是一组元素的集合,集合中元素的数据类型可以不同。例如,LabVIEW 中用于错误处理的错误簇,是由布尔、数组和字符串的数据类型组成的,如图 5.21 所示。

图 5.21 错误簇的结构

5.2.2 簇的操作

簇中的每个元素都有标签,可以用来标识,所以可以通过标签对簇进行操作。在通过标签索引到元素之后,通过对应的数据类型的节点和函数进行处理。

微课视频

微课视频

1. 错误簇

在设计程序的时候经常会遇到错误的处理。LabVIEW 提供的节点中,大部分节点都会包含一个错误簇的选项。在执行的过程中,错误簇会反馈当前代码的执行情况。

错误簇的构成如下。

1)数值

数值表示当前错误对应的错误代码,LabVIEW 提供的子函数和节点中大部分都预定义了一个错误代码。通过这个错误代码可以在“帮助”菜单中查询到详细的错误信息。

2)布尔

布尔表示当前错误的状态,默认值为假,也就是没有错误。当出现错误以后,这个布尔值为真。

3）字符串

字符串包含了解释当前错误的信息的文本。

在 LabVIEW 的执行过程中，当一个节点出现错误时会为这个节点的错误簇赋值，并且将这个错误状态依次传递到最后。

实际上，当一个节点或子 VI 接收传过来数据流的时候，如果错误簇是有错误状态，这个节点或子 VI 就不会执行，而只是单纯地将错误簇向后传递。

在程序设计中可以手动改变错误簇处理的情况。例如，认为某种错误情况并不严重的时候，可以手动将这个错误清理掉，并且让程序正常继续向后执行。

2．创建一个错误处理 VI 实例

接下来通过一个对错误处理的实例讲解簇的操作，具体步骤如下。

（1）在 LabVIEW 菜单栏中执行"文件"→"新建 VI"命令，创建一个空白 VI。

（2）在 LabVIEW 菜单栏中执行"文件"→"保存"命令，将文件命名为"数据结构-簇-错误处理"。

（3）使用包含若干错误簇的数组模拟错误输入的情况，并且通过索引输入具体的错误情况。

在前面板中右击，在弹出的菜单中选择"控件"选板→"新式"选板→"数据容器"选板，选择"数组"控件放置在前面板中，如图 5.22 所示。

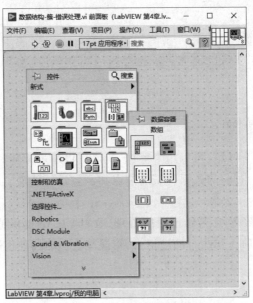

图 5.22　在前面板中添加数组

在前面板中右击，在弹出的菜单中选择"控件"选板→"新式"选板→"数据容器"选板，选择"错误输入 3D"控件放置在前面板中，如图 5.23 所示。将创建的"错误簇"输入控件拖动到刚才创建的数组中。

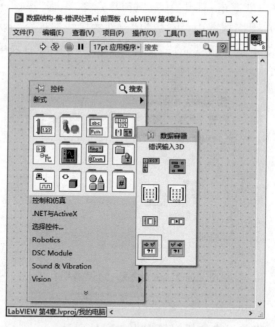

图 5.23 向数组添加错误簇元素

将鼠标指针放在"错误簇"数组下边沿处,向下拖动使数组可以显示 3 个错误簇元素。

同时,为了模拟典型的错误情况,对错误簇数组进行初始化,初始化之后的错误簇数组如图 5.24 所示。

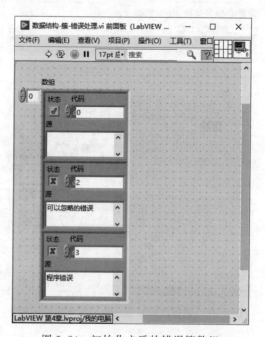

图 5.24 初始化之后的错误簇数组

（4）在程序框图空白处右击，打开"函数"选板，选择"编程"选板→"数组"选板，选择"索引数组"函数节点放置在程序框图中，将"数组"控件的接线端连至"索引数组"函数节点的数组接线端，右击"索引数组"函数节点的"索引"输入端，在弹出的菜单中选择"创建输入控件"，如图 5.25 所示。

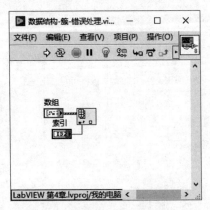

图 5.25　通过索引取出错误簇元素

这样可以通过索引将数组中的错误簇取出进行处理。

（5）解除捆绑错误簇元素，提取出错误代码信息。

在程序框图空白处右击，打开"函数"选板，选择"编程"选板→"簇、类和变体"选板，选择"按名称解除捆绑"函数节点放置在程序框图中，如图 5.26 所示。

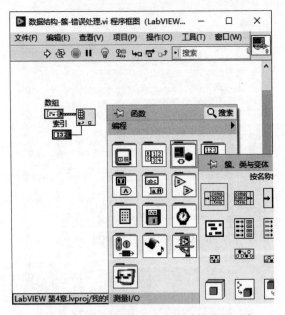

图 5.26　通过解除捆绑获取错误簇中的元素

将错误簇通过"索引数组"函数节点得到的数据连接到"按名称解除捆绑"函数节点的输入端。单击"按名称解除捆绑"函数节点,从下拉菜单中可以看到错误簇包含的 3 个元素:status,code,source。选择 code 一项得到错误簇中的错误代码,如图 5.27 所示。

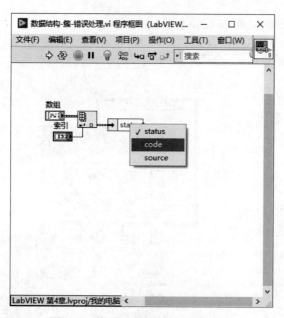

图 5.27 提取出错误簇的 code 元素

(6) 通过"条件"结构判断当前的错误代码。如果错误代码为 2,那么清除这个错误。如果是其他的错误,那么向后传递。

在程序框图空白处右击,打开"函数"选板,选择"编程"选板→"结构"选板,选择"条件"结构放置在程序框图中,将"按名称解除捆绑"函数节点输出的错误代码连接到条件结构的选择器接线端。

在"条件选择器标签"中输入 2,然后右击条件分支,在弹出的菜单中选择"编程"选板→"对话框与用户界面"选板,选择"清除错误"函数节点放置在程序框图中,如图 5.28 所示。

将条件选择器接线端的输入端接入"清除错误"函数节点的"清除指定错误"输入端。将索引处的错误输入"清除错误"函数节点的"错误输入"端,将"清除错误"函数节点的"错误输出"通过隧道输出"条件"结构。

在隧道处右击,在弹出的菜单中选择"创建显示控件",如图 5.29 所示。

可以看到,当错误代码为 2 时,错误簇中的所有数据将会被清除,输出一个没有错误的状态。这样就将错误代码为 2 的错误状态清除。

接下来为"条件选择器标签"的 0 值定义条件分支,当错误代码为 0 时,代表没有错误,在这个条件分支中将索引的错误值直接输出到错误输出端,如图 5.30 所示。

(7) 增加基于错误判断的代码执行结构。一般在程序中执行的每个节点和子 VI 都会有错误簇的输入,当有错误传入时就会直接跳过当前的代码。在编辑一个算法模块时,一般使用"条件"结构判断输入的错误情况,并且直接将错误簇输入"条件"结构的选择器接线端,"条件"结构会自动索引其中的布尔值。这时"条件"结构有两个条件分支,分别对应没有错误和有错误的情况。

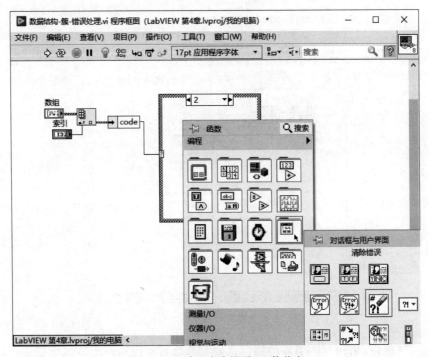

图 5.28　添加"清除错误"函数节点

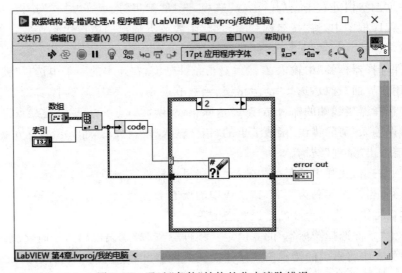

图 5.29　通过"条件"结构的分支清除错误

在程序框图空白处右击,打开"函数"选板,选择"编程"选板→"结构"选板,选择"条件"结构放置在程序框图中,将 error out 错误簇接线端直接连接到"条件"结构的选择器接线端。

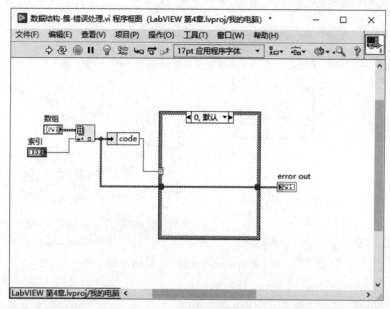

图 5.30 通过"条件"结构定义错误代码为 0 的条件分支

选择"条件选择器标签"的错误条件分支,在空白处右击,打开"函数"选板,选择"编程"选板→"对话框与用户界面"选板,选择"单按钮对话框"函数节点放置在程序框图中,如图 5.31 所示。

在程序框图空白处右击,打开"函数"选板,选择"编程"选板→"字符串"选板,选择"字符串常量"函数节点放置在程序框图中,在字符串常量文本框中输入"程序错误",连接到"单按钮对话框"输入端,如图 5.32 所示。

这样,当程序出现错误并传递到第二个"条件"结构的时候,就会弹出"程序错误"对话框。

(8) 测试在不同错误情况下的结果。在前面板中,依次在"索引"文本框中输入 0,1,2,3,模拟不同的错误输入情况。

在"索引"文本框中输入 0,并单击"运行"按钮。此时从簇的数组中索引第一个错误代码为 0 的错误簇。这个错误簇的状态是没有错误,所以在第一个"条件"结构执行的是 0 条件分支,没有错误的错误簇流到第二个"条件"分支。第二个条件结构执行"无错误"分支,如图 5.33 所示。

在"索引"文本框中输入 1,单击"运行"按钮。此时从簇的数组中索引第一个错误代码为 2 的错误簇。在第一个条件分支中通过"按名称解除捆绑"函数节点得到的错误代码是 2,在第一个"条件"结构处执行 2 条件分支,错误被清除,没有错误的错误簇向后传递,在第二个"条件"结构中执行没有错误的分支。

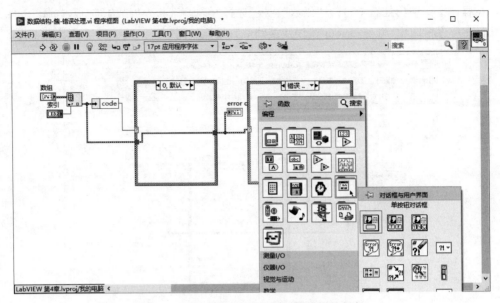

图 5.31　使用错误簇作为"条件"结构的判断

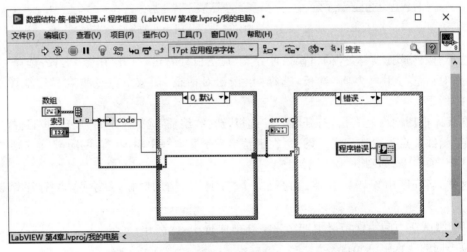

图 5.32　定义"条件"结构错误分支弹出对话框

在"索引"文本框中输入 2,单击"运行"按钮。此时错误簇输入的情况是错误代码为 3 的情况,通过"按名称解除捆绑"函数节点得到的错误代码是 3,在第一个"条件"结构处执行 0 条件分支,错误直接传递到后面,在第二个"条件"结构中执行有错误分支,弹出"程序错误"对话框,如图 5.34 所示。

在"索引"文本框中输入 3,单击"运行"按钮。输入为 3 时,在第一个"条件"结构处没有对应的条件分支,这时执行默认的条件分支,错误簇直接向后传递。在第二个"条件"结构处执行无错误分支。

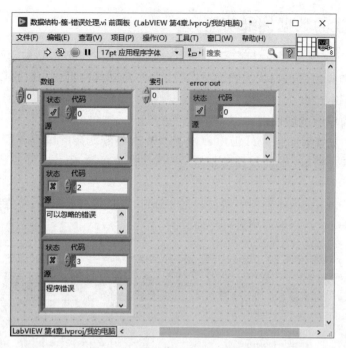

图 5.33　错误代码为 0 时的情况

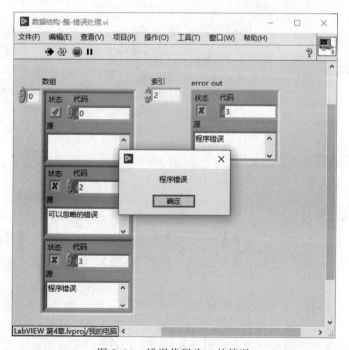

图 5.34　错误代码为 3 的情况

5.2.3 簇的数据捆绑功能

在进行 LabVIEW 程序设计时,簇是使用得非常多的一种数据结构。簇可以进行数据的捆绑,有效的数据组合可以优化和管理代码。通过将功能相近或相似的数据进行捆绑,可以更好地将程序模块化。

1. 程序框图中的数据捆绑

簇可以理解为数据的一种打包,在 LabVIEW 这种数据流的编程环境中,簇可以大大优化代码的编写。例如,通过数据的捆绑,多条数据流的连线可以合并成一条簇的数据连线。

如图 5.35 所示,在程序框图中通过数据的打包,将布尔型的数据、数值型的数据和字符串型的数据打包在一条错误簇中进行传递。

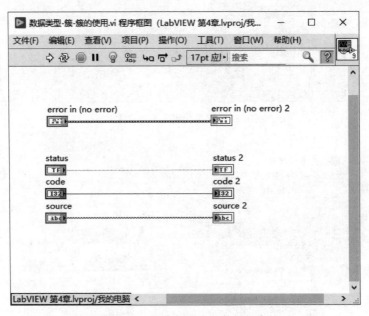

图 5.35　程序框图中的数据捆绑

2. 连线板中的数据捆绑

在 VI 的连线板上,如果为每个输入输出控件的数据元素创建一个接线端,就会导致 VI 的连线端过多,不便于操作。将数据通过簇打包,可以节省连线端,同时含义也更加明确。

如图 5.36 所示,在左图中使用错误簇打包错误信息,接线板只需要使用一个接线端,在引用时,只需要通过一个接线端获取有关错误的全部信息;右图中,表示错误的布尔型数据、数值型数据和字符串型数据没有被打包在一起,在接线板上需要 3 个接线端传递数据,如果需要引用,需要同时连接 3 个接线端才能获得所有的错误信息。

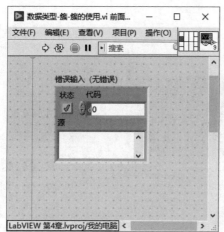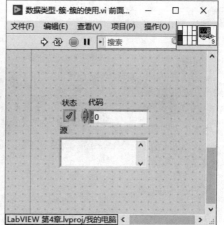

图 5.36　连线板中的数据捆绑

5.3　LabVIEW 中数据流的可视化

LabVIEW 是图形化的环境,对数据的操作和显示有非常好的可视化支持。这样可以更加方便地观察数据,实现数据和算法的逻辑,提升调试和原型系统设计的效率,以及加速对程序的开发和维护。

这种可视化的支持来自以下两方面。

(1) 前面板数据的可视化。

(2) 程序框图数据的可视化。

接下来会分别讲解在前面板和程序框图中数据的可视化。

5.3.1　前面板的数据可视化

LabVIEW 的核心是基于数据流的方式进行程序设计,所以在前面板中以显示和操作数据为核心提供了众多的数据操作和显示方式。前面板是进行人机交互的界面,所以 LabVIEW 也十分适合进行人机交互界面设计。

1. 波形图与波形图表

LabVIEW 前面板为数值型的数据提供了非常多的显示控件,可以根据需要选择不同的控件进行数据的显示。波形图和波形图表是使用最广泛的用于显示波形数据的显示控件。

1) 单条波形显示实例

在前面板空白处右击,依次选择“控件”选板→“新式”选板→“图形”选板,可以选择“波形图表”“波形图”显示控件放置在前面板中,如图 5.37 所示。波形图和波形图表一般用来将数值通过波形的方式显示,这样会使数据更加直观。

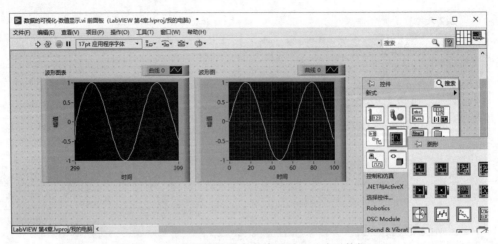

图 5.37　使用波形图表和波形图显示波形数据

　　这个实例的结构简单,编辑的过程不再赘述。实例的程序框图如图 5.38 所示,通过
"For 循环"结构和"正弦"函数节点生成正弦波形数据,并通过"波形图"和"波形图表"显示
控件进行显示。

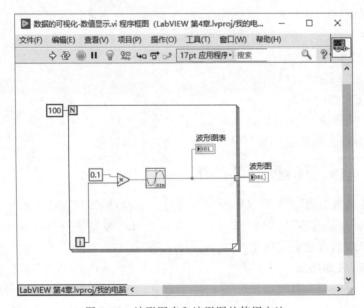

图 5.38　波形图表和波形图的使用方法

　　波形图和波形图表的使用方法有所不同,在程序框图中可以看到波形图表和波形图在
For 循环中的不同位置。

　　"波形图"显示控件接收的数据格式是数组,所以"波形图"接线端在 For 循环的外面,正
弦波形数组输入"波形图"显示控件。

"波形图表"显示控件可以接收连续的单个数据并保存一定长度的数据。在本实例中，既可以将"波形图表"显示控件放置在 For 循环内部，因为可以接收单个的元素并且保留一定的历史数据；也可以放在 For 循环外面，接收数组格式的数据。

因为波形图表可以保留历史数据，所以也称为趋势图。

2）多条波形显示实例

基于"波形图"和"波形图表"显示控件的显示机制不同，可以通过构建数据结构显示多条波形，接下来通过实例进行讲解，具体操作步骤如下。

（1）使用"波形图"显示控件显示多条曲线。

因为"波形图"显示控件是基于数组的，需要使用"波形图"显示控件显示多条曲线的时候，需要使用通过"创建数组"函数节点合并多个包含数组的数据，如图 5.39 所示。

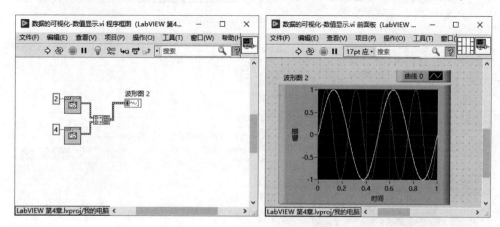

图 5.39　波形图显示多条曲线

在程序框图中，通过"编程"选板→"信号处理"选板→"信号生成"选板中"基本函数发生器"函数节点产生频率为 2Hz 和 4Hz 的两条波形；通过"编程"选板→"数组"选板中的"创建数组"函数节点将两条波形合并，这样就可以通过"波形图"显示控件同时显示这两条波形曲线。

（2）使用"波形图表"显示控件显示多条曲线。

"波形图表"显示控件基于单个数据，如果需要显示多条波形，要将多个波形中的元素先合并成一个簇，然后再组成簇的数组进行显示。可以使用"编程"选板→"数组、类和变体"选板中的"捆绑"函数节点合并多条波形中的元素，然后再输入"波形图表"显示控件进行显示，如图 5.40 所示。

2. XY 图实例

XY 图用于显示一组或多组二维数据，其中二维数据每个点都包含 X、Y 信息。XY 图输入的数据类型是基于簇的，簇中的数组包含了 X 数组和 Y 数组。

接下来通过实例讲解 XY 图的使用，具体步骤如下。

1）使用 XY 图显示一条曲线

如图 5.41 所示，使用 XY 图显示一条曲线，X 轴是一组正弦值，Y 轴是一组余弦值。

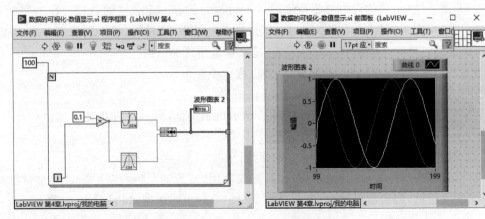

图 5.40　波形图表显示多条曲线

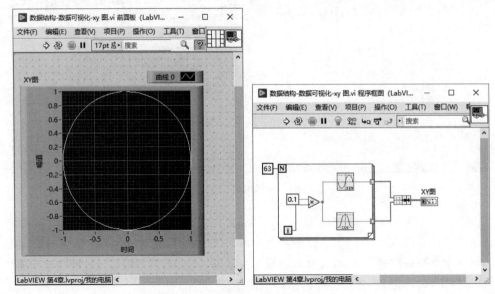

图 5.41　使用 XY 图显示单条曲线

在程序框图中右击,打开"函数"选板,选择"数学"选板→"初等与特殊函数"选板→"三角函数"选板,选择"正弦"函数节点和"余弦"函数节点,放置在程序框图中,通过 For 循环产生正弦波形数组和余弦波形数组,通过使用"编程"选板→"数组、类和变体"选板中的"捆绑"函数节点合并两个数组,将结果连入"XY 图"显示控件的接线端。单击"运行"按钮,可以看到 XY 图显示的图形是一个圆。

2) 使用 XY 图显示多条曲线

如果需要显示多条曲线,可以通过"创建数组"函数节点将多个包含 X、Y 数组的簇合并成数组输入 XY 图。

如图 5.42 所示,基于上面的实例生成两条曲线,其中第二条曲线的 X、Y 值是第一条曲线的 2 倍。通过数值的乘法将第二条曲线的幅度变成第一条曲线的 2 倍,同时通过创建数组,将数据的簇合并。

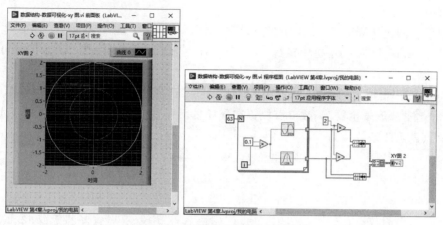

图 5.42　使用 XY 图显示多条曲线

5.3.2　前面板控件的可视化操作

在 LabVIEW 的前面板中,每种数据类型的控件都提供了用于数据显示操作方法,可以不通过编程,直接在前面板对数据进行操作。

1. 数值型控件的按钮

在数值型的控件中,可以通过键盘输入值,还可以通过控件自带的按钮等方法改变控件的值,如“数值”输入控件的增量/减量按钮、“滑动杆”输入控件的滑动钮、“旋钮”输入控件的旋转钮等,如图 5.43 所示。

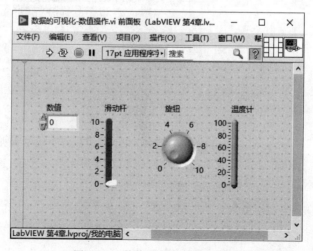

图 5.43　数值型控件的操作按钮

2. 波形图表和波形图的操作实例

在本实例中,将产生的波形输入波形图,并且在前面板的波形图中通过工具方法对波形进行操作。

(1) 在 LabVIEW 菜单栏中执行"文件"→"新建 VI"命令,创建一个空白 VI。

(2) 在 LabVIEW 菜单栏中执行"文件"→"保存"命令,将文件命名为"数据的可视化-数值操作"。

(3) 在程序框图空白处右击,打开"函数"选板,选择"信号处理"选板→"波形生成"选板,选择"基本波形发生器"函数节点放置在程序框图中,如图 5.44 所示,使用"基本函数发生器"节点创建两条波形曲线:

- 曲线 1:频率为 1Hz,采样信息为(Fs:100,采样数:100);
- 曲线 2:频率为 2Hz,采样信息为(Fs:100,采样数:100)。

(4) 在程序框图空白处右击,打开"函数"选板,选择"编程"选板→"数组"选板,选择"创建数组"函数节点放置在程序框图中。通过"创建数组"函数节点合并两条波形,输入"波形图"显示控件,如图 5.44 所示。

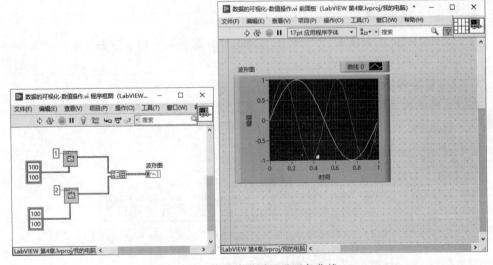

图 5.44 使用波形图显示两条曲线

(5) 通过改变"常用曲线"功能观察波形。波形图可以改变显示波形的方式,如波形线条的样式、粗细、颜色等属性。一般通过图例增强波形的显示。

例如,观察曲线的实际数据点。在波形图中看到的曲线是对原有的数据点进行了平滑和内插的,所以看到的是将各个点连接起来的一条平滑曲线。如果要观察原始的数据点,可以在波形图上右击,在弹出的菜单中选择"常用曲线"→"点"显示方式,如图 5.45 所示。

可以看到实际的数据是一系列离散的数据点,如图 5.46 所示。

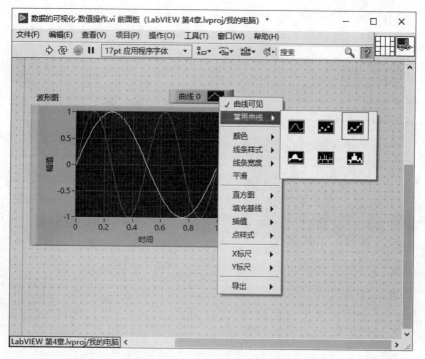

图 5.45　曲线显示样式菜单

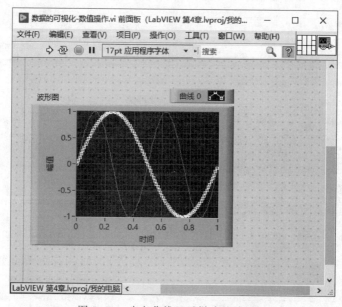

图 5.46　改变曲线显示样式的波形图

（6）通过改变图例中的颜色和线条宽度，可以增强曲线的显示。在波形图上右击，在弹出的菜单中选择"颜色"改变曲线的颜色，如图 5.47 所示。

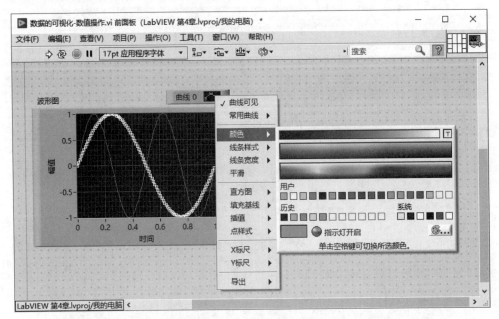

图 5.47　改变曲线颜色

在波形图上右击，在弹出的菜单中选择"线条宽度"改变曲线的宽度，如图 5.48 所示。

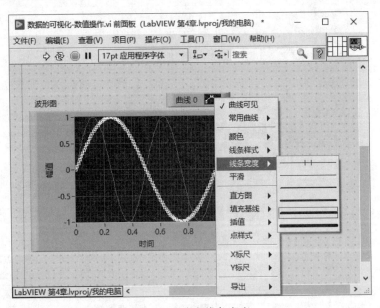

图 5.48　改变线条宽度

修改过颜色和线条宽度的波形如图 5.49 所示。

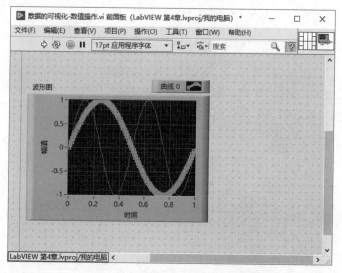

图 5.49　改变曲线显示颜色和宽度的波形图

（7）通过"图形选板工具"观察波形。当需要对波形的细节进一步观察时，可以通过"图形选板工具"对波形进行放大、平移等操作。

在波形图上右击，在弹出的菜单中选择"显示"→"图形选板工具"，图形工具选板会出现在波形图的下方，可以对波形进行局部的观察，如图 5.50 和图 5.51 所示。

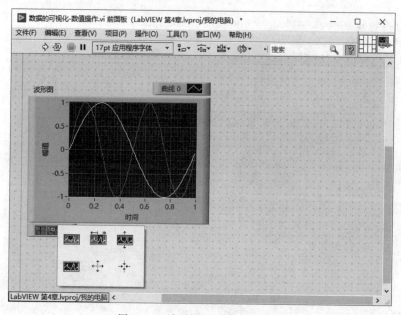

图 5.50　波形图的图形工具选板

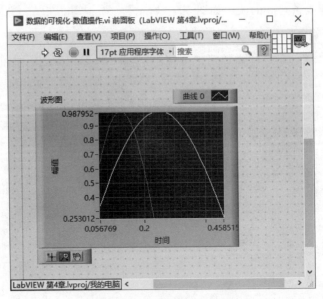

图 5.51　放大显示的波形图

（8）通过"游标图例"进行波形的测量。在波形图上右击，在弹出的菜单中选择"显示项"→"游标图例"，"游标"窗口会显示在波形图的右侧，可以在"游标"窗口中对波形进行测量。

在"游标"窗口中右击，在弹出的菜单中选择"创建游标"→"单曲线"，如图 5.52 所示。

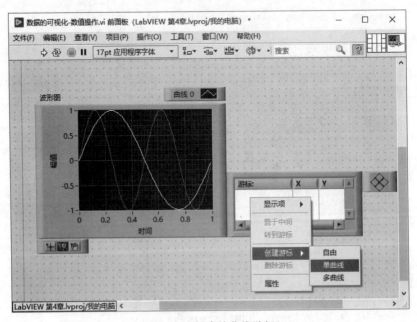

图 5.52　创建单曲线游标

通过两次创建游标,将游标分别放置在频率为 1Hz 和 2Hz 的波形的 1/4 周期处,通过游标的数值可以测量两个波峰的时间差。从游标的显示框中可以看到,选择到的频率为 2Hz 的波形,第一个波峰的坐标为(0.12,0.9980);频率为 1Hz 的波形的第一个波峰的坐标为(0.25,1);两个波峰的时间差是 $0.25-0.12=0.13s$,这和理论值$(1-0.5)/4=0.125s$基本一致,如图 5.53 所示。

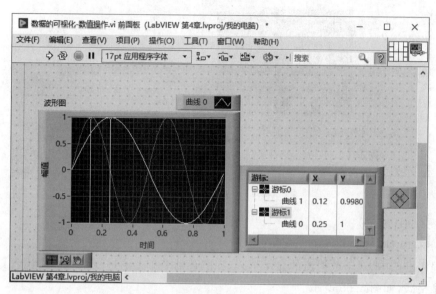

图 5.53 通过游标进行测量

可以注意到,通过游标测量得出的值与理论值有一定的误差。本实例中的误差来源于生成频率为 2Hz 的波形时,采样率和采样点数会导致波形生成的点不够密集,所以使用游标进行测量时,没有办法选择到与理论值一致的点。

如果使用"图形选板工具"放大频率为 2Hz 的波形,会发现这个现象。如图 5.54 所示,在测量中应该选取的点应该为(0.125,1),但是生成的只有(0.12,0.9980)和(0.13,0.9980)这两个点。

5.3.3 程序框图中的数据流可视化

1. 数据类型的可视化

在程序框图中可以通过数据流的方式直观地看到不同节点和子函数之间数据的传递情况。在程序框图中,不同的数据类型使用不同的颜色和显示形式,通过观察连线,可以更加直观地理解程序的数据流。

在程序框图中,一些典型的数据类型与颜色的关系如下所示。

- 整型:蓝色;
- 浮点型:橘黄色;

微课视频

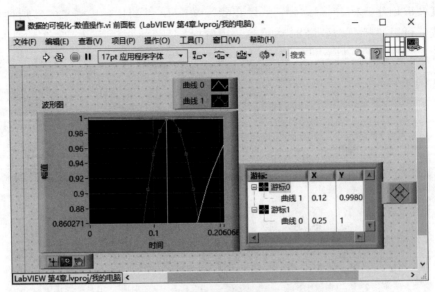

图 5.54　通过"图形选板工具"放大波形

- 布尔型：绿色；
- 字符串型：粉色。

在程序框图中，对于数据流的显示形式，在颜色的基础上通过线条的样式代表复杂的数据的类型格式，如图 5.55 所示。

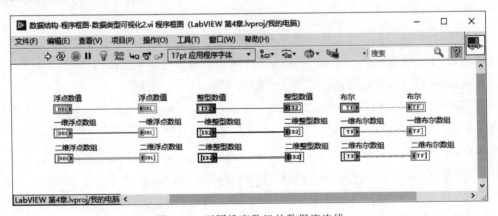

图 5.55　不同维度数组的数据流连线

2. 程序编译状态的可视化

在程序框图中，如果程序编译失败，工具栏中的"运行"按钮会显示为断线状态，同时在出现错误的地方也会有数据流断线的显示。如图 5.56 所示，如果将数值类型和布尔类型通过数据流连接在一起，它们之间的数据流会出现断线，在断线处出现无法连接的标识。

将鼠标指针放置在错误标识上,会出现错误的类型和详细提示信息。

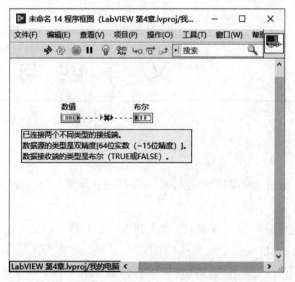

图 5.56　程序框图中编译错误导致的数据流断线

第6章

文 件 读 写

本章将介绍如何通过 LabVIEW 进行外部文件的读取和写入；同时介绍文件读写过程中的数据类型——路径。

本章针对常用的数据类型进行对比，如二进制、文本和 LabVIEW 特有的 TDMS 数据类型，介绍各自使用的典型场景。

在文件读取中将介绍 Express VI（快速 VI）的概念和使用，并对比 Express VI 和底层 VI 在编程方式上的区别和典型的使用场景。

6.1 LabVIEW 与数据输入输出

之前的内容主要是在讨论数据在 LabVIEW 内部不同节点和子函数之间的流动机制，本章开始处理数据从外部流入和流出 LabVIEW 的情况。在进行程序设计时，有几个主要的数据输入来源。

1）用户输入

用户输入包括前面板中操作的指令，如开始、停止等命令；也包括用户的数据输入，如一些变量的赋值等。这些数据量比较小，需要程序在一个确定的时间内进行响应。

2）文件的输入

在进行数据处理时需要处理离线的数据。离线的数据就是保存在硬盘上的数据文件，当数据的产生和数据的处理不同时进行时，需要先将数据保存为硬盘上的离线文件。例如，在工厂、实验室得到的数据无法即时进行处理，就需要以一定的格式保存下来，在其他的时间再进行数据访问和处理。

3）外部硬件的输入

从外部硬件输入的数据是实时产生的。例如，从一台仪器设备获取的测量数据，或者操控一个机器人时获取的传感器信息和状态信息。

本章主要针对上述第二种情况，也就是文件的读写操作。

6.2　文件读写的概念

文件的读写主要是针对计算机本地的文件进行读取和写入的操作。文件的读写主要包括以下几个步骤。

1）文件路径的操作

访问文件时需要指定文件在计算机中的位置，这时需要对文件的路径进行操作。

2）文本内容的格式化写入

在写入文件时，需要对数据内容进行一定的格式化，只有按照特定格式写入文件之后，后期才可以进行有效的读取。

数据格式化写入时有一些常用的规范，可以在每个数据元素之间以特定的符号进行分隔，如逗号、空格等；也可以在一组数据前增加标识符进行区分，如波形 1、波形 2 等。

3）文本文件的读取解析

读取文件时需要知道文本格式化写入的格式，然后按照这个格式对读取的数据进行解析，恢复出原始的数据含义。

6.3　文件读写的类型

根据写入数据格式的不同，可以将文件读写分为以下几种类型。

1）文本格式

文本格式是数据保存中最通用的格式。按照分隔符（如空格、逗号）分隔数据。写入的文本一般是 TXT 格式，文件扩展名为 .txt。

使用记事本等软件打开观察文本格式的数据。文本格式的数据最常用也最简单，可以进行数据的保存和读取等基本操作。

2）二进制格式

二进制格式是效率最高的文件保存格式，也是最底层的一种文件保存格式。在二进制保存的文件中，数据以 0 和 1 的方式保存。二进制格式因为效率高，所以同样数据量保存后的文件最小且读取速率快，十分适合大量数据的高速读取。

二进制格式文件的扩展名为 .bin，需要专门的软件和程序进行读取和解析。

3）CSV 数据格式

CSV 数据格式是一种通用的、相对简单的文件格式，在商业和科学领域广泛应用，其中最广泛的应用是在程序之间转移表格数据。

CSV 数据格式可以使用 Excel 进行打开和操作，作为一种电子表格的数据，CSV 可以十分方便地进行表格的数据显示和操作，界面十分友好，但读写效率比二进制格式差。

4）TDMS 格式

TDMS 格式是 LabVIEW 提供的专门针对测量数据的数据格式。测量数据有非常明确的特点,如一般是以波形为基本单位的数据。若干波形数据具有相同的特性,可以进行分组。例如,测试 1 中具有 10 条波形,测试 2 中具有 10 条波形,可以将这 20 条波形按照测试的组别添加标签进行存储和保存。

TMDS 文件中,数据是按照“波形-组-属性”的方式进行存储的,每条波形可以有自己的属性,若干波形组成一个组,每个组也可以有自己的属性。在读取 TDMS 格式文件时,可以按照“组-波形”索引数据,同时可以获取每个组与波形的属性,便于对波形的后续处理。

TDMS 格式文件在读取效率上进行了专门的优化,尽管在数据保存中可以包含大量的属性信息,但是读取的效率可以达到接近二进制格式的水平。

6.4　文件操作的一般步骤

文件的操作会涉及大量的数据操作,在 LabVIEW 中,这些大量的数据被当成一个对象资源进行操作,所以每个文件对象通过引用的方式进行操作,并且将引用作为这个资源的唯一标识符。

对一个文件进行操作,首先要打开文件,这时 LabVIEW 会为这个文件生成一个引用;接下来进行文件的读取和写入;最后,当操作结束之后需要关闭这个引用,释放引用的资源。

6.4.1　文本文件写入实例

微课视频

微课视频

接下来通过一个实例讲解文件操作的一般步骤。本实例实现的功能是将当前的日期写入一个文本文档,具体操作步骤如下。

(1) 在 LabVIEW 菜单栏中执行“文件”→“新建 VI”命令,创建一个空白 VI。

(2) 在 LabVIEW 菜单栏中执行“文件”→“保存”命令,将文件命名为“文件-文本写入”。

(3) 在程序框图空白处右击,打开“函数”选板,选择“编程”选板→“文件 I/O”选板,选择“打开/创建/替换文件”函数节点放置在程序框图中,如图 6.1 所示。

在“打开/创建/替换文件”函数节点左侧的“文件路径”输入端右击,在弹出的菜单中选择“创建输入控件”。通过这个输入控件指定操作文件的路径和文件名。

在“打开/创建/替换文件”函数节点左侧的“操作”输入端右击,在弹出的菜单中选择“创建常量”,创建一个枚举型的“操作”常量。单击“操作”常量,选择 open or create,如图 6.2 所示。在这个操作模式下,如果在“文件路径”中指定的文件已经存在,就会打开文件继续写入,如果指定的文件不存在,就会创建该文件。

通过“打开/创建/替换文件”函数节点,VI 会生成一个引用的句柄,并且将这个引用的句柄向后传递。只要对这个引用进行操作,就可以对文件进行读取和写入的操作。

(4) 对文件进行写入操作。在程序框图空白处右击,打开“函数”选板,选择“编程”选板→“文件 I/O”选板,选择“写入文本文件”函数节点放置在程序框图中“打开/创建/替换文件”函数节点的右侧,如图6.3所示。

图6.1　创建"打开/创建/替换文件"函数节点

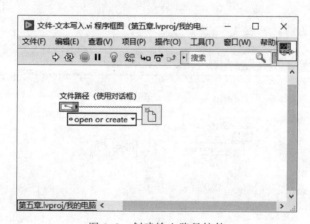

图6.2　创建输入路径控件

将"打开/创建/替换文件"函数节点的"引用句柄输出"和"错误输入"输出端连接到"写入文本文件"函数节点的"文件"和"错误输入"输入端。

在"写入文本文件"函数节点的"文本"输入端右击,在弹出的菜单中选择"创建输入控件",如图6.4所示。

"写入文本文件"函数节点的"文本"输入数据是字符串格式,可以直接写入字符串或把需要写入的数据转换为字符串,如字符串的拼接、数值类型或其他数据类型的转换。

图 6.3 创建"写入文本文件"函数节点

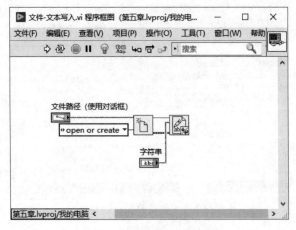

图 6.4 创建字符串输入控件

"写入文本文件"函数节点接收了"打开/创建/替换文件"函数节点输入的文件引用,同时"引用句柄输出"输出端会输出对这个文件进行写入操作之后的文件的引用。

(5) 进行关闭文件操作,即在 LabVIEW 中关闭文件并且释放文件的引用。

在程序框图空白处右击,打开"函数"选板,选择"编程"选板→"文件 I/O"选板,选择"关闭文件"函数节点放置在程序框图中的"写入文本文件"函数节点右侧,如图 6.5 所示。

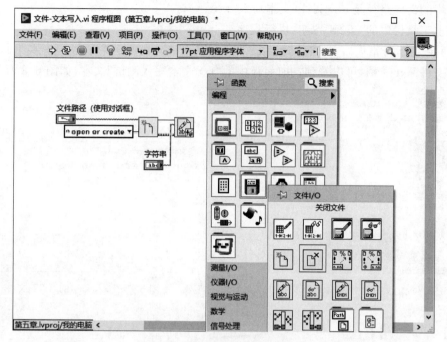

图 6.5 添加"关闭文件"函数节点

将"写入文本文件"函数节点的"引用句柄输出"和"错误输入"输出端连接到"关闭文件"函数节点的"引用句柄"和"错误输入"输入端,如图 6.6 所示。

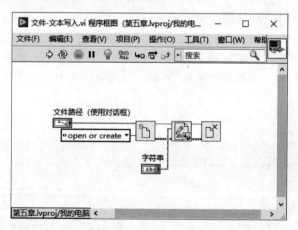

图 6.6 通过"关闭文件"函数节点关闭文件

通过"关闭文件"函数节点可以安全地关闭文件,保证对文件的操作可以有效地保存到文件当中。只有关闭文件之后,文件才可以被其他节点和函数引用并操作。

(6)如图 6.7 所示,在前面板中,在"字符串"输入控件的文本框中输入"txt 文本写入测试",在"文件路径"文本框中输入文件路径,文件路径需要包含路径、文件名称和扩展名,本例中使用的文件路径是 C:\文件\文本写入.txt。

单击工具栏中的"运行"按钮,执行程序。

(7) 程序运行结束后,打开本地路径下的文本文档。在本例中通过记事本工具打开文本写入文件.txt 文档,可以看到在前面板中的"txt 文本写入测试"文本,如图 6.8 所示。

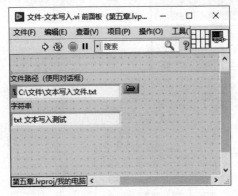

图 6.7 设定文件路径和写入字符串

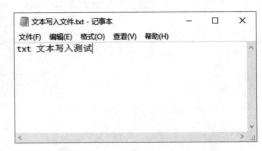

图 6.8 写入文本的 TXT 文件

6.4.2 路径

路径是一种特殊的数据类型,在进行文件操作时需要通过路径的数据类型进行操作。路径的操作类似于字符串,基本操作方法主要是拆分路径和创建路径。

在程序框图空白处右击,打开"函数"选板,选择"编程"选板→"文件 I/O"选板,可以看到"拆分路径"和"创建路径"这两个函数节点。

1. 拆分路径

"拆分路径"函数节点用于返回当前 VI 文件的上一级路径。如果输入文件,会返回当前文件所在文件夹和当前文件的名称字符串;如果输入文件夹,会返回上一级文件夹,如图 6.9 所示。

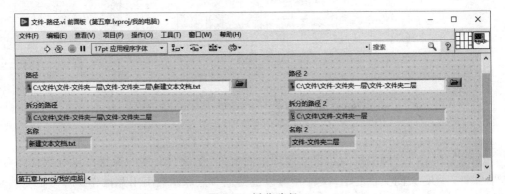

图 6.9 拆分路径

2. 创建路径

"创建路径"函数节点通过输入的路径和字符串创建新的路径,其中字符串中可以是文件名,也可以是路径和文件名。

6.4.3 绝对路径和相对路径

绝对路径是指当前文件在计算机中的位置;相对路径是指路径相对于某个目录的下级路径。

如图 6.9 所示的实例,在"路径"输入控件中的新建文本文档. txt 的绝对路径是 C:\文件\文件-文件夹一层\文件-文件夹二层\新建文本文档. txt。

如果设定"C:\文件"为当前的目录,那么新建文本文档. txt 的相对路径就是文件-文件夹一层\文件-文件夹二层\新建文本文档. txt。

如果使用相对路径,在程序框图空白处右击,打开"函数"选板,选择"编程"选板→"文件I/O"选板→"文件常量"选板,可以使用以下几个路径常量,如图 6.10 所示。

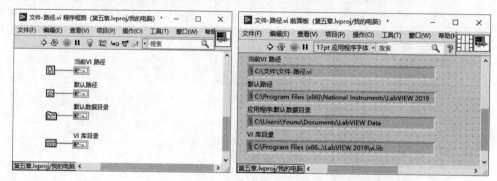

图 6.10 LabVIEW 路径常量

(1) 当前 VI 路径:当前运行 VI 的路径。

(2) 默认路径:当前 LabVIEW 的安装目录。

(3) 默认数据目录:用户的 Documents 文件夹下的 LabVIEW Data 文件夹。

(4) VI 库目录:LabVIEW 库函数的默认路径。

实际项目中经常使用相对路径,如整体将项目文件从 C 盘移到 D 盘,那么通过绝对路径索引的文件路径就会无法索引到原来的文件。使用相对路径的话,会大大提高程序的移植性。

6.5 文件操作的 Express VI

6.5.1 Express VI

Express VI 也称为快速 VI,是 LabVIEW 中提供的一种基于配置的 VI。这些 VI 相当于多个功能函数的集合,使用的时候可以不去过分关注当前函数的语法和使用流程,只需要根据需求进行参数的配置,就可以快速实现功能的验证。

针对测量文件的读取和写入,LabVIEW 也提供了读取测量文件和写入测量文件的 Express VI,可以快速处理数值类型的各种数据。

微课视频

6.5.2　通过 Express VI 进行波形文件写入实例

本实例实现的功能是产生一个波形数据,然后通过 Express VI 写入文件。

(1) 在 LabVIEW 菜单栏中执行"文件"→"新建 VI"命令,创建一个空白 VI。

(2) 在 LabVIEW 菜单栏中执行"文件"→"保存"命令,将文件命名为"文件-快速 VI-写入"。

(3) 在程序框图空白处右击,打开"函数"选板,选择 Express 选板→"输出"选板,选择"写入测量文件"Express VI 放置在程序框图中,如图 6.11 所示。

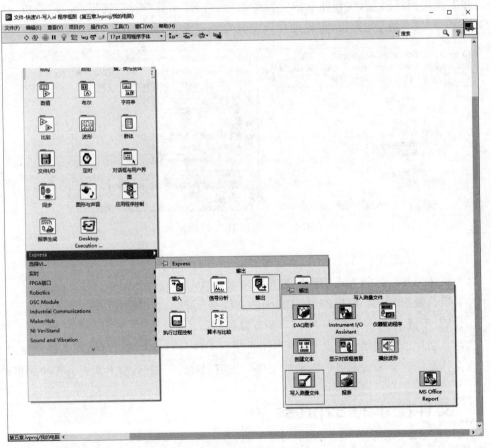

图 6.11　添加"写入测量文件"ExpressVI

将"写入测量文件"Express VI 放置在程序框图中后,会自动弹出配置界面,如图 6.12 所示,包含文件路径、文件格式等信息。

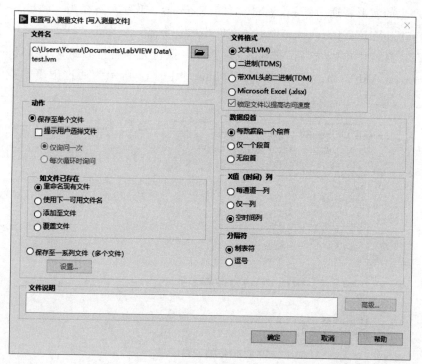

图 6.12 "写入测量文件"ExpressVI 的配置界面

这里使用 Express VI 的默认路径（C：\Users\Younu\Documents\LabVIEW Data\test.lvm）和文件格式（文本）。

配置好信息后，单击"确定"按钮。

（4）在程序框图空白处右击，打开"函数"选板，选择"信号处理"选板→"波形生成"选板，选择"基本函数发生器"函数节点放置在程序框图中，将"基本函数发生器"函数节点的"波形输出"接线端连接到"写入测量文件" Express VI 的"信号"输入端，如图 6.13 所示。

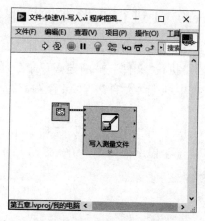

图 6.13 创建"基本函数发生器"函数节点

这样产生的波形将通过"写入测量文件"Express VI 写入路径为 C:\Users\Younu\Documents\LabVIEW Data\test.lvm 的文件当中。

（5）在工具栏中单击"运行"按钮，执行程序。执行完毕后打开路径 C:\Users\Younu\Documents\LabVIEW Data 下的文件 test.lvm。图 6.14 所示为通过记事本查看该文件的内容。

图 6.14　打开"写入测量文件"Express VI 写入的文件

文件中可以看到包含了波形的基本信息，同时也包含了波形的属性信息，如写入时间、通道等信息，这些属性信息是测量波形数据的常用信息。

6.5.3　通过 Express VI 进行波形文件读取实例

微课视频

本实例实现的功能是通过 Express VI 读取"文件-快速 VI-写入"VI 写入的文件内容。

（1）在 LabVIEW 菜单栏中执行"文件"→"新建 VI"命令，创建一个空白 VI。

（2）在 LabVIEW 菜单栏中执行"文件"→"保存"命令，将文件命名为"文件-快速 VI-读取"。

（3）在程序框图空白处右击，打开"函数"选板，选择 Express 选板→"输入"选板，选择"读取测量文件"Express VI 放置在程序框图中，如图 6.15 所示。

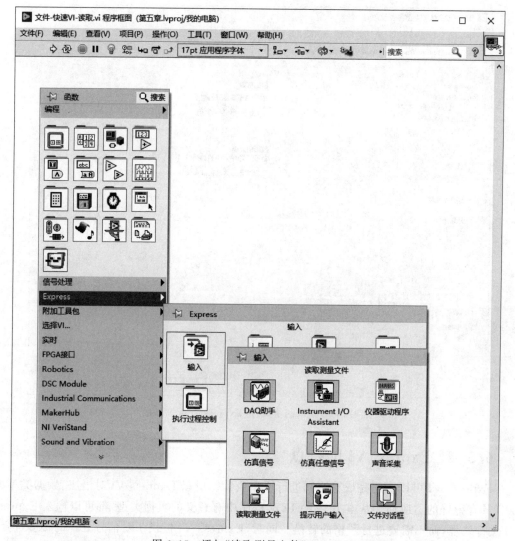

图 6.15　添加"读取测量文件"ExpressVI

将"读取测量文件"Express VI 放置在程序框图中后,会自动弹出配置界面,如图 6.16 所示,使用"写入测量文件"Express VI 中的文件路径,单击"确定"按钮。

在程序框图中,在"读取测量文件"Express VI 的"信号"输出端右击,在弹出的菜单中选择"创建图形显示控件",如图 6.17 所示。

为"读取测量文件"Express VI 创建图形显示控件后的程序框图如图 6.18 所示。

(4) 在工具栏中单击"运行"按钮,当程序执行完毕后,可以在"信号"显示控件中看到已经从文件中读取的波形,如图 6.19 所示。

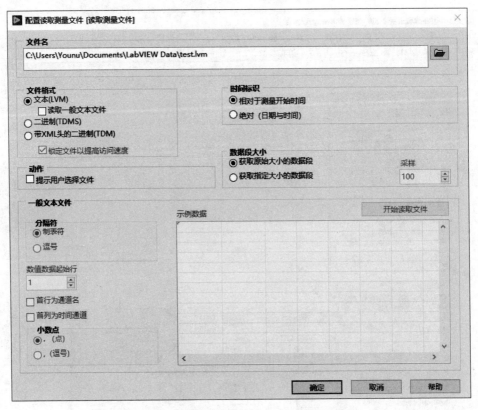

图 6.16 "读取测量文件"Express VI 配置界面

6.5.4 Express VI 的特点

Express VI 可以快速完成算法和进行原型设计。所以 Express VI 对语法、数据类型的定义具有很好的适应性。基本上 LabVIEW 程序中有意义的数据类型,都可以输入 Express VI 进行处理,而不需要进行严格的转换。同时,Express VI 提供了对信号处理的很多选择,只需要对关注的需求进行相应的配置就可以得到运行结果数据。

1. 接收数据的格式

Express VI 可以处理 LabVIEW 中大部分数据类型的数据。例如,使用"写入测量文件"Express VI 的时候,单一的数值类型、数值类型的数组、波形、波形的数组都可以直接输入 Express VI,如图 6.20 所示。

2. 写入的文件格式

如图 6.21 所示,在"写入测量文件"Express VI 配置文件中可以看到,Express VI 支持多种文件格式。

(1) 文本(LVM):基础的文本格式。

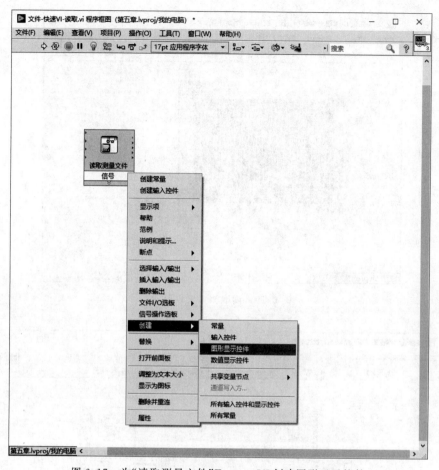

图 6.17 为"读取测量文件"Express VI 创建图形显示控件

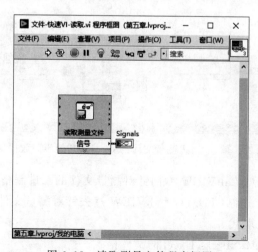

图 6.18 读取测量文件程序框图

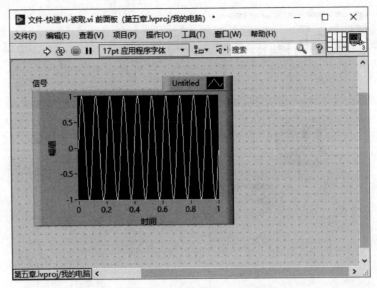

图 6.19　读取测量文件结果

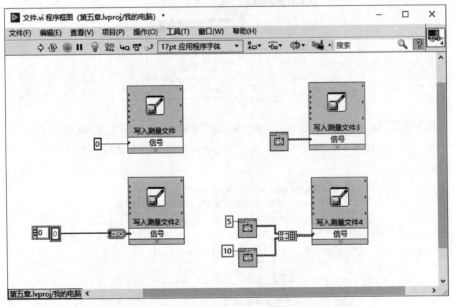

图 6.20　输入"写入测量文件"Express VI 的不同数据格式

（2）二进制（TDMS）：LabVIEW 专门针对测量文件的二进制格式。

（3）带 XML 头的二进制（TDM）：LabVIEW 过去针对测量文件的一种二进制格式，现在基本上已经被 TDMS 取代。

（4）Microsoft Excel（.xlsx）：Excel 的文件格式。

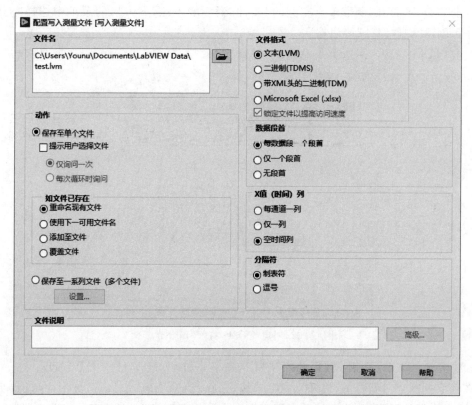

图 6.21 "写入测量文件"Express VI 保存文件的不同格式

6.6 底层 VI

底层 VI 指的是 LabVIEW 中提供的用于进行功能操作的基础 VI。底层 VI 是相对于 Express VI 来说的,使用底层 VI 可以对程序进行更加精确和高效的处理。

6.6.1 使用 TDMS 写入文件实例

微课视频

TDMS 格式是 LabVIEW 提供的一种高效的文件格式,效率可以和二进制文件媲美,同时经过 LabVIEW 的优化,可以保存测量文件的属性信息。本实例通过底层 VI 的方式将波形数据保存为 TDMS 格式的文件。

(1) 在 LabVIEW 菜单栏中执行"文件"→"新建 VI"命令,创建一个空白 VI。

(2) 在 LabVIEW 菜单栏中执行"文件"→"保存"命令,将文件命名为"文件-TDMS-写入"。

(3) 在程序框图空白处右击,打开"函数"选板,选择"编程"选板→"文件 I/O"选板→ TDMS 选板,选择"TDMS 打开"函数节点放置在程序框图中。

右击"TDMS 打开"函数节点左侧的"文件路径"输入端,在弹出的菜单中选择"创建输入控件",创建"文件路径"接线端。

右击"TDMS 打开"函数节点左侧的"操作"输入端,在弹出的菜单中选择"创建常量",创建 open or create 接线端,如图 6.22 所示。

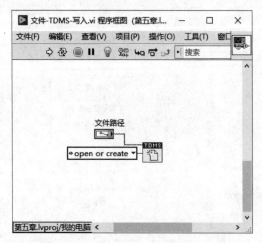

图 6.22　创建"TDMS 打开"函数节点

(4) 生成 4 个正弦波形,波形的幅度为 1,频率分别为 2Hz,4Hz,5Hz,10Hz。

在程序框图空白处右击,打开"函数"选板,选择"信号处理"选板→"波形生成"选板,选择"基本函数发生器"函数节点放置在程序框图中。依次创建 4 个"基本函数发生器"函数节点,创建双精度浮点型常量,分别赋值为 2,4,5,10,并连入"基本函数发生器"函数节点的"频率"输入端,如图 6.23 所示。

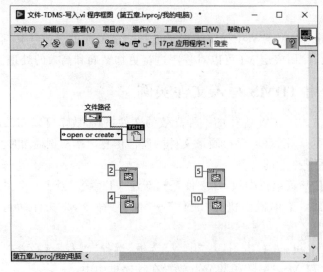

图 6.23　生成 4 个正弦波形

（5）使用"TDMS写入"函数节点写入4条波形数据。为了模拟实际测量波形情况,在写入数据的同时也将波形的属性信息写入。将第一条和第二条波形的"通道"属性信息设定为"波形1"和"波形2","组"属性信息设定为"第一组";将第三条和第四条波形的"通道"属性信息设定为"波形3"和"波形4","组"属性信息设定为"第二组"。

在程序框图空白处右击,打开"函数"选板,选择"编程"选板→"文件I/O"选板→TDMS选板,选择"TDMS写入"函数节点放置在程序框图中,如图6.24所示。

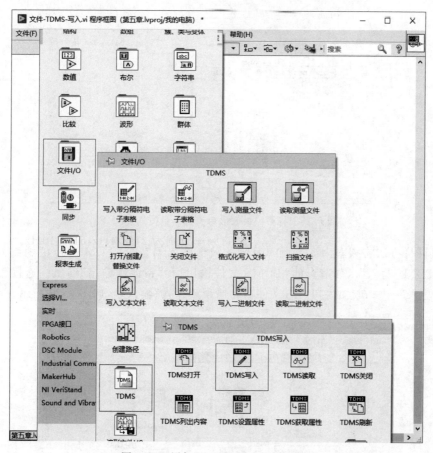

图6.24　添加"TDMS写入"函数节点

在"TDMS写入"函数节点上创建属性信息的输入常量。为"TDMS写入"函数节点的"通道名输入"接线端创建字符串常量数组,并在字符串常量数组中的第一个、第二个元素中输入波形1、波形2。为"TDMS写入"函数节点的"组名称输入"接线端创建"第一组"字符串常量。

在程序框图空白处右击,打开"函数"选板,选择"编程"选板→"数组"选板,选择"创建数组"函数节点放置在程序框图中,通过"创建数组"函数节点将生成的2Hz和4Hz波形合并成波形数组,并连入"TDMS写入"函数节点的"数据"输入端。

这样,频率为 2Hz 和 4Hz 的波形通过创建数组合并为波形的数组,通过"TDMS 写入"函数节点写入文件,如图 6.25 所示。

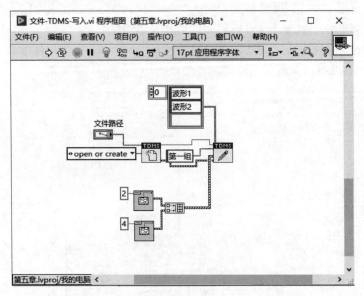

图 6.25　将第一组波形与属性信息写入 TDMS

通过同样方法将频率为 5Hz 和 10Hz 的波形输入第二个"TDMS 写入"函数节点。将第一个"TDMS 写入"函数节点的"TDMS 文件输出"和"错误簇输出"输出端连接到第二个"TDMS 写入"函数节点的"TDMS 文件"和"错误簇输入"输入端,如图 6.26 所示。

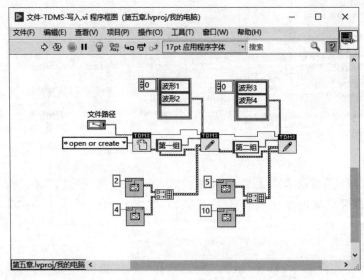

图 6.26　将第二组波形与属性信息写入 TDMS

（6）在程序框图空白处右击，打开"函数"选板，选择"编程"选板→"文件 I/O"选板→TDMS 选板，选择"TDMS 关闭"函数节点放置在程序框图中，如图 6.27 所示。

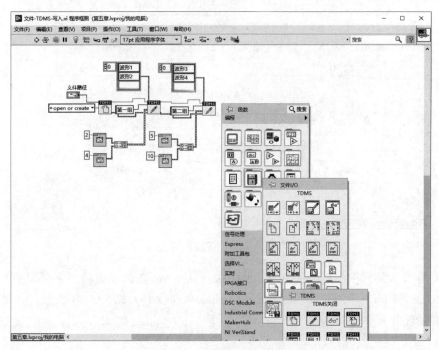

图 6.27　添加"TDMS 关闭"函数节点

将第二个"TDMS 写入"函数节点的"TDMS 文件输出"和"错误簇输出"输出端连接到"TDMS 关闭"函数节点的"TDMS 文件"和"错误簇输入"输入端，如图 6.28 所示。

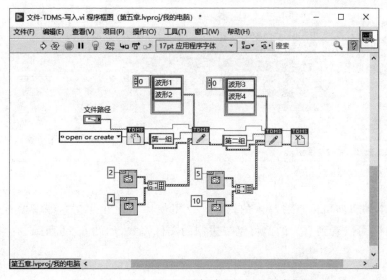

图 6.28　通过 TDMS 进行波形写入的程序框图

（7）在前面板中，在"文件路径"输入控件文本框中输入需要保存的文件路径和文件名（C:\文件\TDMS文件.tdms），如图6.29所示。

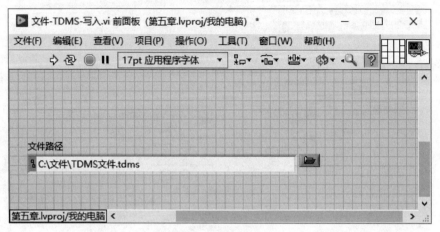

图6.29 保存路径

（8）单击工具栏中的"运行"按钮，程序执行完毕后，在保存的路径下可以看到新增加了 TDMS 文件.tdms 和 TDMS 文件.tdms_index 两个文件，如图 6.30 所示。其中，TDMS 文件.tdms 保存具体的数据信息，TDMS 文件.tdms_index 则保存用于索引数据的属性信息。

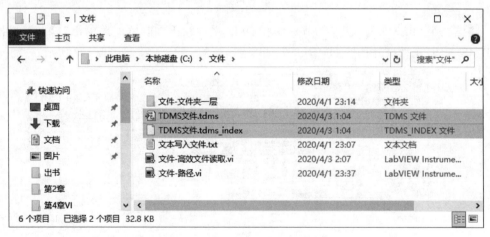

图6.30 保存的 TDMS 文件

通过文本编辑器可以查看写入的内容。这里使用 Sublime 文本编辑器打开 TDMS 文件.tdms 文件，可以看到写入的文件是二进制的文件格式，如图6.31所示。

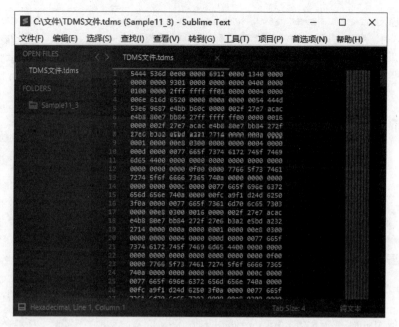

图 6.31　TDMS 文件中保存的二进制文本

6.6.2　使用 TDMS 读取文件实例

微课视频

在"文件-TDMS-写入"VI 中保存波形数据的时候,也保存了设置的属性信息,在读取时,可以通过组名和通道名索引到需要的波形数据。本实例读取第一组中的波形 1 和第二组中的波形 3,具体操作步骤如下。

（1）在 LabVIEW 菜单栏中执行"文件"→"新建 VI"命令,创建一个空白 VI。

（2）在 LabVIEW 菜单栏中执行"文件"→"保存"命令,将文件命名为"文件-TDMS读取"。

（3）在程序框图窗口空白处右击,打开"函数"选板,选择"编程"选板→"文件 I/O"选板→ TDMS 选板,选择"TDMS 打开"函数节点放置在程序框图中。

在前面板将"文件路径"设置为"文件-TDMS-写入"VI 文件写入的路径。

（4）在程序框图空白处右击,打开"函数"选板,选择"编程"选板→"文件 I/O"选板→ TDMS 选板,选择"TDMS 读取"函数节点放置在程序框图中。

在"TDMS 读取"函数节点的"组名称输入"输入端创建"第一组"字符串常量,在"通道名称输入"输入端创建字符串数组常量,并在第一个元素中输入波形 1。

在"TDMS 读取"函数节点的"组名称输入"输入端创建"第二组"字符串常量,"通道名称输入"输入端创建字符串数组常量,并在第一个元素中输入波形 3,如图 6.32 所示。

（5）在前面板中创建"波形图"显示控件,在程序框图中将"TDMS 读取"字符串常量节点的"数据"输出端连接到"波形图"接线端,如图 6.33 所示。

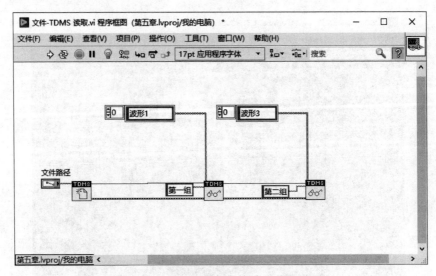

图 6.32　通过属性信息读取 TDMS 波形

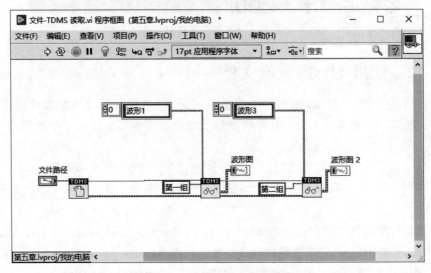

图 6.33　将数据输出到波形图

（6）单击"运行"按钮，从"波形图"和"波形图 2"显示控件看到从文件中读取出的波形，如图 6.34 所示。

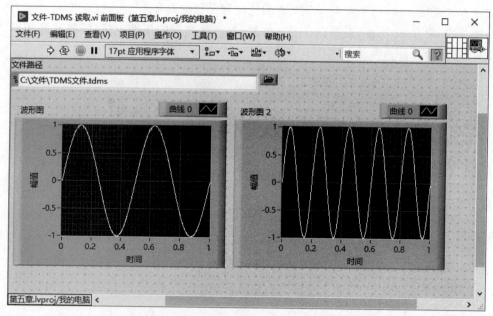

图 6.34　通过 TDMS 读取出的 TDMS 文件中的波形

6.7　高效的文件读取

6.7.1　底层 VI 和 Express VI 的比较

底层 VI 需要对文件的读取和写入过程中的每个步骤进行配置和编辑,并且设定在文件操作中若干配置动作和读取动作的顺序。在 Express VI 中,通过一个 Express VI 就可以实现上述所有操作。在进行一些算法的快速原型的设计,以及希望可以快速看到结果验证算法时,Express VI 可以加快程序设计。

但是 Express VI 的代码效率并没有底层 VI 高。

例如,进行文件循环读取任务时,实际上需要在开始和结束打开一次文件和关闭一次文件,接下来通过循环结构进行不断读取就可以。通过底层 VI 可以很容易实现上述流程,但是如果使用 Express VI,就需要将 Express VI 放置在 While 循环当中,在每次循环中 Express VI 都进行了打开和关闭文件的动作,这样冗余的操作会占用不必要的资源和延缓程序执行的时间。

6.7.2　文件保存和流盘的概念

在对文件操作的过程中,需要区分文件的保存和流盘的不同,两者的区别如下。

1. 一般的文件保存

如果保存的数据量并不是很大,如一些属性信息、少量的数据和波形,只需要使用基本的文件方式进行保存,而不需要关注文件的优化和保存的效率。

例如,如图 6.35 所示,需要保存测量的时间、测量数据的属性等信息,数据量并不是很大,使用一般的文件保存就可以。

图 6.35　一般的文件保存中的文本内容

2. 文件流盘

如果需要快速保存大量数据,这时就需要选择更加高效的文件保存格式,如二进制、LabVIEW 的 TDMS 文件格式等。

一般来说,高速的文件读取取决于以下几个因素。

1) 数据的产生

例如,从硬件设备获取数据,是否有足够高的速度从硬件将数据搬运到计算机内存。一般的硬件设备总线是外设部件互连标准(Peripheral Component Interconnect,PCI)总线,最高带宽是 133MB/s,PCIe 总线带宽可以达到 1GB/s 以上。

2) 数据的保存格式

二进制是目前最高效的保存格式。

3) 硬件的限制

硬盘、CPU、内存都会影响到数据读取和写入的速度。例如,固态硬盘就比机械硬盘更快。

6.7.3　TDMS 文件的高速写入实例

本实例通过 LabVIEW 中的范例观察通过 TDMS 文件格式写入硬盘的速率。

在前面板中的菜单栏中执行"帮助"→"查找范例"命令,打开 NI 范例查找器,在"搜索"

标签页中的"输入关键词"文本框中输入 TDMS,单击"搜索"按钮,双击打开"高级 TDMS 同步写入速度测试"VI 范例,如图 6.36 所示。

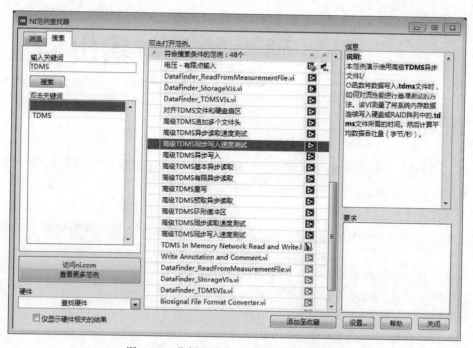

图 6.36　范例查找中 TDMS 高速流盘范例

单击"运行"按钮,从"字节/秒"显示控件中可以看到使用 TDMS 格式时文件写入的速率可以达到 461MB/s,如图 6.37 所示。

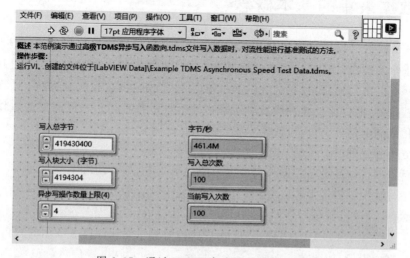

图 6.37　通过 TDMS 高速流盘的写入速率

第7章

硬件输入与输出

LabVIEW 中的输入和输出数据包含从硬件设备进行的数据读取和写入,称为数据采集。本章将介绍通过 LabVIEW 进行硬件数据采集方法。

本章将介绍在 LabVIEW 中进行硬件编程的两个工具: NI MAX 和 NI DAQmx。通过在 NI MAX 中进行虚拟板卡的设置,可以在没有硬件的条件下实现本章数据采集程序实例。

本章分别介绍数据采集的几种典型情况,包括:

(1) 模拟数据采集(有限点,连续);

(2) 模拟数据输出(有限点,连续);

(3) 数字采集(有限点,连续);

(4) 数字输出(有限点);

(5) 计数器(边沿计数,编码器)。

7.1 数据采集的基本概念

数据采集一般是指通过硬件设备将物理信号进行转换并输入计算机的过程。

数据采集实现了计算机与真实物理世界进行交互的过程。计算机中可以处理的信号都是已经数字化的电信号,而真实世界中都是物理信号,如温度、压力、速度等,计算机无法直接处理这些信号,需要通过硬件设备对这些物理信号进行转化。一般需要通过传感器将物理信号转化成的电信号,再通过数据采集卡将电信号转化成数字信号,通过计算机读取到内存中进行分析和处理。

同样可以通过硬件设备控制执行器与世界进行交互,如开动汽车、操作航天飞船。将计算机中的信号输出到物理世界,需要通过数据采集卡将计算机内存中的数字信号转化成电信号,再通过各种执行器与物理世界交互。

数据采集延伸了 LabVIEW 程序设计的范畴,为程序设计提供了数据的入口,同时为程序提供了数据的出口,如图 7.1 所示。

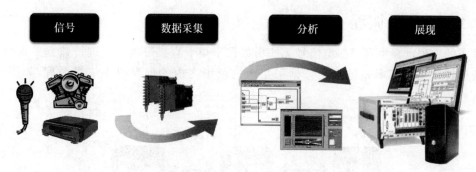

图 7.1　数据采集与 LabVIEW

7.1.1　数据采集的基本原理

数据采集是按照一定速率将电信号转化成数字信号并输入计算机内存中。执行转化的速率称为采样率,采样率的大小决定了电信号转化的快慢。实际上,在计算机中并没有将物理信号的全部信息采集并进行处理,而是按照一定的时间间隔选取了物理信号的一部分进行处理。

如果关注的物理信号变化得很快,就需要用一个更快的采样率来转化,在进行采样率的设置时,需要遵循采样定理。采样定理的内容是采样率需要是待测信号最高频率的 2 倍,这样采集到的信号才有可能恢复原有信号的信息。采样定理也被称为奈奎斯特-香农定理。

7.1.2　数据采集硬件的一般参数

一般的数据采集硬件设备需要考虑的主要特性参数如下。

1. 量程

量程是数据采集卡可以进行电信号转化的范围。如果待测电信号超出了数据采集卡的检测范围,那么超出的部分将无法被识别。一般超出的部分在数据采集卡返回的数据中会以量程的上限或下限表示。例如,量程为 $-10\text{V}\sim10\text{V}$ 的数据采集卡,如果输入 11V 的信号,则在采集到的数据中表示为 10V,也就是量程的上限。

2. 分辨率

分辨率是数据采集卡可以识别待测电信号变化的度量单位。分辨率越小,电信号的变化就越容易被识别出来。

分辨率一般用比特(b)来表征,一个 16b 分辨率的数据采集卡在量程为 $-10\text{V}\sim10\text{V}$ 时可以识别的最小电压为

$$\frac{20}{2^{16}} \approx 0.0003\text{V} \tag{7.1}$$

3. 采样率

采样率是数据采集卡进行物理信号到电信号转化的速率,一般以最高的转化速率表示,单位为 MB/s。

7.1.3 信号调理

真实的物理世界中有很多电信号无法用数据采集卡直接采集。在进行数据采集时,将待测信号转化至分辨率和量程在数据采集卡的范围之内的过程叫作信号调理,如图 7.2 所示。

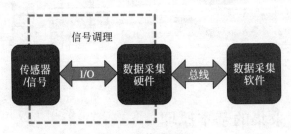

图 7.2 信号调理

例如,生物医电信号幅值非常微小,一般的数据采集卡无法直接捕捉到,需要对信号进行放大,再通过数据采集卡进行采集;压力信号是通过形变的材料产生变化的电阻值进行测量的,也需要进行信号调理,如图 7.3 所示。

7.1.4 触发

触发是开始数据采集任务的信号,包括软件触发和硬件触发。

软件触发就是配置好相应的数据采集任务后,从程序中发出开始数据采集任务的信号,如图 7.4 所示。

图 7.3 压力信号的调理模块

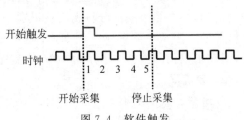

图 7.4 软件触发

硬件触发指的是数据采集设备从外部获取数据采集任务开始的信号。硬件触发一般是根据电平信号电压特性(如当电压高于或低于某一个门限值时)开始数据采集的任务。

电平触发的一个实例是在路口进行车辆的称重。例如,当质量高于 2000kg 时触发数据采集任务,这时只在有质量超过 2000kg 的车辆驶过时,数据采集卡接收到触发信号,采集任务开始执行,如图 7.5 所示。

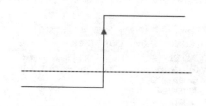

图 7.5　车辆称重的触发

7.2　NI Measurement and Automation Explorer

在 LabVIEW 中进行数据采集一般需要两个软件：NI MAX 和 DAQmx。

NI MAX 是 NI 公司提供的硬件管理和调试工具，全称为 NI Measurement and Automation Explorer。在 NI MAX 中可以对硬件设备进行初步的诊断，包含校准、自检、测试面板等。

NI MAX 提供虚拟硬件的功能，可以通过 NI MAX 虚拟数据采集卡，在没有硬件的情况下引用数据采集设备的资源进行程序开发。

DAQmx 是 NI 提供的针对 NI 系列数据采集卡的工具包，所有的 NI 数据采集卡都可以通过 DAQmx 驱动进行操作。

接下来通过一个实例讲解在 NI MAX 中创建虚拟数据采集卡，具体操作步骤如下。

（1）在"开始"菜单中选择 NI MAX，启动 NI MAX 软件，如图 7.6 所示。

图 7.6　NI MAX 启动界面

启动 NI MAX 后,在"我的系统"窗口可以看到 NI MAX 列出了当前计算机和 NI 设备,以及采集任务相关的信息,如图 7.7 所示。

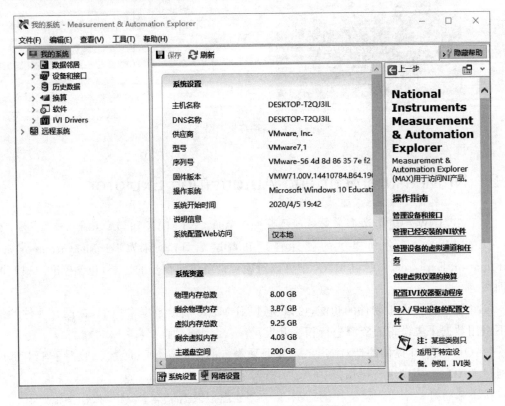

图 7.7 NI MAX 的"我的系统"窗口

其中各个项目的含义如下。

- 我的系统:在当前主机中的设备和任务信息。
- 远程系统:与当前主机在同局域网子网内的 NI 嵌入式系统。

在"我的系统"中,各项的含义如下。

- 数据邻居:在 NI MAX 中创建的数据采集任务,在这里创建的数据采集任务可以直接运行获得数据,数据采集任务也可以在 LabVIEW 的程序框图中引用。
- 设备和接口:当前计算机中所有 NI 数据采集设备。
- 历史数据:在数据采集任务中保存的数据。NI MAX 提供了一个数据库,可以用来保存和回放数据采集任务的数据。
- 换算:数据采集任务中的公式换算,如不同工程单位之间的换算。
- 软件:当前计算机中安装的 NI 软件,包含 LabVIEW、硬件驱动、工具包等信息。
- IVI Drivers:台式仪器的一种驱动格式。

(2)选择"我的系统",右击"设备和接口",在弹出的菜单中选择"新建",如图 7.8 所示。

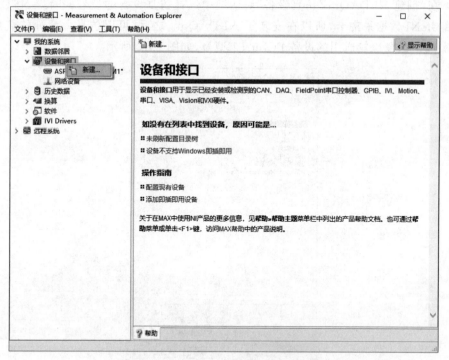

图 7.8 在 NI MAX 中创建虚拟设备

（3）选择"仿真 NI-DAQmx 设备或模块化仪器"，如图 7.9 所示，单击"下一步"按钮，弹出"创建 NI-DAQmx 仿真设备"对话框。

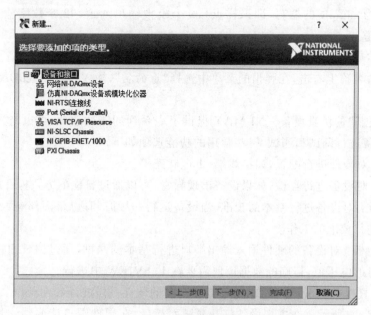

图 7.9 新建设备

（4）在"创建 NI-DAQmx 仿真设备"对话框中选择仿真设备的型号。因为 NI-DAQmx 支持大部分 NI 数据采集卡，所以在安装了 NI-DAQmx 之后，可以仿真大部分的数据采集卡。本实例中选择比较通用的设备 PCI-6251 型号，如图 7.10 所示。

图 7.10　创建 PCI-6251 虚拟设备

有关 PCI-6251 的相关信息如下：PCI-6251 具备 32 个 16b 模拟输入通道，采样率共享 1.25MS/s（S 为 sample 的缩写，即采样点），2 个模拟输出通道，32 个数字输入输出通道，2 个计数器通道。

（5）单击"确定"按钮。在"设备和接口"中可以看到新建的仿真设备 NI PCI-6251 dev1，在该设备名称上右击，在弹出的菜单中选择"重命名"，输入 SimulatedDAQ，如图 7.11 所示。

（6）测试创建的仿真设备。NI MAX 提供了一系列的测试选项，可以对当前计算机中的 NI 硬件设备进行调试和测试，一些常用的功能选项如下。

- 配置：对硬件进行配置，如接线端、上电状态等。
- 自检：对设备进行自检，如果设备出现异常，可以通过自检的方式检查问题。
- 自校准：对设备进行基本的校准，当设备运行一段时间之后，内部参数会出现偏差，需要进行校准的工作。
- 测试面板：对设备的硬件输入输出端口进行基本的测试，通过测试面板可以快速读取端口的电压值，精确的数据读取需要在 LabVIEW 中进行。

创建的仿真设备 Simulated DAQ 可以像真实的硬件一样进行各种操作。例如，打开测试面板，如图 7.12 所示。在虚拟设备打开测试面板后，在硬件端口读取到的是仿真的数据信号。这些信号数据在 LabVIEW 程序设计中可以通过索引硬件获取，在没有硬件的情况下设计程序。

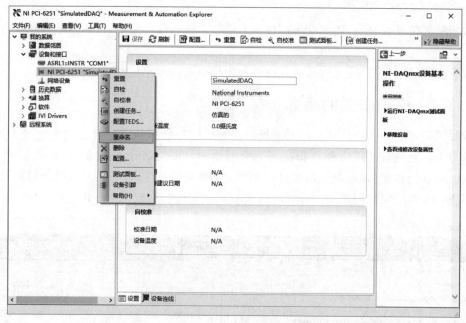

图 7.11　重命名仿真设备

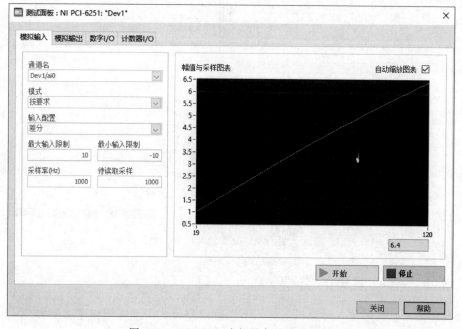

图 7.12　NI MAX 虚拟设备的测试面板

7.3 模拟采集

按照输入信号的类型,数据采集可以分为模拟采集和数字采集,计数器是一种特殊的数字采集。

在模拟信号中,按照输入信号的方向可分为模拟采集和模拟输出。

7.3.1 模拟采集的概念

模拟采集指的是采集的待测信号是模拟信号。模拟信号也就是连续的电信号,一般的模拟信号采集是进行电压信号的采集,模拟信号也包含温度信号、应变信号、电流信号、电阻信号、频率信号、位置信号、声音信号、压力信号、加速度信号等,这些信号需要通过信号调理才可以进行数据采集。图 7.13 所示为 NI DAQmx 支持的模拟采集模式。

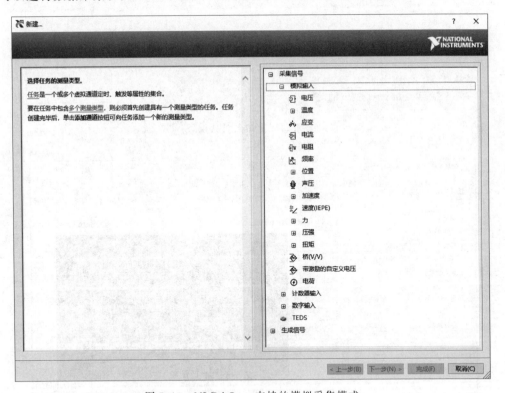

图 7.13 NI DAQmx 支持的模拟采集模式

7.3.2 模拟采集的类型

模拟采集按照数据输入计算机内存的不同可以分为有限点采集和连续采集。

(1) 有限点采集:采集的点数在程序运行之前确定,是固定的数值。

（2）连续采集：采集点数不固定，程序会根据用户输入或程序运行的情况决定采集过程的停止。

模拟采集按照触发类型可以分为无触发、软件触发和硬件触发。

（1）无触发：程序开始后不需要等待触发信号就开始采集任务。

（2）软件触发：需要等待程序中的触发信号，如布尔按键。

（3）硬件触发：需要等待外部的物理信号触发，如模拟触发、数字触发等。

7.3.3　数据采集的一般过程

1. 打开硬件

通过硬件名称或任务名称索引硬件资源，在 LabVIEW 中对资源的引用都是通过引用句柄进行的。通过打开硬件的 VI 可以获取访问当前硬件资源的一个引用句柄，并将这个句柄传递给后面的操作函数。

硬件名称的默认格式是 Dev♯，其中♯代表递增的序号，NI 会自动为系统中识别的硬件按照递增序号的方式命名，如 Dev1，Dev2，Dev3 等。

可以在 NI MAX 中对硬件名称进行自定义，一般会将硬件资源命名为含义明确的名字，如电压采集 1、电压采集 2、温度采集 1、温度采集 2 等。

可以通过程序框图中的"测量 I/O"选板→"DAQmx-数据采集"选板→"DAQmx 创建通道"函数节点实现打开硬件，如图 7.14 所示。

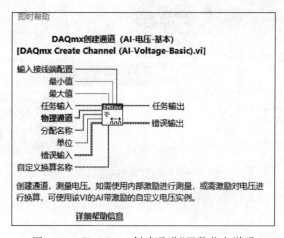

图 7.14　"DAQmx 创建通道"函数节点说明

2. 硬件配置

硬件配置是对硬件进行属性的设置，如采样率、时钟信号、触发信号、量程等。硬件的配置与当前硬件支持的属性有关，如采样率的设置不可以超出当前数据采集卡的最高采样率。

可以通过程序框图中的"测量 I/O"选板→"DAQmx-数据采集"选板中的"DAQmx 开

始触发"函数节点和"DAQmx 定时"函数节点等实现硬件配置,如图 7.15 所示。

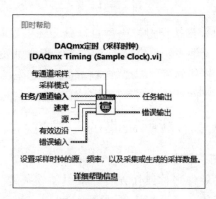

图 7.15　"DAQmx 开始触发"和"DAQmx 定时"函数节点说明

3. 数据读取

数据读取就是计算机从硬件板卡内存读取数据并搬运到计算机内存的过程,如图 7.16 所示。数据写入是将数据从计算机的内存搬运到硬件板卡内存的过程。

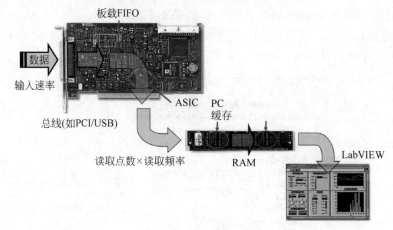

图 7.16　数据读取的过程

对计算机内存从硬件板卡进行数据读取的过程有以下影响因素。

1) 读取点数

对于有限点采集,读取的点数是需要从硬件板卡读取多少个数据采样点。当设定了采集的点数以后,硬件板卡在读取指定的点数之后就会停止数据采集。对于计算机,几乎是一次性将硬件板卡中的全部点数的数据搬运回到计算机的内存进行处理。

对于连续采集,读取的点数是计算机内存每次从硬件板卡读取多少个数据采样点,这和设定的采样率以及数据采集卡板载内存有关。例如,采样率决定了硬件板卡从外界接收数据的速度,采样率越高,从板卡向内存搬运数据的速度就要越快。

2）读取频率

读取频率是计算机内存从硬件板卡读取数据的频率，频率的倒数也就是计算机内存多长时间从硬件板卡读取一次数据。

3）读取的数据速率

读取点数与读取频率乘积就是计算机内存从硬件板卡读取数据的速率。

如果是有限点采集任务，那么数据采集结束后一次性从硬件板卡中拿回计算机内存。

如果是连续采集任务，那么速率取决于在读取点数的循环速率。

4）板载内存

板载内存的大小决定数据在被读取到计算机内存前，可以在硬件板卡上缓存多少数据。板载内存越大，在板载内存中可以储存的数据量越多。

对于有限点采集任务，板载内存可以允许以高速采样率进行采集，并分批将数据读回计算机内存。例如，高达 1GS/s 采样率的数据采集卡，如果分辨率是 8b，则数据量是 8Gb/s，一般的总线形式，如 PCI 总线（带宽为 1017.6Mb/s）和 USB2.0（带宽为 480Mb/s），是无法实时传输的。这时一般会先在硬件板卡的板载内存中进行存储，然后再逐次读取回计算机内存。

对于连续采集任务，板载内存大，可以适当降低读取的数据速率，因为在数据在被计算机内存读取前可以存储在板载内存中。这样对于程序设计，读取频率和读取点数就可以有更大的选择范围。

板载内存可以在一定时间之内缓解数据采集速率和内存读取速率的不平衡，如果是长期运行采集任务，需要保证计算机内存读取的速率可以匹配数据采集的速率，如选择更高速率的总线、提高 CPU 和内存等。

可以通过程序框图中的"测量 I/O"选板→"DAQmx-数据采集"选板中的"DAQmx 读取"函数节点实现数据读取，如图 7.17 所示。

数据读取频率一般是通过 While 循环和定时来实现，如图 7.18 所示。

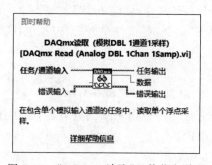

图 7.17　"DAQmx 读取"函数节点说明

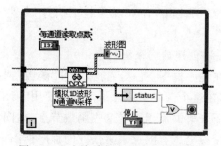

图 7.18　连续采集中的读取频率设定

4. 关闭硬件

在完成从数据采集设备读取数据之后，需要释放硬件资源。每个硬件资源只有在进行了关闭硬件操作之后，才可以在程序中被其他函数和节点使用。

关闭硬件资源后,在计算机内存中释放了硬件资源的引用句柄,这样在计算机中才可以有其他的程序对这个硬件资源进行使用。在数据采集项目中存在这样的情况,程序的多个地方对同一个硬件进行引用,如果没有正确释放资源,则对这个硬件资源的引用会阻止其他程序使用这个设备。

硬件资源的关闭在实际的项目中十分重要,尤其涉及操作一些执行机构的情况,如机械臂、发动机等。如果没有正常关闭硬件设备,如程序异常退出或控制器断电等,那么硬件设备会继续按照最后一刻的输出指令执行,带来不可预期的后果。

微课视频

7.3.4　模拟电压有限点采集实例

接下来通过一个实例介绍有限点模拟采集。本实例通过访问 NI MAX 中虚拟的数据采集卡,并使用它的时钟配置采集有限点模拟电压信号。

模拟电压有限点采集任务一般包含以下步骤。

(1) 创建任务:指定硬件资源、通道、量程,以及模拟采集的任务类型,如电压、温度、压力等。

(2) 配置采样时钟:设定有限点采集的采样率、采样数。

(3) 开始任务:启动硬件进行数据采集。

(4) 读取:从硬件板卡读取数据到计算机内存。

(5) 终止任务:将当前定义的任务终止,此时并没有释放资源。

(6) 清除任务:释放资源。

本实例实现的内容是使用在 NI MAX 中创建的虚拟数据采集卡 PCI-6251 进行有限点采集任务。虚拟数据采集卡命名为 SimulatedDAQ,所以在程序中引用硬件的时候使用 SimulatedDAQ 作为硬件名称。对虚拟数据采集卡可以进行采样率、时钟的配置,从虚拟硬件板卡读取到计算机内存的数据是一段仿真的波形数据。

具体操作步骤如下。

(1) 在 LabVIEW 菜单栏中执行"文件"→"新建 VI"命令,创建一个空白 VI。

(2) 在 LabVIEW 菜单栏中执行"文件"→"保存"命令,将文件命名为"模拟电压有限点采集"。

(3) 创建数据采集程序。

在程序框图空白处右击,打开"函数"选板,选择"测量 I/O"选板→"DAQmx-数据采集"选板,在这个选板中包含了大部分使用 NI DAQmx 驱动的数据采集函数节点,按照连续模拟电压采集的流程部署这些函数节点,如图 7.19 所示。

模拟电压有限点采集任务的程序框图如图 7.20 所示。

(4) 在前面板中单击"物理通道"输入控件,在弹出的下拉菜单中会自动列出当前系统中已经识别的物理通道。这些物理通道来自 NI MAX 中已经识别的数据采集卡和虚拟数据采集卡的物理通道。选择 SimulatedDAQ/ai0,程序将从虚拟数据采集卡 SimulatedDAQ 中的 ai0 模拟输入通道中获取数据,如图 7.21 所示。

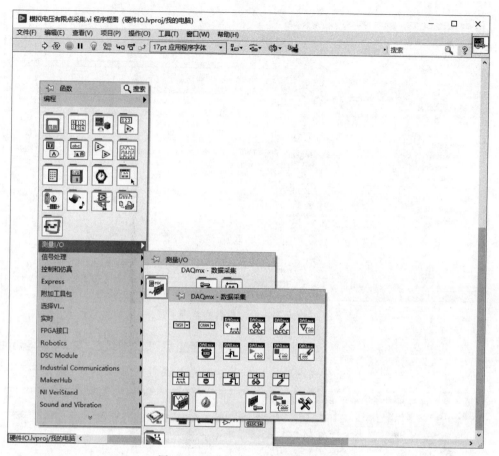

图 7.19 "DAQmx-数据采集"选板

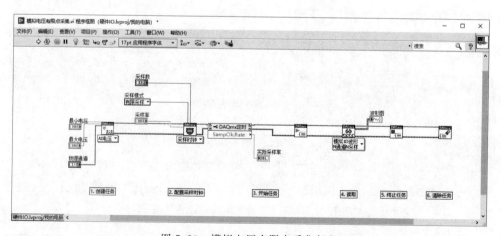

图 7.20 模拟电压有限点采集任务

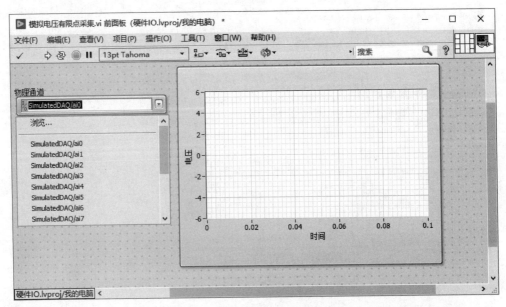

图 7.21　选择虚拟设备的物理通道

（5）单击"运行"按钮，执行数据采集程序。程序停止后可以看到在"波形图"显示控件中显示了波形数据，如图 7.22 所示。

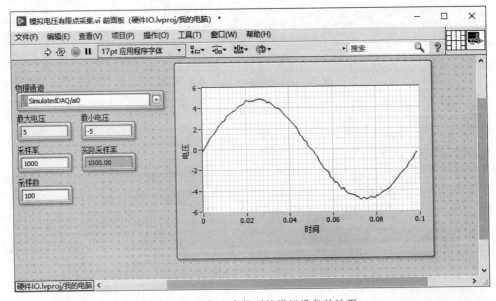

图 7.22　采集程序得到的模拟设备的波形

模拟电压有限点采集返回确定大小的波形数据，所以使用"波形图"显示控件进行显示。因为是从虚拟板卡中获取数据，所以读取到的数据是 NI MAX 函数虚拟出来的包含了噪声的正弦波形数据。

7.3.5 连续模拟采集

微课视频

1. 采样率和计算机读取速率的平衡

连续模拟采集是对模拟信号的连续采集。在进行连续数据采集的任务中,需要在程序中设定以下参数。

(1)采样率:硬件板卡从外界读取数据的速率。

(2)从硬件板卡读取到计算机内存的速率:While 循环的循环速率就是计算机内存从硬件板卡读取数据的速率。

(3)每通道读取点数:每次从硬件板卡读取到计算机内存的数据量。

将硬件板卡读取到计算机内存的速率和每通道读取点数相乘,可以得到单位时间内从硬件板卡读取到计算机内存的数据的速率;由硬件板卡的采样率可以知道硬件板卡从外界采集数据的速率,在这两者之间需要保持一定的平衡。简单来说,硬件从外界采集数据的速率需要和计算机内存读取硬件板卡数据的速率相同,否则长时间运行就会发生读取错误。

错误包含两种情况。

(1)计算机内存从硬件板卡读取数据过慢。

从硬件板卡读取的数据速率不够快时,硬件板卡中产生的数据在硬件板载内存中无法有效保存,会出现数据还没有被读取就被新生成的数据覆盖的情况,这时会丢失数据,程序会进行数据溢出的报错。

(2)计算机内存从硬件板卡读取数据过快。

如果计算机内存读取硬件板卡的速率远大于硬件产生数据的速率,那么计算机内存在进行数据搬运时就需要等待较长时间,因为只有在硬件板卡的板载内存中存入了足够多的数据才会进行一次数据搬运。如果计算机内存搬运数据等待的时间超过读取函数的超时设定,程序会产生超时的错误。

在连续模拟采集的任务中使用 While 循环时可以不设定延时,这样可以保证计算机内存及时对硬件板卡读取数据。

通过设定每通道读取点数调整计算机内存从硬件板卡读取数据的速率。如图 7.23 所示,在每通道读取点数和采样率之间会遵循经验的比例,该比例的范围为 1/10~1/2。

例如,采样率为 100kHz,即每秒钟产生 100 000 个数据,每次计算机内存从硬件板卡中读取的点数的范围可以是 10 000(10k)~50 000(50k),可以将每通道读取点数设定为30 000(30k)。

这个比例值是经验值,进行连续数据采集任务时可以选择低于或高于这个范围的数值。

当参数值设定得过低或过高时,除了会产生溢出或超时的错误外,也会为数据处理带来一定的不便。

(1)如果每通道读取点数的值设定过大,那么计算机内存在硬件板卡读取数据的时候需要等待较长的时间,因为只有硬件板卡产生了足够点数的数据,才可以完成一次搬运。在前面板中看到的波形会表现成数据更新卡顿,要一段时间才会更新一次。

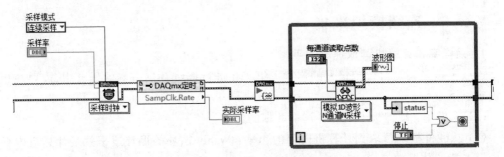

图7.23　设定每通道读取点数

(2)如果每通道读取点数的值设定过小,那么每当硬件板卡的板载内存中产生了足够的点数,计算机内存就会进行一次读取。这样数据更新的速率会很快,在前面板中显示的波形会表现为数据更新得非常快,无法进行有效的观察。

2. 连续模拟电压采集实例

连续模拟电压采集一般包含以下几个步骤。

(1)创建任务。

(2)配置采样时钟。

(3)开始任务。

(4)读取:需要设定每通道读取点数,一般设为采样率的 $1/10\sim1/2$,通常选择 $1/3$。

(5)终止任务。

(6)清除任务。

接下来基于 NI MAX 虚拟数据采集卡 SimulatedDAQ 创建连续模拟电压数据采集实例,具体操作步骤如下。

(1)在 LabVIEW 菜单栏中执行"文件"→"新建 VI"命令,创建一个空白 VI。

(2)在 LabVIEW 菜单栏中执行"文件"→"保存"命令,将文件命名为"模拟电压连续采集"。

(3)创建连续模拟电压数据采集程序。

在程序框图空白处右击,打开"函数"选板,选择"测量 I/O"选板→"DAQmx-数据采集"选板,在这个选板中包含了大部分使用 NI DAQmx 驱动的数据采集函数节点,按照连续模拟电压采集的流程部署这些函数,如图7.24所示。

(4)在前面板中选择物理通道 SimulatedDAQ/ai0,采样率设置为1000,每通道点数设置为300。

(5)单击"运行"按钮,观察"波形图"显示控件显示的波形,如图7.25所示。可以看到显示控件在持续不断地更新数据。

(6)观察每通道采样数设置过小的情况。

将每通道采样数设置为20。从采样率与每通道采样数的关系可以知道,根据经验值,每通道采样数应该设置的区间是1000的1/2～1/10,也就是100～500。当每通道采样数设定为20时,计算机内存从硬件板卡每次读取的点数过少,会导致读取的速度过快。

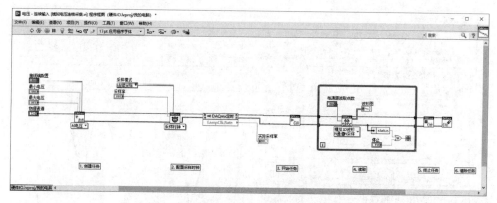

图7.24　连续模拟电压采集的程序框图

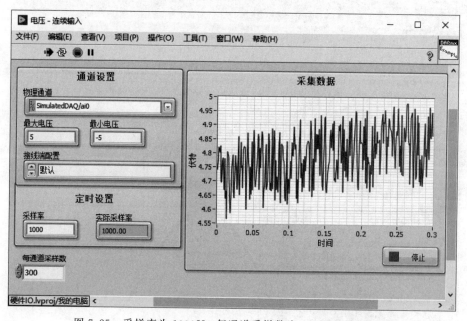

图7.25　采样率为1000Hz,每通道采样数为300时的波形显示

单击“运行”按钮,可以看到波形更新的速率非常快,每次更新的数据量很小,无法在“波形图”显示控件中直观看到波形的整体信息,如图7.26所示。

(7) 观察每通道采样数设置过大的情况。

将每通道采样点数设置为10 000,根据每通道采样点数与采用率的关系可以知道,计算机内存从硬件板卡每次读取的点数过多,因为需要等待硬件板卡在板载内存中生成足够多的点,计算机内存每次读取需要等待10s(10000/1000=10s),“波形图”显示控件无法及时显示波形的变化情况,同时用户需要等待很长时间才能得到更新的数据,这对于人机交互界面非常不友好,如图 7.27 所示。

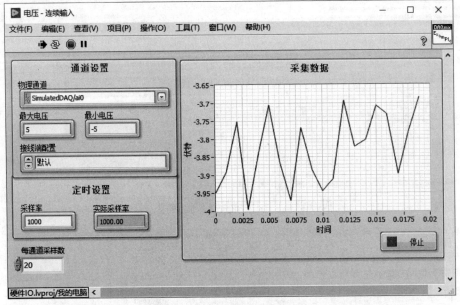

图 7.26　采样率为 1000Hz,每通道采样数为 20 时的波形显示

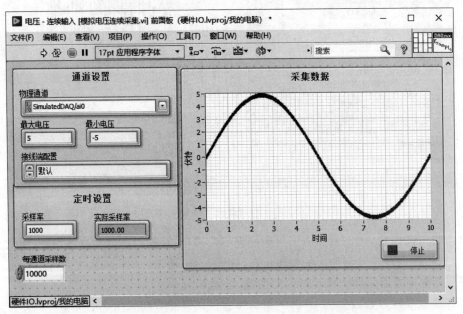

图 7.27　采样率为 1000Hz,每通道采样数为 10000 时的波形显示

7.4　模拟输出

模拟输出就是将计算机内存中生成的数据通过硬件板卡发送到外部。

模拟输出根据触发类型的不同可以分为无触发、软件触发、硬件触发(模拟信号触发、数字信号触发)等。

根据模拟输出的模式可以分为有限点输出和连续输出。

7.4.1　输出采样率与输出波形频率关系实例

1. 输出采样率与输出波形频率的关系

当需要输出的信号具有时间信息(如特定频率)的波形时,需要根据波形的时间信息和生成波形的数据设定模拟输出任务的采样率。

例如,确定的正弦信号的波形幅值数据,如果将模拟电压输出设定的采样率降低1/2,那么输出的信号的频率就降低1/2。

接下来通过一个小例子来说明。如图7.28所示,使用"信号处理"选板→"波形生成"选板中的"基本函数发生器"函数节点生成一个频率为1Hz,幅值为1的正弦波形。在程序框图中右击,选择"函数"选板→"编程"选板→"波形"选板中的"提取波形"函数节点,将产生的正弦波形的幅值信息数据 Y 提取出来,并创建"波形图"显示控件接线端。在程序框图空白处右击,打开"函数"选板,选择"编程"选板→"波形"选板,选择"生成波形"函数节点放置在程序框图中,将正弦波形的幅值信息数据 Y 输入"生成波形"函数节点,并分别创建数值常量1和2作为采样间隔输入"生成波形"函数节点。为新生成的波形创建"波形图 2"和"波形图 3"显示控件。

通过上述操作可知,"波形图 2"和"波形图 1"显示控件中的波形一致,"波形图 3"显示控件中的波形因为采样间隔是"波形图 2"显示控件中波形的 2 倍,所以输出信号的频率是"波形图 2"显示控件中波形的 1/2。

单击"运行"按钮,结果如图7.29所示。"波形图 2"和"波形图 3"显示控件中的波形的幅值信息是一样的,但是因为输出时设定的时间间隔不同,相当于采样率不同,所以输出的波形频率不一致。

2. 输出指定频率的波形

通过设定"信号处理"选板→"波形生成"选板中的"基本函数发生器"函数节点的"采样信息"和"频率"输入端自动实现输出信号频率与采样率之间的关系。这里"频率"输入端设定的是实际输出信号的频率值。

通过属性节点得到当前数据采集卡实际输出的采样率和每通道采样点数的信息,将采样信息输入"基本函数发生器"函数节点的"采样信息"输入端,然后输入目标输出的波形信息,"基本函数发生器"函数节点会自动生成需要的波形数据。

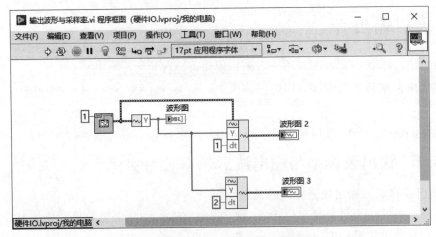

图 7.28 幅值相同,采样率不同的波形输出

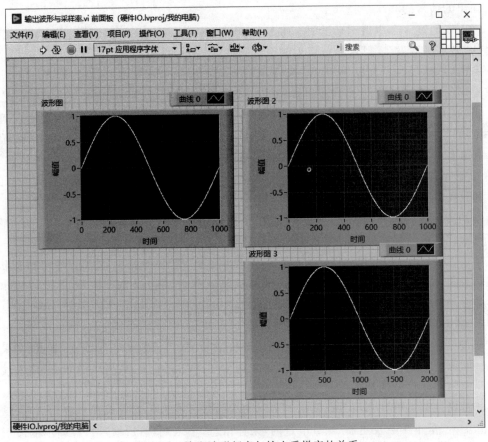

图 7.29 输出波形频率与输出采样率的关系

7.4.2　有限点模拟电压输出实例

接下来通过一个实例介绍有限点模拟电压输出,本实例通过访问 NI MAX 中的虚拟数据采集卡,并使用它的时钟配置输出有限点模拟电压信号。

有限点模拟电压输出任务一般包含以下步骤。

（1）创建任务:指定硬件资源、通道等信息。

（2）配置采样时钟:设定有限点采集的采样率、采样数。

（3）产生波形:在内存中创建需要通过硬件输出的数据。

（4）写入:将数据从内存写入硬件。

（5）开始任务:启动硬件进行数据输出。

（6）等待任务结束:需要等待硬件完成数据输出的工作之后再对硬件进行后续的操作。

（7）停止任务:当硬件将所有的有限点数据输出完毕后,结束当前的有限点输出任务。

（8）清除任务:在内存中清除任务,释放资源。

本实例实现的内容是使用在 NI MAX 中创建的虚拟数据采集卡 PCI-6251 进行有限点模拟电压输出任务。虚拟数据采集卡命名为 SimulatedDAQ,所以在程序中引用硬件的时候使用 SimulatedDAQ 作为硬件名称。对虚拟数据采集卡可以进行采样率、时钟的配置,从虚拟硬件板卡输出的波形实际上只是在计算机内存中产生的数据,并没有进行任何输出,所以只能在前面板中通过控件获取生成的波形。

有限点模拟电压输出程序具体操作步骤如下。

（1）在 LabVIEW 菜单栏中执行"文件"→"新建 VI"命令,创建一个空白 VI。

（2）在 LabVIEW 菜单栏中执行"文件"→"保存"命令,将文件命名为"电压-有限点输出"。

（3）创建模拟电压输出程序。在程序框图空白处右击,打开"函数"选板,选择"测量 I/O"选板→"DAQmx-数据采集"选板,在这个选板中包含了大部分使用 NI DAQmx 驱动的数据采集函数节点,按照有限点模拟电压输出的流程部署这些函数,创建 LabVIEW 程序框图,如图 7.30 所示。

（4）生成输出信号。与模拟采集任务"先开始任务,再进行读取"的顺序不同,模拟输出任务需要先写入,然后开始任务。

输出和读取正好是两个相反的过程。首先需要在计算机内存中产生输出数据,然后提前放置在硬件板卡的板载内存中,等数据输出任务开始后,硬件板卡就会从之前写入硬件板卡的板载内存中输出数据。

（5）等待任务结束。开始模拟输出任务后,任务结束的时间取决于硬件执行完的时间,所以需要硬件反馈任务结束,程序才可以进行后续的释放资源。通过"等待任务结束"函数节点获取硬件执行任务的情况。

（6）选择 SimulatedDAQ/ao0 物理通道,即输出通道选择为虚拟数据采集卡的模拟输出第 0 通道。单击"运行"按钮,运行有限点模拟电压输出程序。

当程序运行结束之后,可以看到前面板中的"波形图"显示控件显示了正弦波形。

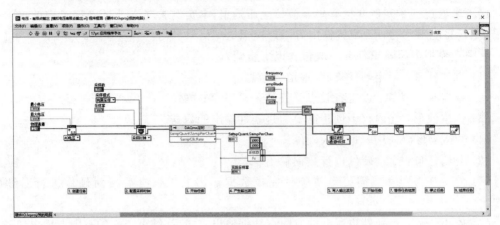

图 7.30　有限点模拟电压输出的程序框图

7.4.3　模拟输出任务实际的输出信号

"电压-有限点输出"VI 前面板中的"波形图"显示控件显示的波形是在计算机内存中生成的波形数据,不能代表真实输出的波形。实际上从模拟电压输出程序无法得知实际输出的波形信号。

因为计算机内存中生成的波形在实际输出的过程中会因受到各种因素的影响而偏离指定输出的数值,如负载、传输线路的影响等。如果需要知道数据采集卡实际输出的电压,则需要使用示波器或模拟采集卡的模拟输入通道采集模拟输出通道的电压。

对模拟电压输出任务的具体测量方法如图 7.31 所示。

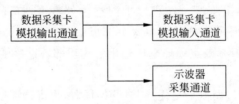

图 7.31　模拟电压输出测量分法

7.4.4　连续模拟输出实例

微课视频

如果需要输出连续的波形信号,则需要首先在计算机内存中生成数据,然后写入数据采集卡的板载内存。当连续模拟输出任务开始的时候,硬件板卡会将板载内存中的数据连续输出。

连续模拟输出一般包含以下步骤。

（1）创建任务：指定硬件资源、通道等信息。

（2）配置采样时钟：设定连续采集的采样率，采样数。

（3）产生波形：在内存中创建需要通过硬件输出的数据。

（4）写入：将生成数据从计算机内存写入硬件板卡的板载内存。

（5）开始任务：启动模拟输出任务。

（6）等待任务完成：当开始任务后，数据采集卡就会循环输出板载内存中的数据。

（7）停止任务，当硬件将所有的数据输出完毕后，结束当前的连续输出任务。

（8）清除任务：在内存中清除任务，释放资源。

接下来通过一个实例讲解连续模拟电压输出。连续模拟电压输出程序的具体步骤如下。

（1）在 LabVIEW 菜单栏中执行"文件"→"新建 VI"命令，创建一个空白 VI。

（2）在 LabVIEW 菜单栏中执行"文件"→"保存"命令，将文件命名为"电压-连续输出"。

（3）创建连续模拟电压输出程序。在程序框图空白处右击，打开"函数"选板，选择"测量 I/O"选板→"DAQmx-数据采集"选板，在这个选板中包含了大部分使用 NI DAQmx 驱动的数据采集函数节点，按照连续模拟电压输出的流程部署这些函数，创建 LabVIEW 程序框图，如图 7.32 所示。

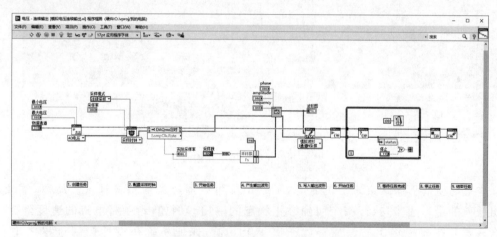

图 7.32　连续模拟电压输出的程序框图

单击"运行"按钮。在前面板中选择 SimulatedDAQ/ao0 物理通道，如图 7.33 所示。

7.4.5　模拟输出需要注意的问题

模拟输出任务的最后一步，是进行内存中硬件资源的索引句柄的释放和硬件资源的释放。实际上，当涉及一些执行机构时，如机械臂、电机等实际的对象，需要非常仔细地考虑程序结束时整个系统的执行状态。例如，希望机械臂在执行完任务时不是停留在当前的位置,而是回到起始的默认位置;希望控制汽车的电机在执行完当前程序时可以将速度降到 0。

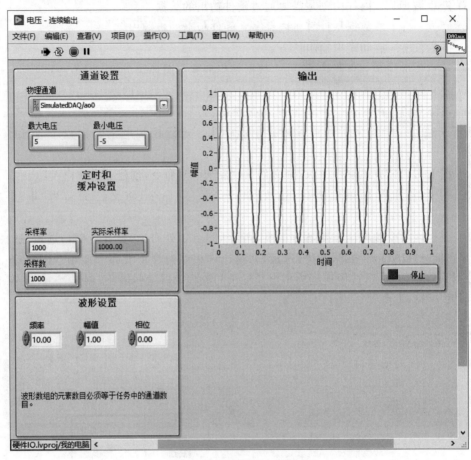

图 7.33　连续模拟电压输出

这些期望的程序结束之后的状态,不一定都可以通过释放资源保证。所以,需要在输出任务的最后一步,执行一个明确终止状态的输出。例如,希望将电机的速度降为 0,那么一般会在模拟输出的最后一项输出一个 0 值,保证系统在设计控制过程之中,如图 7.34 所示。

7.4.6　动态的模拟输出

很多时候,输出的模拟电压需要根据程序运行的情况或用户输入情况进行动态调整,所以每次输出的值都要求可以控制。这就需要将写入的函数放置在 While 循环当中,如图 7.35 所示。

微课视频

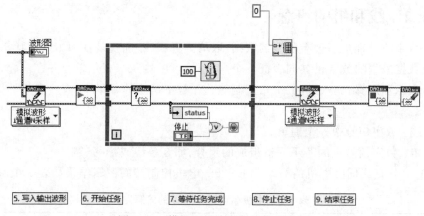

图 7.34　模拟电压输出有效停止设备

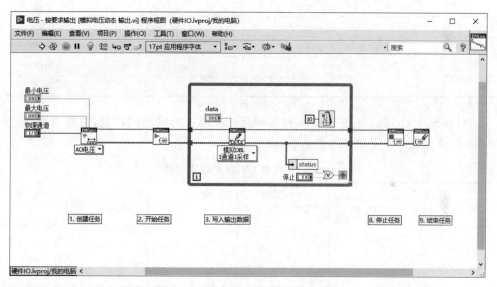

图 7.35　动态电压输出的程序框图

7.5　数字采集

7.5.1　数字采集的概念

数据采集中的信号有些是数字量的,如开关信号、通断信号等。这些信号具有两个状态:真和假。在数据采集卡中,需要使用专用的数字 I/O 对这类信号进行采集。

7.5.2　线和组的概念

每个数字信号都是一个布尔型的数据,取值为真和假,也就是0和1两种状态。当需要用若干位数据采集的数字量共同表征一个含义时,可以将几位布尔量合并在一起,通过更高进制进行表示和运算,如八进制、十六进制等。在数字信号的采集中,有线和组的概念,具体定义如下。

(1)线:数字信号中一个通道。

(2)组:数字信号中的若干通道组成的组合,如8条线或16条线。

例如,一款直流伺服电机的驱动器LN298,电机控制端的逻辑结果如表7.1所示。

表 7.1　电机驱动器 LN298 的管脚定义

使 能 管 脚	管 脚 A	管 脚 B	运 转 状 态
0	x	x	停止
1	1	0	正转
1	0	1	反转
1	1	1	刹停
1	0	0	停止

针对这种情况,可以将其中的A和B绑定在一起进行输出的控制,在使用算法进行逻辑控制时,就变成了以下的控制逻辑,如表7.2所示。

表 7.2　电机 LN298 的逻辑驱动

使 能 管 脚	管脚 AB(A 高位)	运 转 状 态
0	x	停止
1	4	正转
1	1	反转
1	3	刹停
1	0	停止

7.5.3　数字 I/O 的输入与输出定义

大部分设备上的数字I/O通道都是可以定义输入和输出方向的,同一个数字I/O通道通过软件定义后,既可以进行采集,也可以进行输出。这与模拟I/O通道不同,模拟数据采集通道的硬件结构决定了输入通道和输出通道是截然不同的。

7.5.4　数字 I/O 电平标准

在进行数字I/O采集的时候,要表达两种布尔状态,实际上数字I/O输出的是电压信号,电压信号与布尔状态之间的关系是由电平标准决定的。

数字电平标准中最常用的是 TTL(Transistor Transistor Logic)电平标准,如在虚拟数据板卡 PCI 6251 中的数字 I/O 标准就是 TTL 电平标准。

TTL 电平标准定义如下:信号电压高于 2.4V,认为是高电平,信号电压低于 0.8V 认为是低电平,如图 7.36 所示。

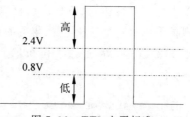

图 7.36 TTL 电平标准

7.5.5 数字有限点采集任务

一般的数字有限点采集任务包含以下几个步骤。

(1) 创建任务:指定硬件资源、通道。

(2) 配置采样时钟:设定有限点采集的采样率、采样数。

(3) 开始任务:启动硬件进行数据采集。

(4) 读取:从硬件读取数据到内存。

(5) 终止任务:将当前定义的任务终止,此时并没有释放资源。

(6) 清除任务:释放资源。

接下来基于在 NI MAX 虚拟数据采集卡 SimulatedDAQ 创建数字有限点数据采集实例,具体操作步骤如下。

(1) 在 LabVIEW 菜单栏中执行"文件"→"新建 VI"命令,创建一个空白 VI。

(2) 在 LabVIEW 菜单栏中执行"文件"→"保存"命令,将文件命名为"数字-有限输入"。

(3) 创建数字有限点采集程序。

在程序框图空白处右击,打开"函数"选板,选择"测量 I/O"选板→"DAQmx-数据采集"选板,在这个选板中包含了大部分使用 NI DAQmx 驱动的数据采集函数节点,按照数字有限点采集的流程部署这些函数,如图 7.37 所示。

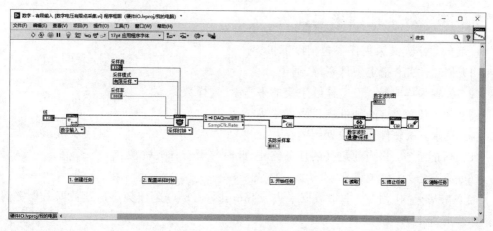

图 7.37 数字有限点采集

（4）在前面板中的"线"输入控件中选择数据采集的物理通道 Simulated DAQ/port0/line0:7，这样就选择了虚拟数据采集卡第 0 组的 0～7 个数字通道。

单击"运行"按钮，执行程序后可以在显示控件中看到获取的数字波形如图 7.38 所示。在虚拟板卡中进行数字 I/O 采集的时候，得到的也是虚拟的波形数据。虚拟波形数据的幅值为 0,1,2,4,5,6 等，通过 8 位布尔量数组表示就是[0 0 0 0 0 0 0 0],[1 0 0 0 0 0 0 0],[0 1 0 0 0 0 0 0],[1 1 0 0 0 0 0 0],[0 0 1 0 0 0 0 0],[1 0 1 0 0 0 0 0]等。

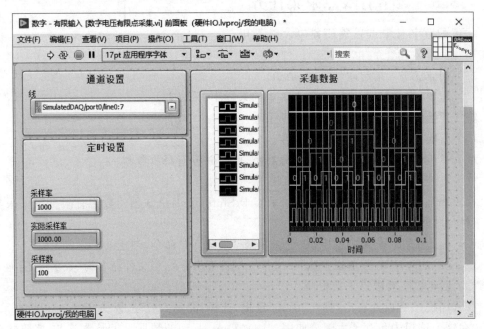

图 7.38　数字电平有限点采集前面板

7.5.6　数字连续采集任务

一般的数字连续采集任务包括以下步骤。

（1）创建任务：指定硬件资源、通道。

（2）配置采样时钟：设定连续采集的采样率、采样数。

（3）开始任务：启动硬件进行数据采集。

（4）读取：从硬件读取数据到内存。

（5）终止任务：将当前定义的任务终止，此时并没有释放资源。

（6）清除任务：释放资源。

接下来基于 NI MAX 虚拟数据采集卡 SimulatedDAQ 创建数字连续数据采集实例，具体操作步骤如下。

（1）在 LabVIEW 菜单栏中执行"文件"→"新建 VI"命令，创建一个空白 VI。

（2）在 LabVIEW 菜单栏中执行"文件"→"保存"命令，将文件命名为"数字-连续输入"。

（3）创建数字连续采集程序。在程序框图空白处右击，打开"函数"选板，选择"测量 I/O"选板→"DAQmx-数据采集"选板，在这个选板中包含了大部分使用 NI DAQmx 驱动的数据采集函数节点，按照数字连续采集的流程部署这些函数，如图 7.39 所示。

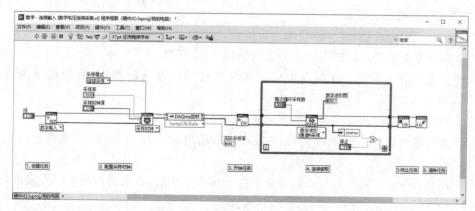

图 7.39　数字连续采集程序框图

（4）在前面板中的"线"输入控件中选择数据采集的物理通道 Simulated DAQ/port0/line0:7，这样就选择了虚拟数据采集卡第 0 组的 0～7 个数字通道。

在数字连续采集的任务中需要配置采样时钟源，数据板卡中的脉冲信号都是可以作为时钟源来使用的，如模拟电压采集的时钟信号、从外部引入的时钟信号、从 PFI0 脚引入的时钟信号等，如图 7.40 所示。

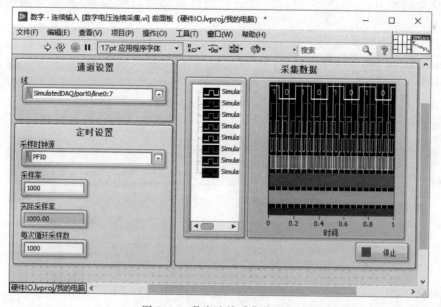

图 7.40　数字连续采集前面板

7.6　数字有限点输出任务

数字有限点输出一般分为以下几个步骤。

(1) 创建任务：指定硬件资源、通道等信息。

(2) 配置采样时钟：设定有限点采集的采样率、采样数。

(3) 产生并写入波形：在内存中创建需要通过硬件输出的数据，将数据从内存写入硬件。

(4) 开始任务：启动硬件进行数据输出。

(5) 等待任务结束：需要等待硬件完成数据输出的工作之后，再对硬件进行后续的操作。

(6) 停止任务：当硬件将所有的有限点数据输出完毕后，结束当前的有限点输出任务。

(7) 清除任务：在内存中清除任务，释放资源。

接下来通过一个实例讲解数字有限点输出的任务设计，具体步骤如下。

(1) 在 LabVIEW 菜单栏中执行"文件"→"新建 VI"命令，创建一个空白 VI。

(2) 在 LabVIEW 菜单栏中执行"文件"→"保存"命令，将文件命名为"数字-有限点输出"。

(3) 创建数字有限点输出程序。在程序框图空白处右击，打开"函数"选板，选择"测量 I/O"选板→"DAQmx-数据采集"选板，在这个选板中包含了大部分使用 NI DAQmx 驱动的数据采集函数节点，按照数字有限点输出的流程部署这些函数，程序框图如图 7.41 所示。

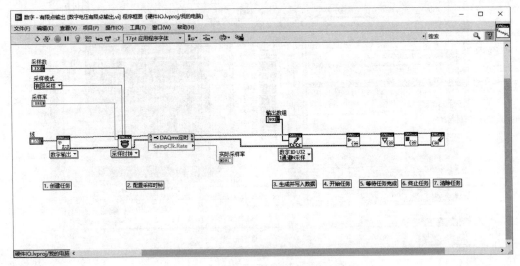

图 7.41　数字有限点输出程序框图

（4）在前面板中的"线"输入控件选择 Dev1/port0/line0，并单击"运行"按钮，如图 7.42 所示。

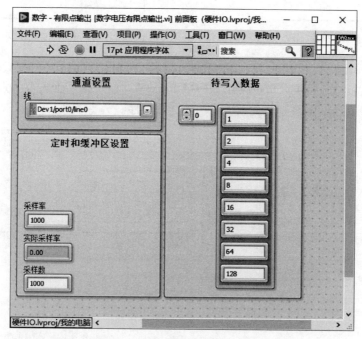

图 7.42 数字有限点输出前面板

实际上无法从前面板获知实际的输出情况，要知道实际的输出情况，需要使用数字 I/O 采集任务或使用逻辑分析仪进行信号的采集。

7.7 计数器

7.7.1 计数器的基本概念

计数器是一类特殊的数组 I/O，计数器采集的信号都是数字信号，一般采用 TTL 电平标准。使用计数器可以进行与脉冲相关的任务，如边沿计数或脉宽测量，输出一定数目的脉冲、输出指定频率的脉冲信号以及读取编码器信息。

计数器结构包含门、源和输出 3 个部分，如图 7.43 所示。

7.7.2 计数器的典型应用

1. 边沿计数

边沿计数就是通过计数器计量输入脉冲的数目。边沿计数的具体方式是将待测信号输入计数器的源接口，然后指定上升沿或下降沿进行计数，如图 7.44 所示。

图 7.43 计数器结构   图 7.44 边沿计数

在程序框图空白处右击,打开"函数"选板,选择"测量 I/O"选板→"DAQmx-数据采集"选板,在这个选板中包含了大部分使用 NI DAQmx 驱动的数据采集函数节点,按照图 7.45 所示使用 NI DAQmx 函数设计计数器的边沿计数程序。

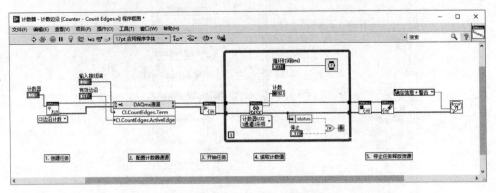

图 7.45 边沿计数的程序框图

2．编码器

编码器是进行角度或角速度测量的传感器。编码器的原理是将角度信息转化为两路具有 90°相位差的脉冲信号,一般称为 A 路和 B 路。通过对两路脉冲信号计数得到转动的角度,由两路信号的相位差判断角度的方向,如图 7.46 所示。

例如,通过计数 A 或 B 信号的边沿得到编码器的角度信息,当 B 路信号落后 A 路信号 90°时为正转;当 B 路信号超前 A 路信号 90°时为反转。

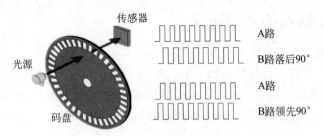

图 7.46 编码器测量原理

在程序框图空白处右击,打开"函数"选板,选择"测量 I/O"选板→"DAQmx-数据采集"选板,在这个选板中包含了大部分使用 NI DAQmx 驱动的数据采集函数节点,按照图 7.47 所示使用 NI DAQmx 函数设计计数器的编码器程序。

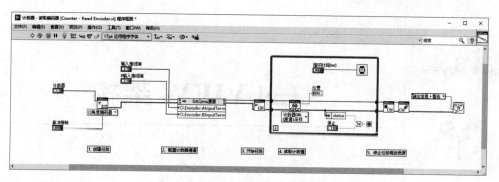

图 7.47　编码器的程序框图

第 8 章

LabVIEW 架构

本章将介绍 LabVIEW 进行程序架构设计的工具,包含进行项目内容管理的项目浏览器,进行数据传递的变量、队列,基于事件响应的事件结构,以及两种 LabVIEW 的典型程序架构:生产者消费者和状态机。

在项目浏览器中,将介绍基本的概念和使用说明,同时通过实例介绍项目浏览器对文件、依赖关系的管理;介绍通过项目浏览器进行可执行文件、安装程序文件发布的方法。

在变量和队列的讲解中,介绍各自的特点以及对于数据缓冲的不同特性。

在事件结构的讲解中,介绍轮询机制和事件结构的区别。

基于队列、事件结构和循环结构,介绍生产者消费者和状态机结构。

通过本章介绍的工具,可以进行一个中等规模的程序设计,并且通过项目浏览器进行程序的发布。

8.1 项目浏览器

8.1.1 项目浏览器介绍

LabVIEW 进行项目开发的时候往往会创建若干个程序文件,这些程序组合在一起形成一个复杂的树形结构,其中包含项目的主程序、子函数、第三方函数以及相关的数据文件等。

LabVIEW 通过项目浏览器管理这些程序和文件,一个典型的程序浏览器如图 8.1 所示。

8.1.2 项目浏览器的组成

LabVIEW 项目浏览器用来管理项目中的程序和文件,其中包含程序 VI、文档、库函数、变量、虚拟文件夹、依赖关系、程序发布等选项,每个选项的含义如下。

(1) VI:LabVIEW 程序 VI。

(2) 文档:项目相关的说明文档。

(3) 库函数:在 LabVIEW 中生成的函数或调用的第三方函数。

图 8.1　项目浏览器

（4）变量：用于在项目中的不同 VI 之间进行数据传递的全局变量、用于不同项目之间传递的网络共享变量等。

（5）虚拟文件夹：项目浏览器通过虚拟文件夹规范不同层次的 VI 的关系，将顶层 VI 和底层 VI 进行有效的区分和管理。

（6）依赖关系：当程序中调用了其他 VI，而这个 VI 并没有显示在项目浏览器的时候，项目浏览器中的依赖关系会显示这个调用的 VI。通过依赖关系可以管理程序调用的外部资源。

（7）程序发布：LabVIEW VI 是程序设计的编辑模式，VI 的运行依赖于 LabVIEW 开发环境。当需要将程序移植到一个没有 LabVIEW 的开发环境时就需要将当前的 VI 打包。打包包含多种形式，如可执行文件、可安装文件、库函数等。

LabVIEW 项目浏览器提供了一个更加有效的方式来管理项目文件。在项目浏览器中管理的是项目中文件的逻辑关系。在 Windows 系统的文件夹中是无法进行这些逻辑关系管理的，如图 8.2 所示。

图 8.2　项目浏览器中包含的文件

因为 LabVIEW 的项目浏览器是在管理文件的逻辑关系，所以在项目浏览器中管理的是文件的索引，而不是实际的文件。在项目浏览器中添加文件的时候，实际上并没有对这个文件进行复制，而只是增加了这个文件和项目浏览器的一种关联关系；同样地，在项目浏览器中删除了某个文件，实际上只是断开了项目管理器与这个文件之间的关联关系，而并没有从硬盘上删除这个文件。

8.1.3　使用项目浏览器管理文件

微课视频

1. 添加和删除文件实例

接下来通过对项目浏览器中的文件进行操作了解LabVIEW 的项目浏览器。本实例实现的功能是在项目浏览器中进行添加和删除文件的操作。具体操作步骤如下。

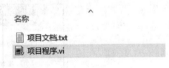

图 8.3　VI 程序和文本文档

（1）创建本实例需要引用的文件。分别创建以下两个文件，如图 8.3 所示。

- 创建空白 VI，命名为"项目程序"。
- 创建文本文档，命名为"项目文档"。

（2）在 LabVIEW 启动界面单击"创建项目"按钮，如图 8.4 所示。

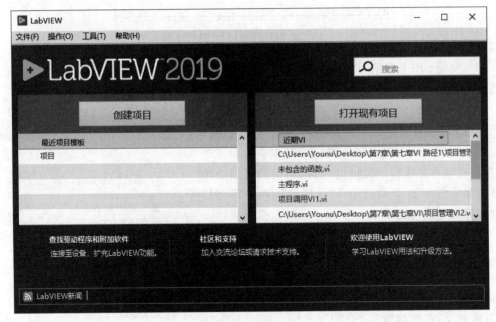

图 8.4　创建项目

在弹出的菜单中会提供若干创建的选项，包含空白项目、VI，以及基于 LabVIEW 设计模板的项目。选择"全部"→"项目"，创建一个空白项目，如图 8.5 所示。

单击"完成"按钮，LabVIEW 会创建空白项目，项目文件如图 8.6 所示。

（3）将项目文件添加到项目浏览器。双击文件夹中的"项目文件管理. lvproj"文件，打开项目浏览器。右击"我的电脑"，在弹出的菜单中选择"添加"→"文件"，将步骤（1）中创建的项目程序. vi 和项目文档. txt 文件添加到项目浏览器中，如图 8.7 所示。

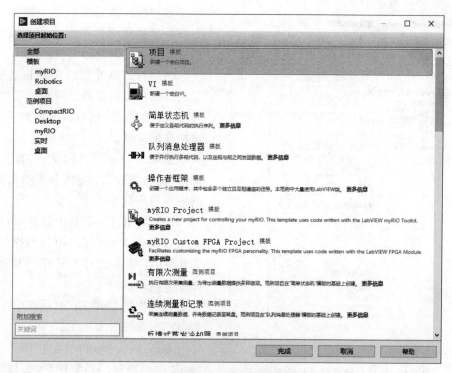

图 8.5 选择项目模板

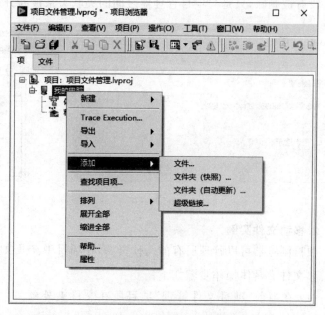

📄 项目文件管理.aliases
📄 项目文件管理.lvlps
📑 项目文件管理.lvproj
🖥 项目程序.vi
📄 项目文档.txt

图 8.6 项目文件　　　　　　　　　　　　　图 8.7 向项目浏览器中添加文件

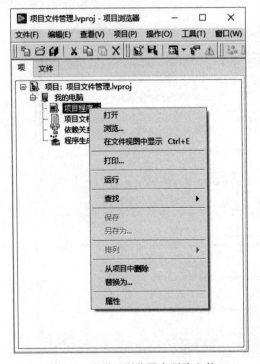

图 8.8　从项目浏览器中删除文件

另一种向项目浏览器中添加文件的方法是直接从文件夹中将需要添加的文件拖动到项目浏览器当中。

向项目浏览器添加文件相当于建立了文件和项目浏览器之间的关系，并没有进行文件的操作，所以在文件夹下并没有增加新的文件。

如果先创建项目浏览器，再新建 VI 文件，那么新建 VI 文件会自动添加到当前的项目浏览器当中。

（4）从项目浏览器中删除项目文件。在项目浏览器中右击"项目程序. vi"，在弹出的菜单中选择"项目中删除"，如图 8.8 所示。

在弹出的"删除项"对话框中单击"确定"按钮，如图 8.9 所示。

如图 8.10 所示，从项目浏览器中删除了"项目程序. vi"文件后，文件夹路径下的，文件并没有发生变化，文件在硬盘

上并没有被删除，只是与项目管理器之间的关联关系被断开。

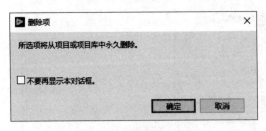

图 8.9　确认删除文件

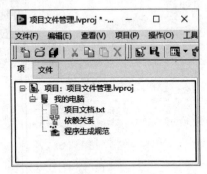

图 8.10　删除文件后的项目浏览器

2.移动文件实例

项目浏览器可以管理所有的文件资源，在项目中涉及文件较多的情况下，可以非常有效地转移文件。具体操作步骤如下。

（1）在当前"项目文件管理"项目所在文件夹外新建 VI 文件，命名为"其他路径的 VI"，如图 8.11 所示。将"其他路径的 VI"添加到项目浏览器中。

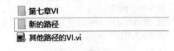

图 8.11　创建文件

（2）在"项目文件管理"项目中另存全部文件及依赖关系。在菜单栏中执行"文件"→"另存为"命令，如图8.12所示。

图8.12　另存项目文件

在弹出的菜单中选择"复制.lvproj文件和内容"→"包含全部依赖关系"，如图8.13所示。

当选择"包含全部依赖关系"时，可以一次性地将项目浏览器中涉及的VI文件和具有依赖关系的文件都另存到新的路径下，而不单是当前项目浏览器所在文件夹下的文件。

例如，"其他路径的VI"已经添加进项目浏览器中，已经建立了与当前项目浏览器的关联，但是这个文件并没有在项目浏览器的文件夹中，通过项目浏览器的方式可以将"其他路径的VI"也一起保存到新的路径下。

在另存项目文件时，选择"新的路径"文件夹，如图8.14所示。

（3）在新的路径下查看项目文件。在"项目文件管理"项目所在文件夹中包含的文件有项目文件管理.lvlps、项目程序.vi和项目文档.txt，如图8.15所示。

在项目另存的新文件夹下，出现了原有"项目文件管理"文件夹中的文件，同时还有被项目浏览器关联的文件其他路径的VI.vi，如图8.16所示。

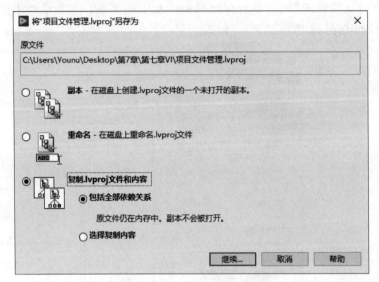

图 8.13　项目另存设置

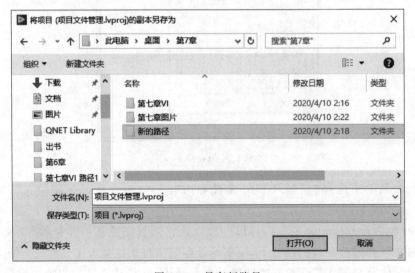

图 8.14　另存新路径

图 8.15　新路径下的文件夹中的项目文件　　　　图 8.16　新路径下文件夹外的文件

8.1.4 使用项目浏览器管理 LabVIEW 发布版本

在项目中会遇到需要使用 LabVIEW 开发环境打开不同版本 LabVIEW 文件的情况。例如,需要从当前的 LabVIEW 开发环境发布一个不同版本的 LabVIEW 文件,或者需要打开与开发环境不同版本的 LabVIEW 文件。在 LabVIEW 开发环境中进行不同版本的文件操作时,遵循向下兼容的原则。高版本 LabVIEW 开发环境可以打开低版本的 LabVIEW 文件,也可以发布比当前 LabVIEW 开发环境低版本的 LabVIEW 文件。

接下来使用项目浏览器将当前项目保存为前期版本,本实例中 LabVIEW 的开发环境是 2019 版本,目标发布的版本是 2018 版本。具体步骤如下。

打开"项目文件管理"项目文件,在菜单栏中执行"文件"→"保存为前期版本"命令,如图 8.17 所示。

在弹出的"保存为前期版本"对话框中的"LabVIEW 版本"下拉菜单中选择 18.0,如图 8.18 所示。

图 8.17 保存为前期版本

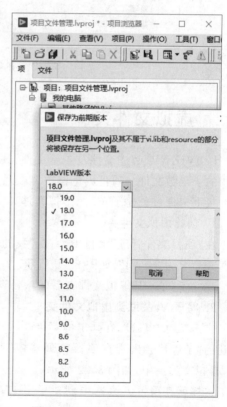

图 8.18 选择保存前期的版本号

注意:LabVIEW 从 2010 年之后在每年春季和秋季各发布一个版本,版本号的格式分别是 18 和 18sp1,在项目浏览器中另存为前期版本的时候,不需要区分春季和秋季版本号。

选择好前期版本号后,为另存为前期版本的文件选择保存路径,如图8.19所示。

打开前期版本文件保存的路径后,可以看到转存为前期版本的文件。可以注意到,项目浏览器将不在项目浏览器文件夹中,但是与项目浏览器有关联的文件也会一并转成指定的前期版本并保存到目标路径下,如图8.19所示。

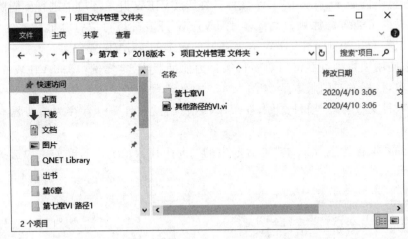

图8.19　保存为前期版本的文件

微课视频

8.2　虚拟文件夹

LabVIEW项目中会涉及若干文件,其中一些文件之间有从属关系,如项目的主文件和调用的子函数文件。项目浏览器中可以通过文件夹进行文件关系的管理。

接下来通过创建子VI的虚拟文件夹实例讲解虚拟文件夹,具体操作步骤如下。

1. 创建虚拟文件夹

在"项目文件管理"项目中,右击"我的电脑",在弹出的菜单中选择"新建"→"虚拟文件夹",并命名为"子VI",如图8.20所示。

建立了"子VI"虚拟文件夹后的项目浏览器如图8.21所示。

2. 将子VI关联到虚拟文件夹

右击"我的电脑",在弹出的菜单中选择"新建"→VI。将新建的VI命名为"子VI"。新创建的"子VI"会出现在项目管理器中"我的电脑"下级,将子VILabVIEW文件拖到"子VI"虚拟文件夹中,如图8.22所示。

这样就在项目浏览器中创建了"子VI"LabVIEW文件和"子VI"虚拟文件夹之间的关联。

此时在计算机的文件夹中,子VI. vi是与其他文件放置在一起,如图8.23所示。只是在项目浏览器中被放置在了文件夹中,所以这里将其称为虚拟文件夹。

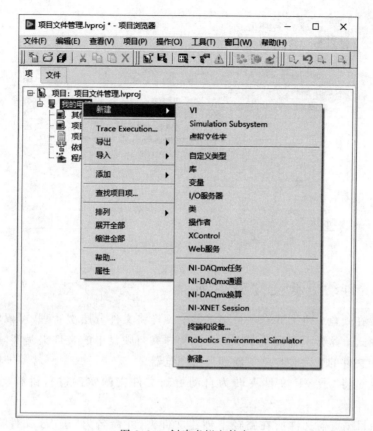

图 8.20　创建虚拟文件夹

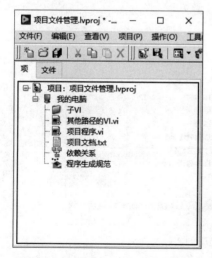

图 8.21　创建的"子 VI"虚拟文件夹

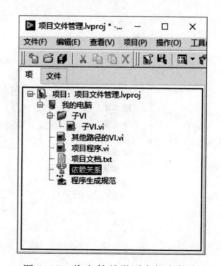

图 8.22　将文件关联到虚拟文件夹

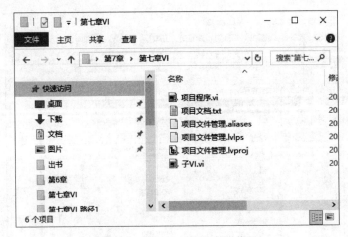

图 8.23　子 VI 文件的实际位置

8.2.1　自动更新文件夹实例

如果需要在硬盘中也如同在项目浏览器中一样将文件分层次管理,可以将文件夹转为自动更新的模式。这样项目浏览器中的虚拟文件夹与硬盘中的文件夹是实际的对应关系,硬盘文件夹中文件的变化会自动更新到项目浏览器。

接下来通过将"子 VI"文件夹转为自动更新文件夹的实例进行讲解,具体操作步骤如下。

(1) 在项目浏览器文件所在路径下创建文件夹,并命名为"子 VI 文件夹",如图 8.24所示。

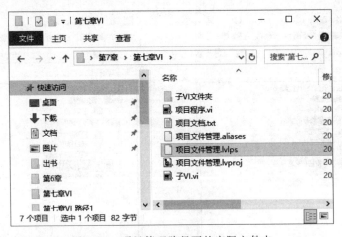

图 8.24　项目管理路径下的实际文件夹

(2) 将"子 VI"虚拟文件夹转换为自动更新文件夹。在项目浏览器中右击"子 VI"文件夹,在弹出的菜单中选择"转换至自动更新的文件夹",如图 8.25 所示。在弹出的菜单中,选择在步骤(1)中创建的"子 VI 文件夹"。这样在项目浏览器中的"子 VI"虚拟文件夹就和计算机中的"子 VI 文件夹"建立了对应的关系。

自动更新文件夹是蓝色的图标,如图 8.26 所示。设定了自动更新后,"子 VI 文件夹"是空的,因为此时项目浏览器中的自动更新"子 VI 文件夹"下没有文件,所以原来的"子 VI"文件被移出了该文件夹,并放置在了项目浏览器的根目录下。

8.2.2　解决冲突实例

当项目浏览器中的文件出现丢失或名称冲突时,项目浏览器会显示冲突的错误。接下来通过一个实例进行讲解。

(1) 在计算机中将"子 VI"文件移动到子 VI 文件夹中。在"项目文件管理"项目浏览器中,"子 VI"文件出现在了自动更新文件夹"子 VI 文件夹"中。

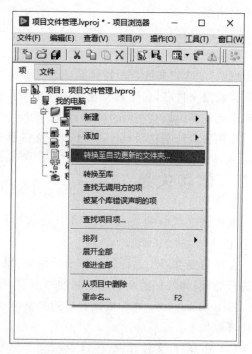

图 8.25　转化为自动更新的文件夹

微课视频

(2) 在进行了步骤(1)的操作后,在项目浏览器中出现了两个冲突的提示,如图 8.27所示。

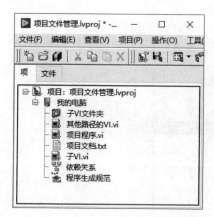

图 8.26　项目浏览器中的自动更新文件夹

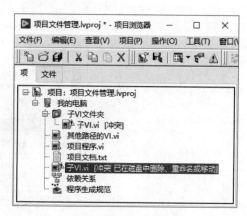

图 8.27　冲突提示

第一个是在"我的电脑"下的"子 VI"文件上显示错误提示"冲突:已在磁盘中删除、重命名或移动",错误原因是"子 VI"文件在步骤(1)中移动到了子 VI 文件夹中,项目浏览器无法在原有的位置找到"子 VI"文件,所以当无法在原有路径找到项目浏览器中的文件时会提示冲突错误。

第二个是在自动更新文件夹"子 VI 文件夹"中的"子 VI"文件显示冲突。这是因为在项目浏览器中出现了两个同名的文件,在子 VI 文件夹中出现了"子 VI"文件,在"我的电脑"下也出现了"子 VI"文件。项目浏览器通过文件名管理文件的逻辑关系,所以每个文件位置的标识符就是文件名,在项目浏览器中每个文件需要有唯一的标识,不允许有重名,所以一旦出现重名的情况就会提示冲突错误。

在项目浏览器根目录下将"子 VI"文件删除,可以看到两个冲突都解决了。

8.3 依赖关系

项目浏览器中的依赖关系用于管理当前项目文件中索引的第三方函数库,也包含LabVIEW 生成的子函数。

在项目浏览器中进行新的库函数添加、操作以及项目转移的时候,需要对这些依赖关系也进行处理,如添加的函数库之间的冲突、项目转移中丢失库函数的情况。

接下来通过一个处理依赖关系的实例讲解在项目浏览器中进行依赖关系的管理。具体操作步骤如下。

(1) 在"项目文件管理"项目中,右击"我的电脑"F 的"子 VI 文件夹",在弹出的菜单中选择"停止自动更新",如图 8.28 所示。文件夹停止自动更新后会变成虚拟文件夹。

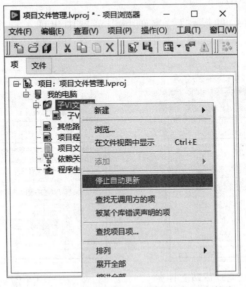

图 8.28 将自动更新文件夹转为虚拟文件夹

(2) 右击项目浏览器中的"我的电脑",在弹出的菜单中选择"新建"→VI,命名为"项目程序"。

将"项目文件管理"项目所在文件夹下的"子 VI"文件拖到"项目程序"VI 的程序框图中,如图 8.29 所示。通过上述操作,"项目程序"VI 对"子 VI"进行了调用,也就是说,项目文件中包含"子 VI"文件时,"项目程序"文件才可以正常运行。

在项目管理器中,可以看到"项目程序"文件和"子 VI"文件。

(3) 在"项目文件管理"项目中将"子 VI"文件从项目中删除。删除文件后,可以看到在项目浏览器中"我的电脑"下没有了"子 VI"这个文件,但是项目浏览器的"依赖关系"中出现了"子 VI"文件,如图 8.30 所示。

图 8.29 项目的调用

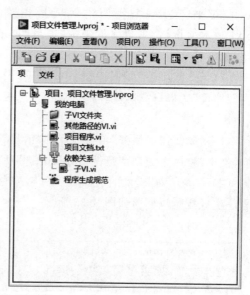

图 8.30 项目浏览器中的依赖关系

"依赖关系"会列出项目中文件所需要的关联文件,"子 VI"文件并没有在项目浏览器中被关联,但是因为存在调用的关系,所以在依赖关系中被列出来。

8.4 LabVIEW 程序发布生成规范

如果要在没有 LabVIEW 开发环境的情况下运行程序,就需要将当前设计的程序打包发布。LabVIEW 开发环境可以通过项目浏览器中的程序生成规范发布程序。程序生成规范支持多种形式,如图 8.31 所示。

其中使用最多的是以下几项。

(1) 应用程序(EXE):生成的应用程序(EXE)可以直接运行,在运行的环境中需要安装 LabVIEW run-time,LabVIEW run-time 需要与发布程序的 LabVIEW 版本一致。LabVIEW run-time 提供了 LabVIEW 程序运行的最小函数库。

图 8.31 项目浏览器
中的程序生成规范

（2）安装程序：生成的安装程序可以在环境中安装后运行，运行所需的所有函数库都包含在安装文件中，环境中不需要再安装其他支持文件。首先发布应用程序（EXE），然后基于应用程序（EXE）发布安装程序。

（3）共享库（DLL）：通过发布共享动态链接库（Dynamic Link Library，DLL），可以将当前的程序发布成函数库的形式，在其他的编程环境中调用，如 C++、VB、Delphi 等。

8.4.1　发布应用程序（EXE）实例

接下来通过一个实例讲解项目浏览器将 LabVIEW 程序打包发布成应用程序（EXE），本实例将"项目文件管理"项目的"子 VI"程序发布成应用程序（EXE），具体操作步骤如下。

（1）在"项目文件管理"项目中，打开"子 VI"文件，在程序框图中右击，在弹出的菜单中选择"编程"选板→"对话框与用户界面"选板，选择"单按钮对话框"函数节点放置在程序框图中。

右击"单按钮对话框"函数节点的"消息"接线端，在弹出的菜单中选择"创建"→"常量"，输入文本"程序生成规范范例"，如图 8.32 所示。

（2）在"子 VI"文件的前面板工具栏中单击"运行"按钮，会弹出对话框，对话框内容为"程序生成规范范例"，如图 8.33 所示。

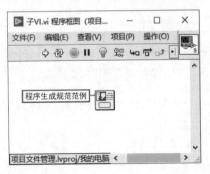

图 8.32　创建"单按钮对话框"函数节点

图 8.33　运行结果

（3）在项目浏览器中的"程序生成规范"上右击，在弹出的菜单中选择"新建"→"应用程序（EXE）"，如图 8.34 所示。

在弹出对话框的"信息"菜单中设置发布文件名称和路径，如图 8.35 所示。

在"源文件"菜单中，将"子 VI"文件拖到"启动 VI"列表框中。将项目文档.txt 放置在"始终包括"列表框中，如图 8.36 所示。

"启动 VI"列表框中放置的是打包程序中的主程序，如果在"启动 VI"列表框中包含了其他子函数或数据文件，需要将这些被调用的函数文件放在"始终包括"列表框中。在这个实例中，启动的主程序是"子 VI"，项目文件.txt 作为发布的数据文件。

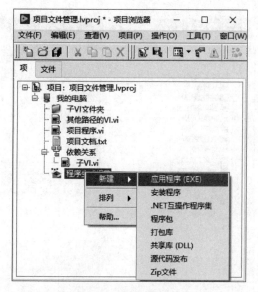

图 8.34 选择发布选项

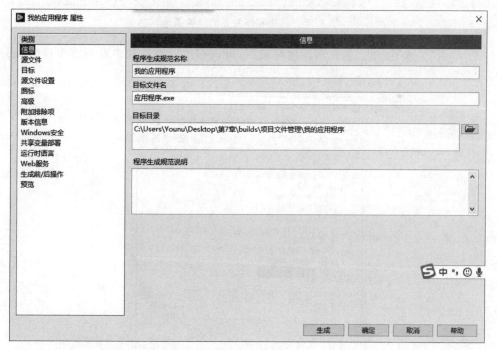

图 8.35 应用程序的文件名和生成路径

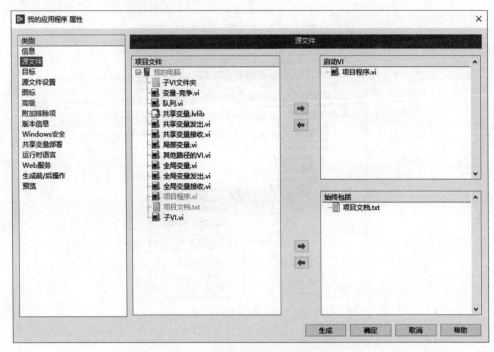

图 8.36　应用程序发布的配置菜单

（4）单击"生成"按钮。当发布程序完成后，可以在生成的路径中看到应用程序（EXE）文件，如图 8.37 所示。

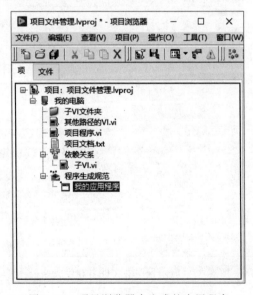

图 8.37　项目浏览器中生成的应用程序

在 data 文件夹中有作为数据文件一同发布的项目文档.txt 文件,如图 8.38 所示。

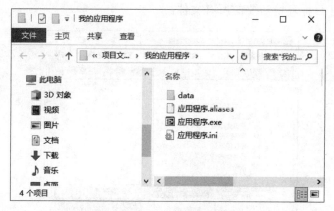

图 8.38　实际生成的可执行文件

(5) 双击应用程序.exe,运行结果如图 8.39 所示,可以看到打包后程序运行的结果和在 LabVIEW 环境中运行的结果一致。

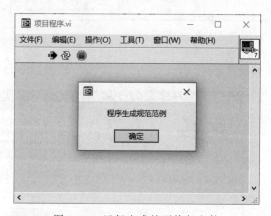

图 8.39　运行生成的可执行文件

8.4.2　发布安装程序实例

发布安装程序,需要首先生成应用程序(EXE),然后将生成的应用程序(EXE)打包发布成安装程序。在本实例中,将"我的应用程序"应用程序发布成安装文件。具体操作步骤如下。

(1) 在"项目文件管理"的项目浏览器中,右击"程序生成规范",在弹出的菜单中选择"新建"→"安装程序",如图 8.40 所示。

(2) 接下来配置安装程序信息。在"源文件"菜单中选择已经创建好的"我的应用程序",将其加入"目标视图"列表框中,如图 8.41 所示。

在"附加安装程序"菜单中,添加所有有关的附属程序,如图 8.42 所示。例如,

LabVIEW 2019 run-time 安装包,如果有其他的工具包,也需要在这里进行添加。这样在安装程序中就包含了目标环境需要的所有文件。

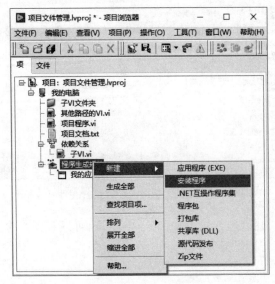

图 8.40　项目浏览器中的安装程序发布

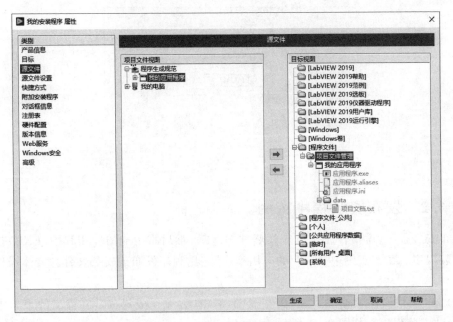

图 8.41　安装程序的配置菜单

在"对话框信息"菜单中,可以自定义安装时的提示信息,如一些程序的介绍、一些使用的注意问题等,如图 8.43 所示。

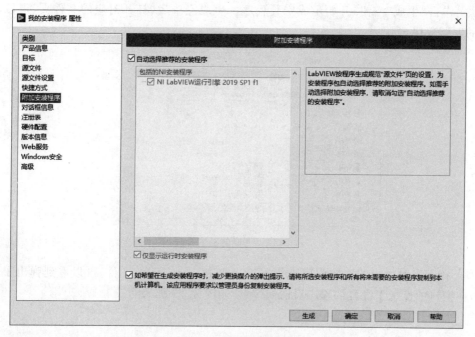

图 8.42 添加附属程序

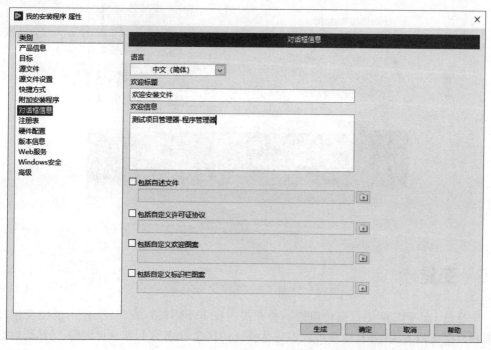

图 8.43 自定义安装信息

（3）单击"生成"按钮，开始生成安装程序。生成完毕后，打开对应的文件夹，可以看到生成的安装程序，如图 8.44 所示。

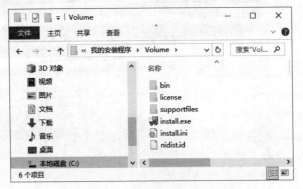

图 8.44　生成的安装程序

（4）接下来对生成的安装程序进行测试。双击 install.exe 文件，可以看到弹出了安装界面，在窗口中显示了设置的程序对话框信息，如图 8.45 所示。

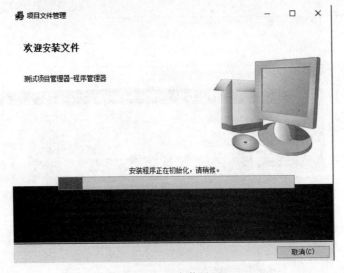

图 8.45　安装界面

8.5　变量

变量是 LabVIEW 中数据传递的一种方式。在 LabVIEW 的 VI 文件中使用变量传递数据和数据流的方式不同，变量可以不受数据流的传递方式的束缚，同时也不受结构对数据传输的限制，不通过隧道就可以传递数据。同时，变量还可以在不同 VI 之间进行数据传递。

8.5.1 LabVIEW 中的变量

LabVIEW 中的变量主要有 3 种形式：局部变量、全局变量和共享变量，每种变量传递数据的范围不同，具体如下。

- 局部变量：在 VI 内部进行数据传递。
- 全局变量：在项目中的不同 VI 之间进行数据传递。
- 共享变量：在不同项目之间或不同硬件终端的 VI 之间进行数据传递。

1. 局部变量跨结构传递数据实例

本实例通过使用局部变量进行数据传递，具体步骤如下。

（1）在"项目文件管理"项目中，右击"我的电脑"，在弹出的菜单中选择"新建"→VI，命名为"局部变量"。

（2）双击打开"局部变量"文件，参考图 8.46 创建循环产生正弦波形程序，在 While 循环中创建 200ms 的定时。为"基本函数发生器"函数节点的"幅值"输入端创建 amplitude 接线端，并创建"波形图"显示控件接线端。

图 8.46 "局部变量"VI 的程序框图

单击"运行"按钮，前面板显示如图 8.47 所示。

接下来为"基本函数发生器"函数节点的"幅值"接线端创建局部变量，并通过另一个 While 循环进行写入。右击程序框图中 amplitude 接线端，在弹出的菜单中选择"创建"→"局部变量"，如图 8.48 所示。

在程序框图中创建"While 循环"结构，将新建的 amplitude 局部变量放置在新建立的 While 循环当中，为 amplitude 局部变量创建输入控件接线端，如图 8.49 所示。

（3）在前面板中单击"运行"按钮，在"幅值 2"输入控件处改变数值，可以看到"幅值"输入控件的数值和"波形图"显示控件中波形的幅值都随之发生了变化，如图 8.50 所示。

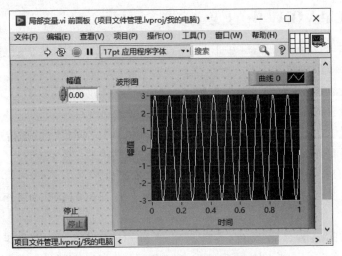

图 8.47　"局部变量"VI 的前面板

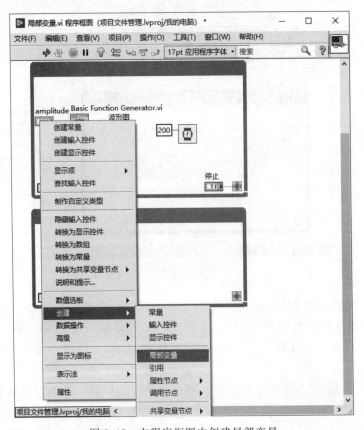

图 8.48　在程序框图中创建局部变量

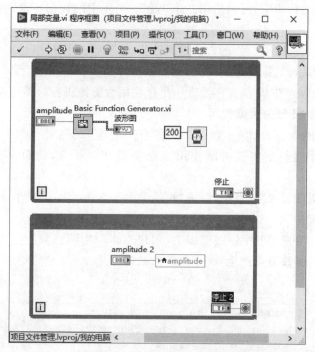

图 8.49　在另外一个 While 循环中创建局部变量

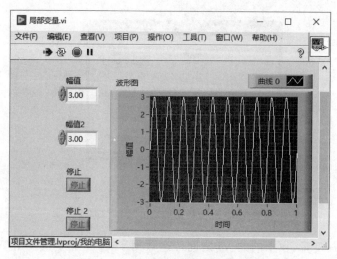

图 8.50　通过局部变量改变的波形

2. 局部变量与数据流

在上面的实例中,如果按照数据流的方式传递数据,那么在 While 循环运行的时候是无法将数据通过数据流的方式传入 While 循环的,因为数据只能通过隧道在 While 循环开始之前传入,在 While 循环结束之后流出。但是局部变量并不受到这种限制,所以在第一个和第二个 While 循环运行当中,可以将第二个 While 循环中的数据传递到第一个 While 循环当中。

通过局部变量(或其他变量)的方式进行数据传递更加灵活,但是需要注意局部变量的使用破坏了数据流进行数据传递的方式,对数据的传递实现了很多跳转,这样会增大程序控制的难度,所以在 LabVIEW 的程序设计中尽量使用数据流进行数据传递。

3. 全局变量跨 VI 传递数据实例

在 LabVIEW 的项目设计中,如果需要在不同的 VI 之间进行数据传递,可以使用全局变量。接下来通过一个实例讲解使用全局变量在两个 VI 之间传递数据,具体步骤如下。

(1) 在"项目文件管理"项目中,右击"我的电脑",在弹出的菜单中选择"创建"→VI,并命名为"全局变量发出"。

(2) 在"全局变量发出"VI 程序框图中,创建连续产生随机数的程序,如图 8.51 所示。通过"随机数(0-1)"函数节点产生 0~1 的随机数,按照 200ms 的定时输出至"波形图表"显示控件。

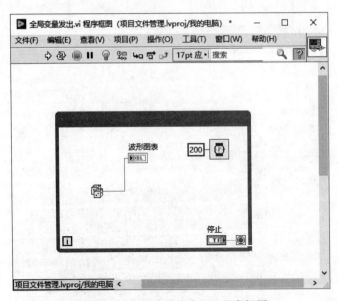

图 8.51 "全局变量发出"VI 程序框图

(3) 创建全局变量,在不同的 VI 之间传递数据。在"全局变量发出"VI 的程序框图空白处右击,打开"函数"选板,选择"编程"选板→"结构"选板,选择"全局变量"结构放置在 While 循环中,如图 8.52 所示。

在程序框图中右击"全局变量",在弹出的菜单中选择"打开前面板",如图 8.53 所示。在"全局变量"前面板中创建"数值"输入控件。保存当前 VI,命名为"全局变量",如图 8.54 所示。

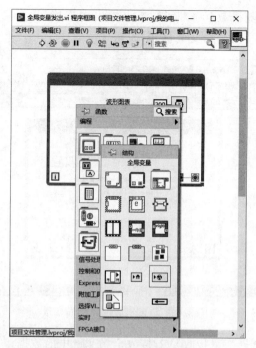

图8.52 选择"全局变量"结构

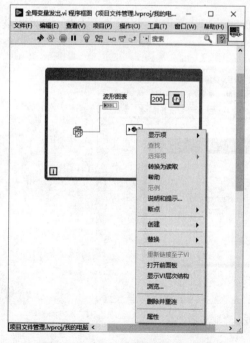

图8.53 打开"全局变量"前面板

图8.54 "全局变量"前面板

在程序框图中,将"随机数(0-1)"函数节点输出端连接到"全局变量",这样按照 200ms 的定时将产生的随机数写入全局变量,如图 8.55 所示。

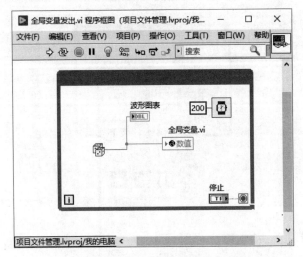

图 8.55　将随机数输入全局变量

(4) 接下来创建"全局变量接收"VI,接收全局变量中的数据。

在"项目文件管理"项目中,右击"我的电脑",在弹出的菜单中选择"创建"→VI,并命名为"全局变量接收"。

(5) 在"全局变量接收"VI 程序框图中创建 While 循环,并放置"波形图表"显示控件和 200ms 定时,如图 8.56 所示。

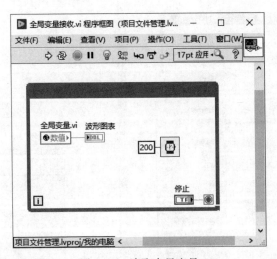

图 8.56　读取全局变量

在项目浏览器中将"全局变量"拖入 While 循环,并输出到"波形图表"显示控件。"全局变量接收"VI 会按照 200ms 的定时,从"全局变量"中读取数据并输出到"波形图表"显示控件。

（6）在"全局变量接收"前面板工具栏中单击"运行"按钮，可以看到在波形图表中当前没有接收到变化的随机变量数值，如图 8.57 所示。

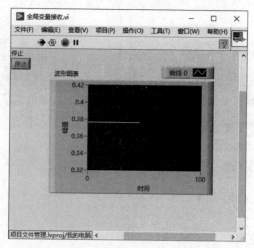

图 8.57　使用全局变量在两个 VI 之间传递数据

因为当前"全局变量发出"VI 还没有运行，没有产生随机数并写入全局变量。

在"全局变量发出"前面板工具栏中单击"运行"按钮，此时"全局变量接收"VI 的波形图表开始更新得到的随机数值，如图 8.58 所示。

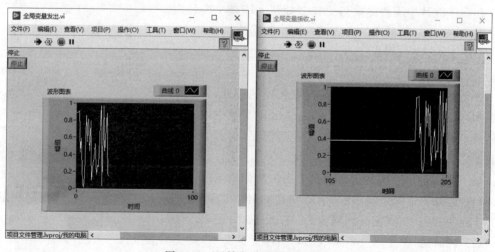

图 8.58　开始发送后的全局变量

（7）在"全局变量发出"前面板工具栏中单击"停止"按钮，此时在"全局变量发出"VI 停止了随机数的产生和写入全局变量。在"全局变量接收"前面板中的波形图表显示没有更新的随机数据输出，如图 8.59 所示。

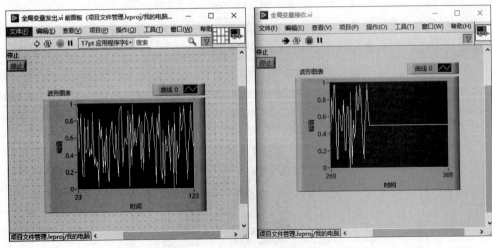

图 8.59　停止发送后的全局变量

8.5.2　变量竞争

通过变量进行数据传递带来了更多不可控的情况，如竞争。如图 8.60 所示，如果在多处对同一个变量进行写入，这时变量的值变得不可预测。具体变量取值取决于写入的先后顺序，最后写入的数据决定了这个变量的值。

在程序设计中需要尽量避免在多处写入同一个变量的情况，一般使用数据流的方式明确指定数据传递。

8.5.3　变量的数据缓冲

变量对数据没有缓冲或只有有限长度的缓冲，如果发出和接收的速率不同步，那么可能会出现变量中的值在还没有被读取就被新写入的值覆盖的情况，这时会产生数据丢失。

图 8.60　竞争

接下来通过一个实例讲解变量中丢失数据的情况，具体操作步骤如下。

（1）打开项目浏览器中的"全局变量发出"和"全局变量接收"两个 VI，在"全局变量接收"VI 程序框图中，将定时间隔改为 400ms，如图 8.61 所示。

（2）同时运行"全局变量接收"和"全局变量发生"VI。因为接收与发生的时间间隔不同（发生间隔是 200ms，接收的间隔是 400ms），所以对比"全局变量接收"和"全局变量发生"的波形图表，可以看到接收的数据只有发生数据的一半，如图 8.62 所示。

（3）在"全局变量发出"前面板中单击"停止"按钮，停止数据的产生和全局变量的更新。此时通过对比"全局变量接收"和"全局变量发生"VI 的波形图表可以知道丢失了一半的数据，如图 8.63 所示。

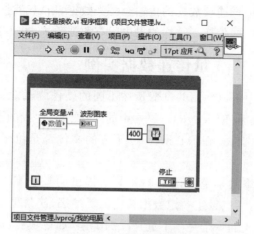

图 8.61 改变定时间隔

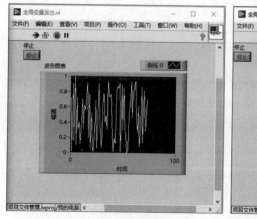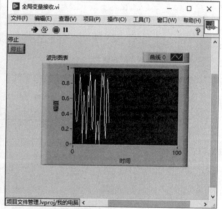

图 8.62 数据收发间隔不同时接收数据显示情况

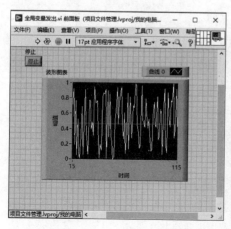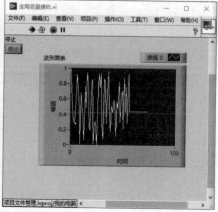

图 8.63 数据更新后停止后数据丢失

因为使用全局变量进行连续数据的传输会丢失数据,所以通过变量传递的都是状态值,如一些参数的传递或状态的传递。这样如果中间有数据丢失,并不会影响程序执行。

8.5.4　使用共享变量传递数据实例

在 LabVIEW 项目中可以使用共享变量在不同的硬件终端之间传递数据,如在项目浏览器"我的电脑"中的 VI 和 RT myRIO 终端中的 VI 之间。"我的电脑"下方的全部文件都是位于当前计算机中的文件。在 RT myRIO 下方的文件都是位于本地子网中的嵌入式终端 myRIO 中的文件。

共享变量也叫作网络共享变量,是 LabVIEW 提供的基于 TCP/IP 的一种数据传输机制。在共享变量创建时,可以设定一定数据长度的缓冲区,使共享变量具备一定的数据保存功能。共享变量也可以在同一个终端下进行数据传递,如在项目浏览器中"我的电脑"下不同 VI 之间传递数据。

接下来通过一个实例讲解在不同 VI 之间通过有缓冲的共享变量进行数据传递,具体操作步骤如下。

(1)在"项目文件管理"项目中创建共享变量。右击"我的电脑",在弹出的菜单中选择"新建"→"变量",如图 8.64 所示。

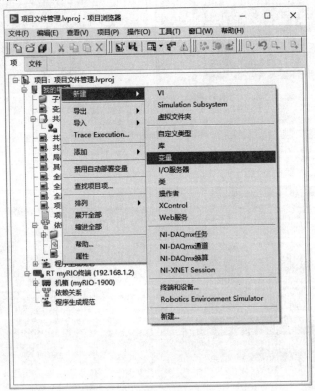

图 8.64　在项目浏览器中新建共享变量

（2）弹出"共享变量属性"对话框，在"名称"文本框中输入"共享变量-数值"，在"数据类型"下拉列表中选择"双精度"，如图 8.65 所示。此时新建的共享变量可以传递双精度浮点型数据。

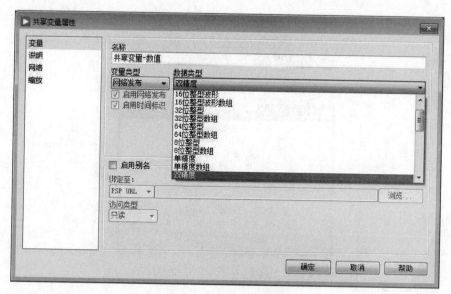

图 8.65　配置共享变量

在"网络"菜单中选中"使用缓冲"，并且将"元素数量"设定为 50。此时新建的共享变量可以进行 50 个元素的缓冲。当对共享变量的读取落后于写入时，共享变量最多可以存储50 个元素，如图 8.66 所示。

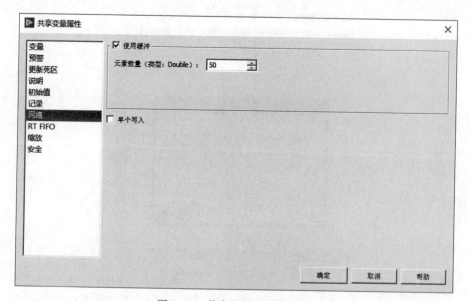

图 8.66　共享变量的缓冲设定

（3）在"项目文件管理"项目中，右击"我的电脑"，在弹出的菜单中选择"新建"→VI，命名为"共享变量发出"，按照图 8.67 建立连续产生随机数的程序，并且将产生的随机数写入共享变量。在 While 循环中设定 200ms 的定时。

图 8.67　写入共享变量

（4）在"项目文件管理"项目中，右击"我的电脑"，在弹出的菜单中选择"新建"→VI，命名为"共享变量接收"，按照图 8.68 建立连续读取随机数的程序，并且将读取的随机数输入"波形图表"显示控件。在 While 循环中设定 400ms 的定时。

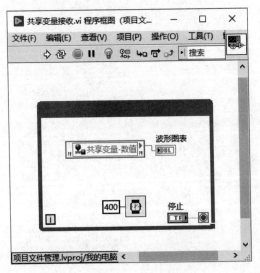

图 8.68　从共享变量读取

（5）同时运行"共享变量发出"和"共享变量接收"VI，通过前面板中的波形图表可以看到"共享变量接收"VI的数据只有"共享变量发出"VI的一半。这是因为两个VI中，发出的延时与接收的延时不同，数据发出和接收不同步，如图8.69所示。

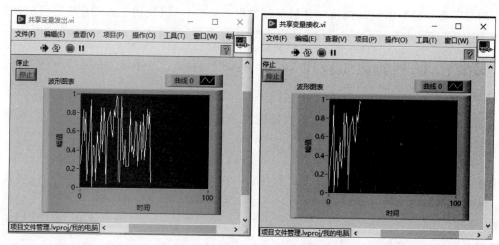

图8.69 接收落后于发出的共享变量

（6）在"共享变量发出"VI前面板单击"停止"按钮，可以看到VI停止运行后，"共享变量接收"VI还可以继续接收到新的数据，直到接收完所有"共享变量发出"VI产生的数据后停止更新。

通过设置共享变量缓冲长度，针对较少数据量的不同步可以达到缓冲的效果，避免数据的丢失，如图8.70所示。

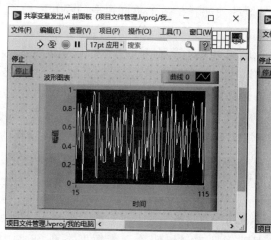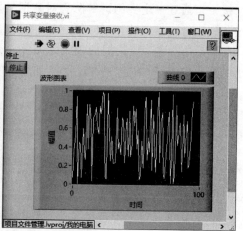

图8.70 停止发送后的共享变量

8.6 队列

如果需要进行数据的高速传输并且保证数据不丢失,可以使用 LabVIEW 提供的队列。LabVIEW 进行了内存优化,可以保证数据传输的完整性,并且优化内存的使用。

8.6.1 队列的典型应用

队列的一个典型的应用是在两个不同速率的 While 循环之间进行数据的传递。一方面,在产生数据的 While 循环中,数据直接进入 While 循环可以保证当前循环的高速率执行;另一方面,将数据的处理放在另外一个 While 循环中。

队列的使用实际上是在内存中开辟了一个内存空间,通过内存空间对数据进行缓冲。每个队列对应的内存空间通过队列的名称进行引用。队列中的元素数据类型可以进行自定义。例如,可以使用基础的数据类型(如数值、字符串、布尔等),也可以使用自己定义的数据类型(如簇)。队列可以指定长度,也就是可以储存的元素数量。队列的长度和队列中元素的数据类型决定了实际在内存中开辟的空间的大小。

队列的长度并不是越长越好。在一些大数据量的操作中,如果队列内存空间开辟得过大,会引起系统内存溢出的错误。

队列的最大功能是在不同速率的循环之间缓冲数据并且保证数据不丢失,所以最重要的是保证数据产生和数据使用的速率要有一定的平衡。

微课视频

8.6.2 不同速率的循环之间传递数据实例

接下来通过一个实例讲解队列对数据的缓冲功能。在两个不同速率的 While 循环中,通过队列进行数据缓冲,具体操作步骤如下。

(1)首先创建生成数据的 While 循环。在"项目文件管理"项目中,右击"我的电脑",在弹出的菜单中选择"新建"→VI,命名为"队列"。在"队列"VI 中通过"随机数(0-1)"函数节点、"While 循环"结构和定时生成产生数据的循环结构,如图 8.71 所示。

(2)接下来创建队列并初始化。在"队列"VI 程序框图空白处右击,打开"函数"选板,选择"编程"选板→"队列操作"选板,选择"获取队列引用"函数节点放置在 While 循环的左侧,如图 8.72 所示。

在程序框图中创建"队列范例"字符串常量,并连接到"获取队列引用"节点的"名称"接线端,为队列命名。

创建双精度浮点型常量并连接到"获取队列引用"函数节点的"元素数据类型"接线端,这里创建元素的值并没有特别意义,主要是为了队列可以明确元素数据类型,开辟内存空间。

在"获取队列引用"函数节点的"队列最大值"接线端创建整型常量 500,设定队列中可以缓冲的最大的数据量为 500。

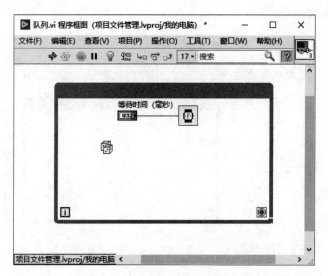

图 8.71　产生随机数据的循环结构

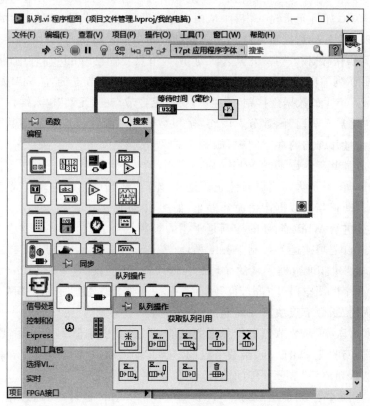

图 8.72　创建队列

完成队列的初始化,如图 8.73 所示。

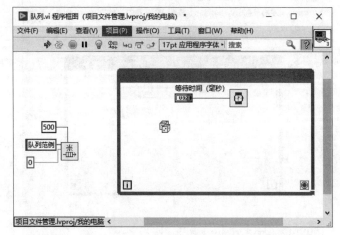

图 8.73　初始化队列

"获取队列引用"函数节点初始化后,会生成指向内存空间的一个引用句柄,通过引用句柄对内存进行操作,如将元素写入内存、从内存中读取元素、查询内存中元素的状态等。

(3) 接下来将产生的数据输入队列。在程序框图空白处右击,打开"函数"选板,选择"编程"选板→"队列操作"选板,选择"元素入队列"函数节点放置在 While 循环中,将"获取队列引用"函数节点的"队列输出"引用句柄连接到"元素入队列"函数节点的"队列"输入端,将"随机数(0-1)"函数节点产生的数据连接到"元素入队列"函数节点的"元素"输入端。

这样通过"元素入队列"函数节点就将"随机数(0-1)"函数节点生成的数据元素输入到了"队列范例"常量开辟的内存空间中,如图 8.74 所示。

(4) 接下来编辑产生数据的 While 循环控制,使用"元素入队列"函数节点的错误状态控制 While 循环,在遇到队列错误时停止。这样当释放队列引用的时候,"元素入队列"函数节点的错误会自动将当前数据产生循环停止,如图 8.75 所示。

使用错误簇进行 While 循环的控制是常用的控制循环方法,有些时候也可以将错误簇与"停止"按钮进行逻辑或运算控制 While 循环。

(5) 接下来创建获取数据元素的循环。在程序框图中创建另一个 While 循环获取队列中的元素。在程序框图空白处右击,打开"函数"选板,选择"编程"选板→"队列操作"选板,选择"元素出队列"函数节点放置在新建的 While 循环中。

使用"元素出队列"函数节点进行元素的获取,需要将"获取队列引用"函数节点的"队列输出"接线端连接到"元素出队列"函数节点的"队列"输入端,这样来指定"元素出队列"函数节点操作的是"队列范例"常量开辟的内存,如图 8.76 所示。

与步骤(4)相似,在"元素出队列"函数节点所在的 While 循环中,通过错误簇控制循环的执行,同时创建两个"波形图表"显示控件分别放在两个 While 循环中,用来显示在两个 While 循环中的数据,如图 8.77 所示。

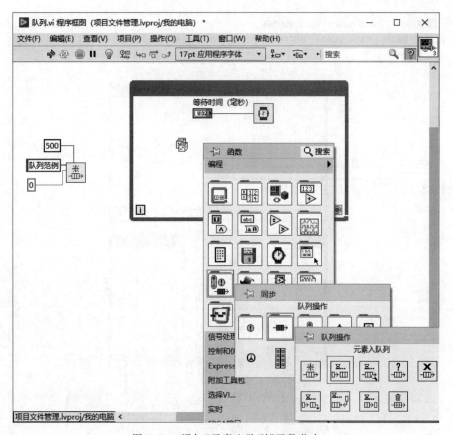

图 8.74 添加"元素入队列"函数节点

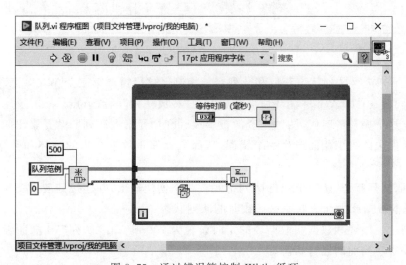

图 8.75 通过错误簇控制 While 循环

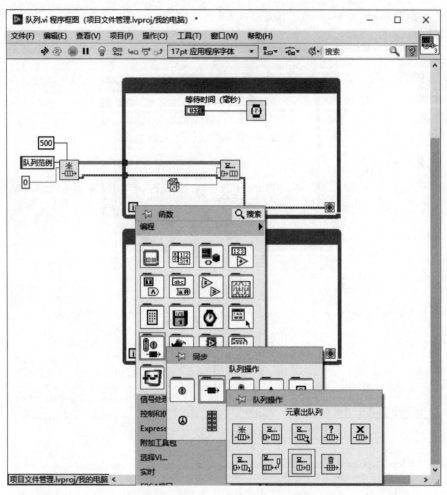

图 8.76　添加"元素出队列"函数节点

（6）接下来进行队列状态获取和队列释放控制。这里需要第三个 While 循环来获取队列的状态，同时在这个 While 循环后面放置一个"释放队列"函数节点。

当停止这个循环的时候，队列的资源被释放，此时"元素入队列"和"元素出队列"函数节点就会因为失去队列引用而产生一个错误，从而自动停止数据产生的循环和数据获取的循环，如图 8.78 所示。

为"获取队列状态"函数节点的队列中元素状态创建输出，并连接到波形图表。

（7）观察数据产生和获取速率一致时的队列状态。

将数据产生循环和数据获取循环的定时设置为 100ms。在"队列"VI 前面板中单击"运行"按钮，并观察当前的运行状态。

通过"波形图表"和"波形图表 2"显示控件的波形可以知道，当输入和输出的循环速率相同时，队列中没有需要缓冲的数据，所以两个控件显示的数据是一样的。在"波形图表 3"

显示控件显示的队列中元素数量保持为 0，如图 8.79 所示。

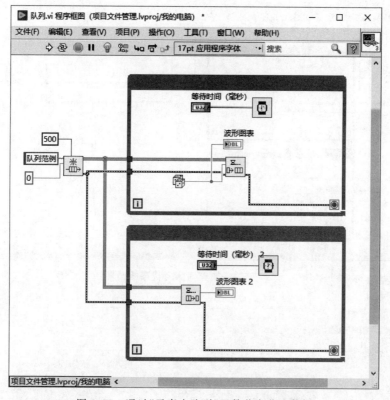

图 8.77 通过"元素出队列"函数节点获取数据

（8）观察数据产生速率高于数据获取速率的情况。

将数据产生的 While 循环定时设置为 50ms，观察到"波形图表"显示控件中数据的速率相比之前提高，因为此时数据入队列的速率要高于数据出队列的速率，所以数据元素在内存中没有及时被取出，"波形图表 3"显示控件显示队列中的元素数量一直在上升，如图 8.80 所示。

（9）观察数据产生速率低于数据获取速率的情况。

将数据产生 While 循环定时设定为 200ms，此时在数据产生 While 循环的"波形图表"显示控件中数据更新的速率慢于数据获取的 While 循环。此时从内存中获取元素的速率要快于向内存中写入数据的速率，所以内存中缓存的数据变少，在"波形图表 3"显示控件看到队列中元素的数量开始下降，如图 8.81 所示。

（10）观察数据产生速率与获取速率总体一致但是存在波动的情况。

队列的使用一般是处理数据产生和获取的总体速率一致，但存在局部时间不匹配的情况。常见的情况是在数据产生的部分是固定的速率，但是在数据处理的部分速率会有波动，这样的不匹配需要一定的缓存机制进行数据保护。

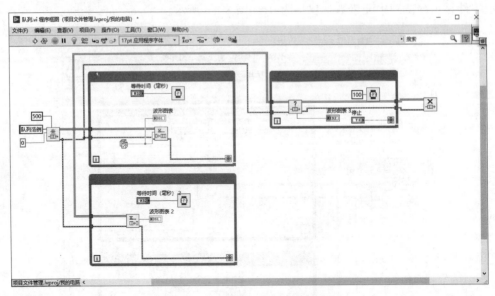

图 8.78　添加查询队列状态的循环

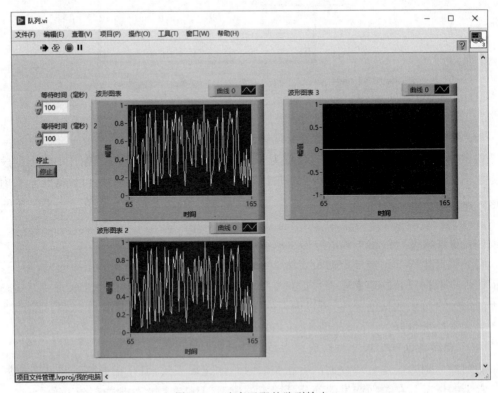

图 8.79　速率匹配的队列输出

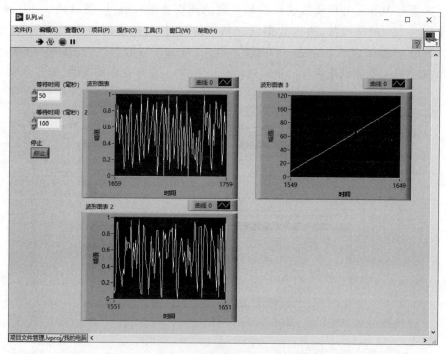

图 8.80 产生速率高于获取速率时的队列情况

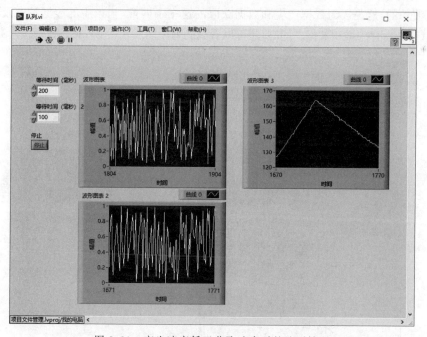

图 8.81 产生速率低于获取速率时的队列情况

接下来通过 While 循环模拟这种数据处理的速率波动。通过"随机数(0-1)"函数节点生成一个 50~150 的随机数,决定数据获取循环的定时,每次定时改变的间隔为 1000ms。"随机数(0-1)"函数节点产生的是一个白噪声,均值为 0,所以数据产生循环中设定定时的均值为 100ms,这样与数据获取循环的定时总体是一致的,但是存在小的波动,如图 8.82 所示。

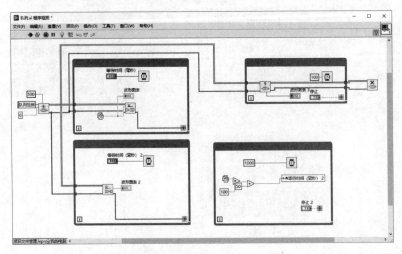

图 8.82　增加改变定时 While 循环

在前面板工具栏中单击"运行"按钮,通过"波形图表 3"显示控件可以看到队列中元素数量是一直波动的,这是因为数据产生和数据获取的速率不匹配,当产生的数据没有及时被获取的时候,就会在内存中堆积数据。同时,还可以看到队列中的元素在 0~30 波动,如图 8.83 所示。

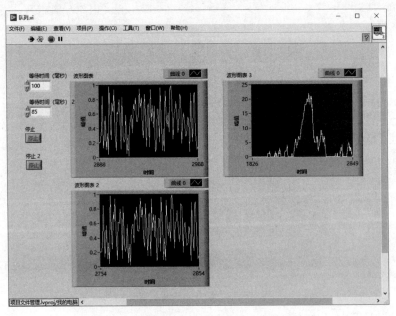

图 8.83　速率不同步时队列中的元素数量波动

当数据获取速率高于产生速率的时候,内存中的元素又会被全部取出来,如图8.84所示。波动的范围取决于速率不匹配的程度。一般需要根据这种不匹配的程度决定具体开辟内存的大小。

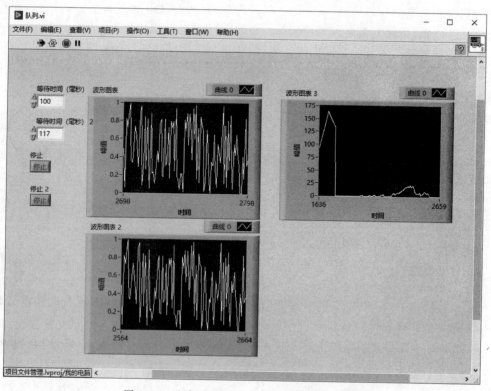

图8.84　速率不同步时队列中的元素数量下降

8.7　事件结构

8.7.1　事件结构的概念

事件指的是程序中发生的某种状态或数据产生的某种变化。产生的事件可以作为触发而执行特定的程序。

1. 数据与事件的区别

在程序设计中使用的大部分是数据,事件和数据在程序设计中的作用是不同的。数据关注的是数据本身的内容;而事件除了关注数据的内容,也关注数据发生的变化。

例如,用户在前面板的输入控件中将布尔控件的假值修改为真值,数据关注布尔量是真值还是假值,并且使用布尔数据进行计算,如停止一个循环或进行一个条件结构的选择;而如果作为事件来进行这个操作,就需要捕捉用户的这个动作,这时关注的是布尔控件从假值到真值的变化过程,事件的处理是关注对这个变化的响应过程。

2. 事件的机制

事件提供了一种监测变化的机制,如需要监测用户在前面板中是否单击了按钮,当通过事件的机制进行监测时,只有当这个单击事件发生时,程序才开始进行后续的动作,而在这个事件发生之前,程序不需要在花费额外的资源进行监测。

如果使用数据的方式实现同样的功能,如使用 While 循环读取按键值捕捉这种变化,就会耗费大量的资源。因为需要通过 While 循环读取控件的值,并且将当前的值与上一次的值进行比较,为了可以精确地捕捉到变化的时刻,就不得不加快 While 循环的速率,这样变相增加了系统的负荷,并且在事件真正发生之前做的判断实际上是一种浪费。

这种方式也被称为轮询。如果只是一般地希望知道数据值是否变化,而不需要进行及时的响应,那么长时间间隔轮询的方式也是可行的;如果需要对变化进行精确的响应,就需要使用事件结构。

8.7.2 事件结构的构成

LabVIEW 中的事件结构主要包含以下几部分,如图 8.85 所示。

- 事件选择端:事件结构可以定义多个事件,并且为每个事件的分支分配需要执行的代码。
- 事件数据节点:在定义的事件发生的时候,可以通过事件数据节点获取和定义时间相关的一些属性信息。
- 超时:如果定义的事件没有发生,那么当等待了超时的时间后,事件结构会执行超时条件分支的内容。

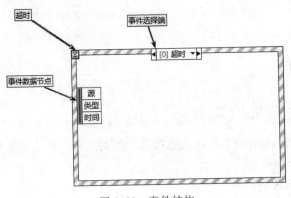

图 8.85 事件结构

实际上,因为是在监测事件的发生,所以大部分的时间都是等待的状态,这个时候,一直在执行的是超时分支当中的内容。

如果将超时的节点设置为无限大(−1),这时程序会一直处于等待状态。这种状态会将程序整体卡在事件判断的状态,而无法进行任何操作。所以一般会设定一个明确等待的时间,然后通过将事件结构与 While 循环联合使用,以达到循环监测事件发生的效果,如图 8.86 所示。

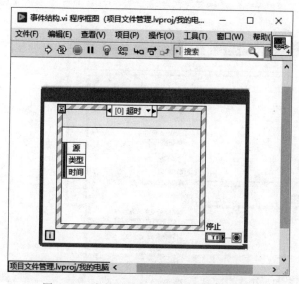

图 8.86 事件结构与 While 循环联合使用

8.7.3 事件结构响应用户事件

可以通过事件结构响应用户事件,如捕捉前面板中控件的输入等。在此之前的程序中都是使用 While 循环进行前面板控件输入的捕捉,这属于轮询的方式。轮询方式并不是最高效的方式,因为尽管没有改变输入控件的值,但是在每次 While 循环执行时都运行了一次循环当中的代码。如果需要在用户改变输入控件的值之后再执行代码,可以使用事件结构捕捉用户的输入。

8.7.4 基于用户事件响应的波形发生器实例

接下来通过一个实例讲解如何使用事件结构响应前面板中的控件变化。具体步骤如下。

微课视频

(1) 在"项目文件管理"项目中,右击"我的电脑",在弹出的菜单中选择"新建"→VI,命名为"事件结构波形发生器"。

(2) 在程序框图中创建 While 循环和事件结构,在前面板中放置"数值"输入控件。

(3) 在事件结构中定义"数值"输入控件对应的事件。在程序框图中,右击事件结构的事件选择端,在弹出的菜单中选择"添加事件分支",如图 8.87 所示。

如图 8.88 所示,在弹出的"编辑事件"对话框中,"事件源"子窗口中是作为事件触发的事件源列表;"事件"子窗口中是目标事件源的触发动作,如值改变、鼠标进入等。

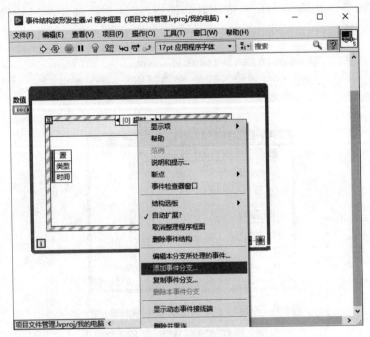

图 8.87　为事件结构添加事件分支

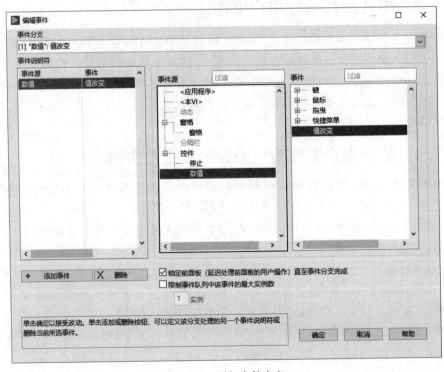

图 8.88　添加事件定义

　　本实例需要捕捉前面板"数值"输入控件的值变化的动作。在"事件源"窗口中选择"数值",在"事件"窗口中选择"值改变",可以在"事件说明符"列表中看到编辑完成的事件。

　　在一个事件分支中可以定义多个事件的触发源。多个触发源可以是不同的控件、不同的事件触发类型,这些触发都执行同一个事件分支。

　　编辑完成后,单击"确认"按钮,程序框图如图 8.89 所示。

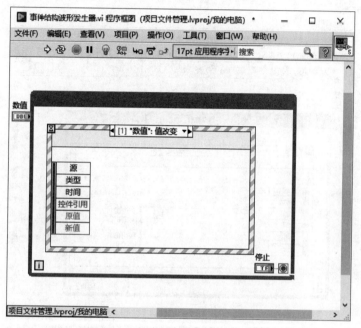

图 8.89　创建好的事件结构条件分支

　　(4) 为"数值:值改变"事件分支添加代码。在事件结构的"数值:值改变"事件分支中添加"基本函数发生器"函数节点,将"新值"事件数据节点连接到"基本函数发生器"节点的"幅值"输入端,如图 8.90 所示。

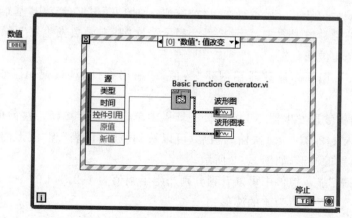

图 8.90　通过控件获取事件触发数据

这样当"数值"输入控件的值发生变化时,事件结构会执行"数值:值改变"分支,在这个分支中,从"新值"事件数据节点中会输出"数值"输入控件改变之后的值,并且这个值会作为"基本函数发生器"函数节点中数据波形的幅值。

另一种获取"数值"输入控件改变之后的值的方法,可以直接将"数值"输入控件接线端放置在"数值:值改变"事件分支中,并且连接到"基本函数发生器"函数节点的"幅值"输入端,如图 8.91 所示。

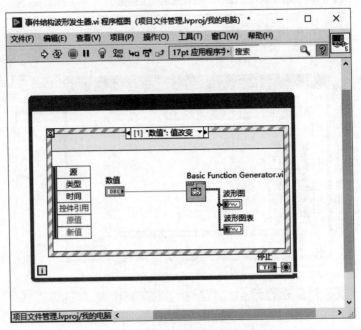

图 8.91　"数值:值改变"事件分支

在前面板中创建"波形图""波形图表"显示控件,在程序框图中将"基本函数发生器"函数节点的"波形"输出端连接到"波形图"和"波形图表"显示控件。

"波形图"显示控件可以显示每次执行"数值:值改变"事件分支中"基本函数发生器"函数节点产生的波形,"波形图表"显示控件会显示当次"基本函数发生器"函数节点产生的值和之前产生的历史波形数据。

(5) 为 While 循环的计数器端创建"数值 2"输出控件,观察使用了事件结构的运行情况。

在"事件结构波形发生器"VI 前面板工具栏中单击"运行"按钮。在前面板"数值"输入控件中依次输入 1,2,3,4。每次输入值后,可以看到"波形图表"和"波形图"显示控件就会变化一次,显示新的波形,如图 8.92 所示。

在"波形图表"显示控件中可以看到分别产生了幅值为 1,2,3,4 的 4 个波形。"波形图"显示控件中显示的是幅值为 4 的波形。

在"数值 2"显示控件中显示的是 4,代表当前的 While 循环执行了 4 次。也就是说,程序只在"数值"输入控件发生"值变化"事件的时候才执行一次事件结构中的代码；而在未发生"值变化"事件的其他时间中,程序一直处于等待状态。

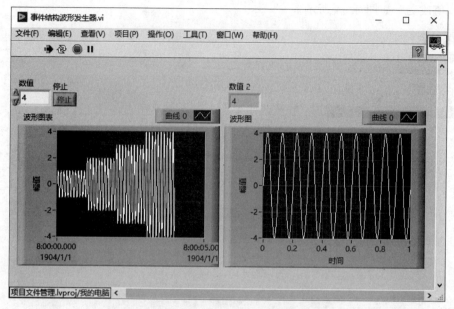

图 8.92　通过数值改变事件触发的波形输出

在当前程序中,是无法通过单击"停止"按钮停止程序的。因为"停止"按钮可以接收到输入的真值,但是如果"数值"输入控件没有发生"值变化"事件,While 循环和事件结构就不会执行,所以 While 循环结构的条件判断端无法进行判断而终止程序,如图 8.93 所示。

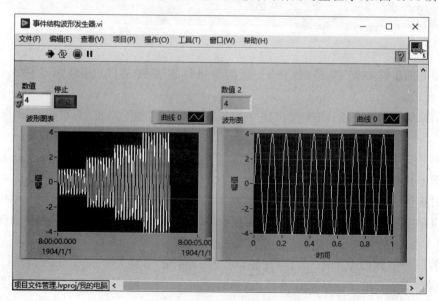

图 8.93　"停止"按钮无法响应

（6）为了使程序可以正确地停止，在事件结构中添加使程序停止的事件。在程序框图中的事件结构的事件选择端新建"停止"事件分支，并将"事件源"选择为"停止"按钮，"事件"选择为"值改变"，如图8.94所示。

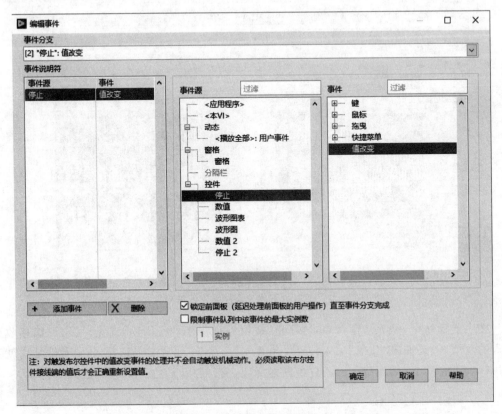

图 8.94　添加"停止"事件分支

在添加的事件分支中，将"停止"按钮的输出端连接到 While 循环的条件选择端，如图 8.95 所示。

在前面板中单击"运行"按钮再次运行程序，单击"停止"按钮后，可以看到程序停止运行。

（7）为事件结构添加超时事件。在定义的事件没有发生前，事件结构会一直等待事件的发生而停止其他的程序执行。为了保证其他程序可以正常执行，使用事件结构一般都会定义超时事件。这样在没有定义的事件发生时，可以执行超时事件，保证其他程序执行。

在事件结构中为"超时"接线端添加"数值"常量并输入 100，此时当其他事件没有发生时，每隔 100ms 就会执行一次超时事件分支中的程序。

在前面板工具栏中单击"运行"按钮，在程序运行的时候，While 循环的循环计数器的输出"数值 3"显示控件显示了计数值，该值以 100ms 的间隔增加。但是波形并没有产生新值。

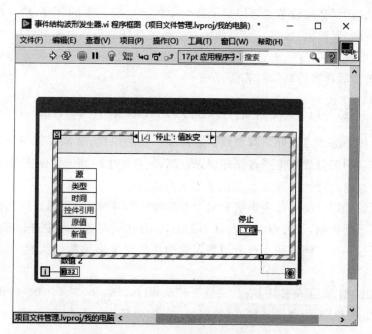

图 8.95　为"停止"按钮添加事件分支

此时因为没有输入新的幅值信息，所以事件结构中的"数值：值改变"事件分支并没有执行，当达到设定的 100ms 超时时间后，事件结构执行了"超时"事件分支。

8.8　生产者消费者结构

生产者消费者结构是 LabVIEW 中的一种高级架构，这个架构可以处理对数据输入的及时响应。

生产者消费者结构是通过将队列与 While 循环叠加使用实现的，队列保证了数据传输的完整性，While 循环保证了程序可以循环执行。

8.8.1　生产者消费者结构的构成

生产者消费者结构由两个 While 循环构成，通过队列在两个 While 循环之间进行数据的缓冲和同步。两个循环分别称为生产者循环和消费者循环。

- 在生产者循环中产生数据并且将数据输入到队列当中。
- 在消费者循环中从队列中读取数据并进行相应的处理。

通过控制生产者循环的条件停止端终止程序的运行并在生产者循环结束之后释放队列资源。

在消费者循环中判断队列的错误情况，如果队列已经被释放，那么就会在消费者循环的队列中产生一个错误，这时会停止消费者 While 循环。

在"获取队列引用"函数节点可以定义队列中传递数据元素的类型,输入队列的数据类型支持数值、布尔、字符串、数组、簇等,如果对生产者循环的循环时间有严格的要求,那么可以不对数据类型做任何转换,直接将得到的数据送入队列。在消费者循环中获得原始的数据格式,进行转换后再执行后续的算法。

8.8.2　生产者消费者结构进行数据采集和数据流盘实例

在项目中如果遇到需要处理高速数据输出和产生的情况,就需要使用生产者消费者结构。将数据产生的部分放在生产者循环中,通过队列将产生的高速数据进行缓冲,在消费者循环中进行数据的处理。

因为数据的处理时间可能会影响输出 While 循环的速率,所以通过队列既可以保证数据产生的循环不受影响,又可以保证数据不丢失,并且在消费者循环中进行有效的处理。

接下来通过一个实例讲解生产者消费者结构在数据采集和数据流盘中的使用,具体操作步骤如下。

(1) 在 LabVIEW 菜单栏中执行"文件"→"新建(N)"命令,在弹出的"新建"对话框中选择"框架"→"生产者/消费者设计模式(数据)",单击"确定"按钮,如图 8.96 所示。

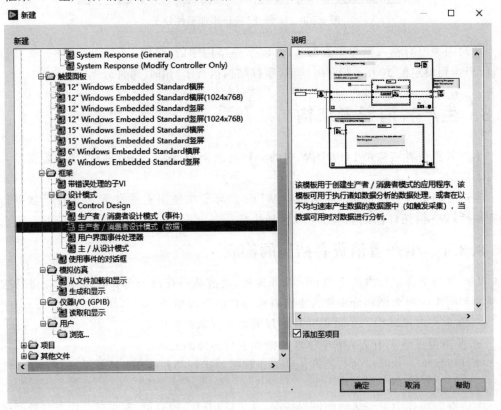

图 8.96　创建生产者消费者结构

可以看到在程序框图中已经提供了基础的生产者消费者结构的架构,如图 8.97 所示。

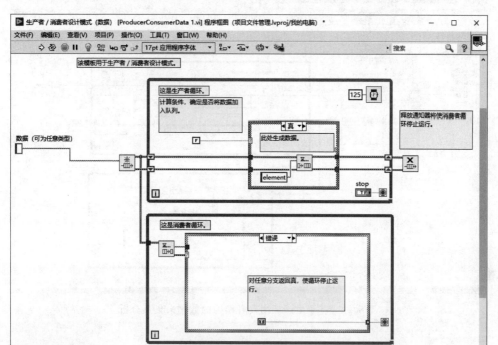

图 8.97 基本的生产者消费者结构

(2) 在生产者循环中添加连续模拟电压采集的任务,通过数据采集任务模拟高速数据产生的情况。

在程序框图中,建立如图 8.98 所示的数据采集任务。将数据采集任务的配置部分,即"DAQmx 创建通道(AI-电压-基本)""DAQmx 定时(采样时钟)""DAQmx 开始任务"函数节点放置在生产者循环的左侧,将"DAQmx 读取(模拟 1D 波形 N 通道 N 采样)"函数节点放置在生产者循环中,将"DAQmx 停止任务""DAQmx 清除任务"函数节点放置在生产者循环的右侧。

在程序框图中,在"获取队列引用"函数节点的"名称"接线端的字符串常量文本框中输入"数据采集流盘"。右击"DAQmx 读取(模拟 1D 波形 N 通道 N 采样)"函数节点的"数据"输出端,在弹出的菜单中选择"创建常量",将新建的常量连接到"获取队列引用"函数节点的"元素数据类型"接线端,如图 8.99 所示。

在生产者循环中,将"DAQmx 读取(模拟 1D 波形 N 通道 N 采样)"函数节点的错误簇输出连接到条件结构的选择器接线端上。在条件结构的真分支中将"DAQmx 读取(模拟 1D 波形 N 通道 N 采样)"函数节点的"数据"输出接线端连接到"元素入队列"函数节点的"元素"接线端。这样,当"DAQmx 读取(模拟 1D 波形 N 通道 N 采样)"函数节点正确读取数据的时候,读取到的数据就会输入队列。

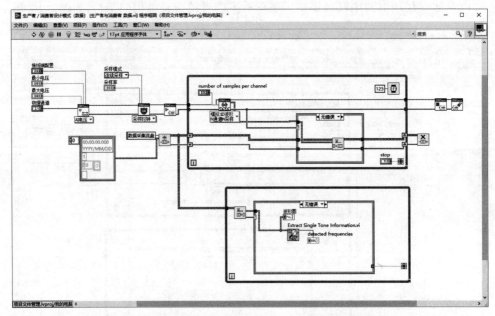

图 8.98　基于生产者消费者结构的数据采集及分析

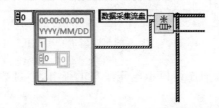

图 8.99　初始化"获取队列引用"函数节点

在消费者循环中,将"元素出队列"函数节点的"元素"接线端连接到"提取单频信息"函数节点的"时间信号输入"接线端,将"元素出队列"函数节点的"错误输出"接线端连接到条件结构的选择器接线端上。这样当"元素出队列"函数节点读取到正确的数据时,数据会进行提取单频信息的处理。

在前面板中,在"物理通道"处选择虚拟板卡的模拟输入 0～15,这样从虚拟板卡一共选择了 16 个通道作为数据的输入。

在程序框图中,在"DAQmx 读取(模拟 1D 波形 N 通道 N 采样)"函数节点选择 DAQmx 读取的模式为"模拟 1D 波形 N 通道 N 采样"。

在生产者循环中没有进行波形的显示,因为原则上需要保证生产者循环只生产数据,并不做任何的数据处理、显示或写入的工作。

(3)在消费者循环中添加 TMDS 文件写入,并且将对数据进行处理得到的频率信息写入 TDMS 文件。

将"TMDS 文件打开"函数节点放置在消费者循环的左侧,为"TMDS 文件打开"函数节点的"文件路径"接线端创建输入控件,并在"前面板"窗口中选择文件保存的路径,将文件命名为"文件写入. tdms"。在"操作"接线端创建常量,并选择 open or create(打开或创建)。

在消费者循环的条件结构中放置"TDMS 文件写入"和"TDMS 设置属性"函数节点,并且将"提取单频信息"函数节点的"检测频率"输入"TDMS 设置属性"属性值。在"TDMS 文件写入"函数节点的"组名称输入"接线端创建"数据流盘"字符串常量。

在"TDMS 设置属性"函数节点需要将提取的频率信息作为每个通道的属性信息写入TDMS 文件。通过"提取单频信息"函数节点得到的检测频率信息是元素为数值数据类型的一维数组,数组的长度为 16。通过"元素出队列"函数节点得到的波形数据是元素为波形数据类型的一维数组,数组的长度为 16。

"写入 TDMS 属性"函数节点是对单个通道操作的。可以使用 For 循环对得到的一维数组进行操作,因为波形数据和频率信息的数组长度都是 16,所以将波形数据和频率信息的数组直接输入 For 循环中,使用 For 循环的默认索引作为循环次数。

将"TDMS 文件写入"函数节点的"数据流盘"组名输入"TMDS 设置属性"函数节点的"组名称输入"输入端,为"TMDS 设置属性"函数节点的"通道名称"接线端创建"频率"字符串常量。

在消费者循环的右侧放置"TDMS 文件关闭"函数节点。在程序框图的最后使用"合并错误"函数节点将数据采集、队列和 TMDS 的错误簇合并。完成的程序框图如图 8.100 所示。

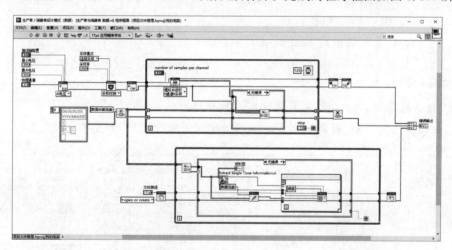

图 8.100　基于生产者消费者结构的数据采集和数据流盘程序框图

（4）在前面板工具栏中单击"运行"按钮,运行结果如图 8.101 所示。可以注意到前面板中的"波形图"显示控件显示了从虚拟的数据采集卡中得到的仿真数据。

（5）接下来观察通过消费者循环保存的 TDMS 文件。

打开 TDMS 波形文件保存的路径,可以看到已经保存的 TDMS 文件和 TDMS 文件的索引文件。通过 Microsoft Excel 打开 TDMS 文件,可以看到文件中保存的波形信息,包含了波形的属性信息和波形数据,其中每个部分的内容如下。

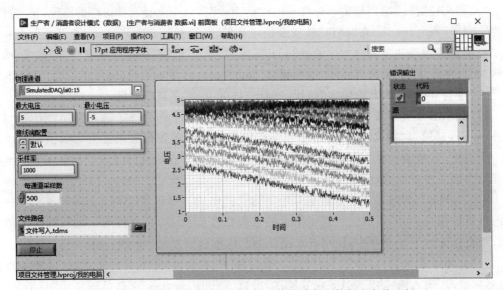

图 8.101　基于生产者消费者结构的数据采集和数据流盘前面板

- "文件写入(root)"标签页：有关当前 TMDS 文档的属性信息；
- A1～A2(文件名信息)：文件写入；
- A4～A5(组信息)：数据流盘；
- A9～A24(通道信息)：SimulatedDAQ/ai0～ai15；
- N8(自定义的属性信息)：频率；
- N9～N24：为每个通道写入的频率属性的值信息；
- "数据流盘"标签页：有关具体的波形数据信息。

在"数据流盘"标签页可以看到按照通道号写入了波形信息，如图 8.102 所示。

	A	B	C	D	E	F	G	H
1	SimulatedDAQ/ai0	SimulatedDAQ/ai1	SimulatedDAQ/ai2	SimulatedDAQ/ai3	SimulatedDAQ/ai4	SimulatedDAQ/ai5	SimulatedDAQ/ai6	SimulatedDA(
2	-0.149693289	0.441602832	0.750144963	1.347697378	1.684163945	2.043519395	2.379833369	2.900
3	-0.119632557	0.384990997	0.739310892	1.15787225	1.808069094	2.03604236	2.313150426	2.635
4	-0.008697775	0.384380627	0.71520127	1.293374432	1.749320963	2.145908994	2.435987426	2.727
5	0.117801447	0.344553972	0.934934538	1.367076632	1.816309091	2.207708975	2.466048158	2.756
6	-0.135196997	0.560319834	0.786767174	1.198767052	1.696371349	2.117984558	2.536545915	2.85
7	0.044862209	0.403302103	0.927610096	1.302529984	1.694692831	2.02169866	2.333445235	2.711
8	0.015717032	0.309915464	0.919980468	1.274300363	1.57002472	2.200994903	2.332987457	2.918
9	0.117801447	0.46845912	0.770439772	1.179082614	1.773735771	2.061525315	2.339854122	2.80
10	-0.088808863	0.407269509	0.966521195	1.139255959	1.686605426	2.120578631	2.42362743	2.683
11	0.014191107	0.381481368	1.013977477	1.221045564	1.756035035	2.094637898	2.357249672	2.88
12	0.039826655	0.36118656	0.974913785	1.322672201	1.734519486	1.986602374	2.553788873	2.693
13	0.133823664	0.518356883	0.905178991	1.361735893	1.615802484	1.973326823	2.304147465	2.677
14	0.112155522	0.514847255	0.891140477	1.162602618	1.673940245	1.993163854	2.515182958	2.748
15	0.098269601	0.589465011	0.787987915	1.244239631	1.599322489	2.233954894	2.446211127	2.96
16	-0.039216285	0.545823542	0.857264931	1.20700705	1.737113559	2.119357891	2.447126682	2.806
17	-0.0491348	0.539567248	0.903500473	1.420789209	1.624347667	1.997589038	2.495651112	2.878
18	0.140079958	0.365916929	0.912808618	1.412549211	1.827753533	2.128055666	2.535172582	2.684
19	0.157017731	0.54750206	0.78951334	1.253242592	1.581011383	1.969359416	2.511825922	2.919
20	0.126194037	0.421460616	0.993987854	1.445814386	1.822107608	2.16666158	2.412182989	2.959
21	0.103915525	0.426953948	0.78051088	1.3124485	1.631061739	2.038941618	2.600787378	2.844
22	0.117343669	0.492873928	0.93386639	1.282387768	1.567583239	2.166966765	2.357554857	2.868
23	0.2006592	0.525528733	0.807977538	1.279183325	1.608172857	2.180242317	2.615588855	2.867
24	0.133518479	0.595568712	0.762352367	1.207770013	1.783806879	2.145146031	2.397991882	2.705
25	0.077974792	0.525681326	1.000296741	1.442915128	1.617786187	2.151860103	2.45597705	2.764

文件写入 (root)　　数据流盘

图 8.102　TDMS 文件"数据流盘"标签页

在"文件写入(root)"标签页看到了有关波形的属性信息,如图8.103所示。

	A	B	C	D	E	F	G	H	I	J	K	L	M	N	
1	Root Name	Title	Author	Date/Ti		Grou	Description								
2	文件写入				1										
3															
4	Group		Channel	Description											
5	数据流盘		16												
6															
7	数据流盘														
8	Channel	Datatype	Unit	Length	Mini	Ma	Des	NI_ChannelName		NI_UnitD	wf_i	wf_s	wf_st	wf_start_time	频率	Start
9	SimulatedDAQ/ai0	DT_DOUI	Volts	6000				SimulatedDAQ/ai0	Volts	0	500	0	2020/04/10 11:17:53.886 PM	3.11966621	
10	SimulatedDAQ/ai1	DT_DOUI	Volts	6000				SimulatedDAQ/ai1	Volts	0	500	0	2020/04/10 11:17:53.886 PM	227.8599189	
11	SimulatedDAQ/ai2	DT_DOUI	Volts	6000				SimulatedDAQ/ai2	Volts	0	500	0	2020/04/10 11:17:53.886 PM	154.6260074	
12	SimulatedDAQ/ai3	DT_DOUI	Volts	6000				SimulatedDAQ/ai3	Volts	0	500	0	2020/04/10 11:17:53.886 PM	6.140393675	
13	SimulatedDAQ/ai4	DT_DOUI	Volts	6000				SimulatedDAQ/ai4	Volts	0	500	0	2020/04/10 11:17:53.886 PM	309.7675114	
14	SimulatedDAQ/ai5	DT_DOUI	Volts	6000				SimulatedDAQ/ai5	Volts	0	500	0	2020/04/10 11:17:53.886 PM	2.816405836	
15	SimulatedDAQ/ai6	DT_DOUI	Volts	6000				SimulatedDAQ/ai6	Volts	0	500	0	2020/04/10 11:17:53.886 PM	495.4043779	
16	SimulatedDAQ/ai7	DT_DOUI	Volts	6000				SimulatedDAQ/ai7	Volts	0	500	0	2020/04/10 11:17:53.886 PM	3.593444166	
17	SimulatedDAQ/ai8	DT_DOUI	Volts	6000				SimulatedDAQ/ai8	Volts	0	500	0	2020/04/10 11:17:53.886 PM	2.730937263	
18	SimulatedDAQ/ai9	DT_DOUI	Volts	6000				SimulatedDAQ/ai9	Volts	0	500	0	2020/04/10 11:17:53.886 PM	3.304555166	
19	SimulatedDAQ/ai10	DT_DOUI	Volts	6000				SimulatedDAQ/ai10	Volts	0	500	0	2020/04/10 11:17:53.886 PM	3.233467536	
20	SimulatedDAQ/ai11	DT_DOUI	Volts	6000				SimulatedDAQ/ai11	Volts	0	500	0	2020/04/10 11:17:53.886 PM	3.767602474	
21	SimulatedDAQ/ai12	DT_DOUI	Volts	6000				SimulatedDAQ/ai12	Volts	0	500	0	2020/04/10 11:17:53.886 PM	2.851159476	
22	SimulatedDAQ/ai13	DT_DOUI	Volts	6000				SimulatedDAQ/ai13	Volts	0	500	0	2020/04/10 11:17:53.886 PM	2.707495304	
23	SimulatedDAQ/ai14	DT_DOUI	Volts	6000				SimulatedDAQ/ai14	Volts	0	500	0	2020/04/10 11:17:53.886 PM	3.39755552	
24	SimulatedDAQ/ai15	DT_DOUI	Volts	6000				SimulatedDAQ/ai15	Volts	0	500	0	2020/04/10 11:17:53.886 PM	2.974699585	

文件写入 (root)　数据流盘

图8.103　TDMS文件"文件写入(root)"标签页

8.9　状态机

在 LabVIEW 程序设计中,可以通过状态机直接实现在不同的逻辑状态之间跳转的结构。

状态机的执行机制是定义若干的状态,通过当前状态代码执行的结果决定下一次跳转的状态,这样程序执行是在一系列定义好的状态之间来回跳转。

8.9.1　状态机结构

状态机有3个基本的组成部分:状态枚举常量、条件结构和 While 循环。每个组成部分的功能如下。

- 状态枚举常量:在枚举控件中定义状态机的若干状态。
- 条件结构:条件结构的条件选择器标签对应状态枚举变量的若干状态,并且在对应的分支中定义执行的代码。
- While 循环:While 循环用来循环在不同的状态之间跳转。

包含了上述3个部分的状态机如图8.104所示。

在 While 循环中,通过移位寄存器保存下一个状态枚举常量的值,并且在下一次循环中读取后输入条件结构的选择器接线端并进入对应的条件分支。下一个状态枚举常量的值根据当前条件分支运行的结果决定。

移位寄存器需要通过枚举常量进行初始化,初始化的值决定程序第一次运行进入的状态。

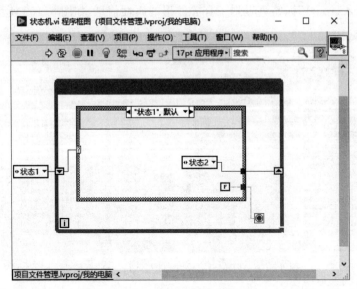

图 8.104　状态机结构

状态机一般需要创建一个退出机制,在其中的一个状态保证系统可以正常退出,在这个状态中对 While 循环结构的条件判断端输出布尔常量赋真值。

微课视频

8.9.2　状态机实例

下面通过一个实例讲解状态机的使用。本实例创建一个状态机,包含状态 1、状态 2 和退出 3 个状态。在每个状态中可以选择进入另外一个状态或退出,具体实现步骤如下。

(1) 在"项目文件管理"项目中,右击"我的电脑",在弹出的菜单中选择"新建"→VI,命名为"状态机"。

(2) 在前面板中创建"枚举"输入控件,右击"枚举"输入控件,在弹出的对话框中选择"编辑项"选项卡,创建 3 个项:状态 1、状态 2 和退出,如图 8.105 所示。在程序框图中,右击"枚举"输入控件接线端,在弹出的菜单中选择"转换为常量",将这个枚举输入控件转换为常量。

(3) 创建状态机结构。

在程序框图中,将"状态 1"枚举常量输入移位寄存器,这样程序初始进入的状态是状态 1。将移位寄存器读取的枚举常量连接到条件结构的选择器接线端,在条件结构的条件选择器标签上右击,在弹出的菜单中选择为"每个值添加分支",如图 8.106 所示。

(4) 定义状态 1。在状态 1 的条件分支中,通过"双按钮对话框"函数节点让用户选择进入状态 2 或退出。在"双按钮对话框"函数节点的"消息"接线端创建字符串常量"当前状态 1",为 T 按钮信息创建字符串常量"进入状态 2",为 F 按钮信息创建字符串常量"退出",如图 8.107 所示。

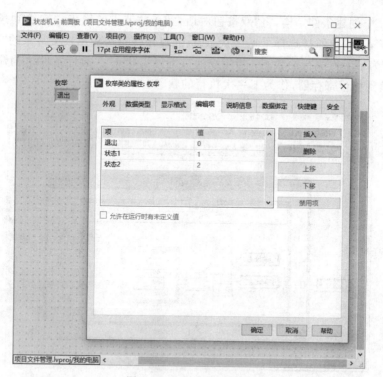

图 8.105　创建枚举变量

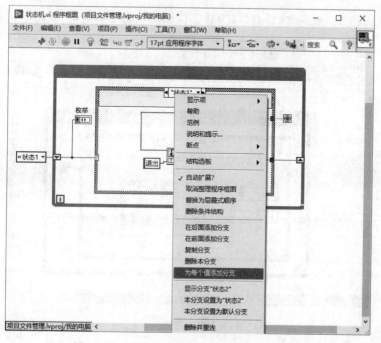

图 8.106　为枚举变量的每个值添加条件分支

在状态 1 中创建条件结构,将"双按钮对话框"函数节点的输出端连接到条件结构的条件选择器标签,当用户通过选择了退出状态时,通过条件结构输出枚举常量的"退出"值到移位寄存器,作为下一次执行的状态;当用户通过选择了状态 2,通过条件结构输出枚举常量的"状态 2"值到移位寄存器,作为下一次执行的状态。

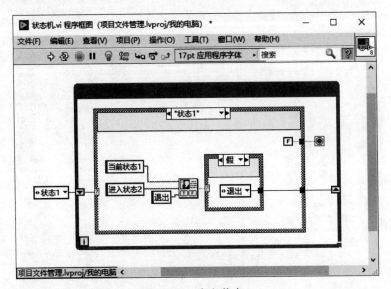

图 8.107　定义状态 1

(5) 定义状态 2。与步骤(4)类似,为状态机创建状态 2 的代码,如图 8.108 所示。

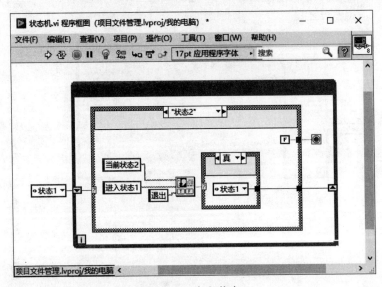

图 8.108　定义状态 2

（6）定义"退出"状态。在"退出"状态中，将布尔常量真值输出到 While 循环的条件停止端。在移位寄存器创建显示控件，如图 8.109 所示。

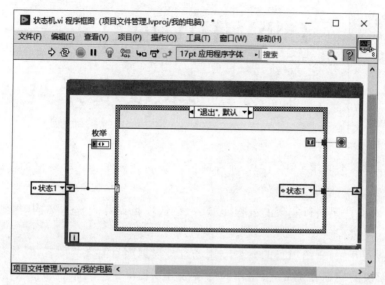

图 8.109　定义"退出"状态

（7）在前面板工具栏中单击"运行"按钮。从"枚举"显示控件可以看到当前状态机的状态，通过弹出的对话框，可以选择下一次状态机进入的状态，如图 8.110 所示。

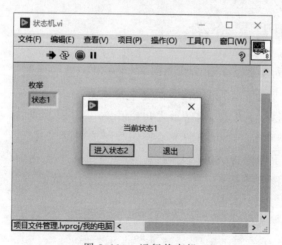

图 8.110　运行状态机

第 9 章 LabVIEW 项目实践——

万用表校准分类

本章将介绍一个使用 LabVIEW 进行项目实践的具体实例。本实例涉及了数据类型、编程结构、数据采集、图像等内容。

同时,本章将按照项目实现的过程,复现一个从项目设计到整体架构,再到具体实现的自上到下的具体过程。

从项目背景开始,介绍项目的典型应用场景。根据项目需求的内容,具体分析项目实现过程中需要解决的问题和挑战,根据不同的挑战分别提出解决的思路和技术路线。

在完成项目架构设计之后,根据不同的需求将整个项目分解为 3 个子项目,包括数据采集、图像采集、图像处理。在每个子项目中明确需要实现的功能并进行实现。

最后将不同的子项目进行整合,完成整个项目。

9.1 项目应用背景介绍

本项目的需求是对手持式万用表进行校准。万用表是一种测量仪器,可以通过万用表进行电压、电流、电阻等电气特性的测试,通过手持式万用表的液晶显示器的数值得到测量值。测量仪器的结果都会有误差,这些误差可能由内部原因造成的,如制造精度、内部器件的老化、温度引起的漂移等;也可能是由于外部原因造成的,如接线干扰等。

针对测量仪器内部原因造成的测量误差,可以通过一个比当前仪器精度更高或更加可靠的仪器进行校准。校准的过程一般是通过标准设备的测量值与当前设备的测量值进行比较,得到当前设备的误差情况,如图 9.1 所示。

一般校准的过程会连续读取一定电压范围的值。例如,仪器设备的量程为 $-10\sim10\text{V}$,可以在整个量程范围内以一定的步长选择若干点进行测量。以 0.1V 为步长,选择 2000 个点进行测量,再将测量结果与标准设备测量的结果进行比对,从而得到整个量程范围内的误差情况。

在这个校准过程中,从标准仪器输出激励信号,然后将这个激励信号输入待校准的仪器设备和标准仪器设备,对两个测量信号进行比较。通过在待校准设备的量程范围内不断改变输出的激励信号,就可以得到在这个测量范围内的待校准设备的测量特性。

图 9.1　通过标准仪器为测量仪器校准

这种将测量信号与标准信号进行对比的测量任务实际上有非常广泛的使用场景。例如,在电子仪器设备的检测过程中,为了测试设备的各种性能,都会将测量信号与标准信号进行对比。

在本章的校准测试项目中,假定数据采集卡的精度比手持式万用表高,使用数据采集卡进行校准和标定校准过程。

9.2　项目需求

在进行项目设计之前,首先要明确项目需求。本项目的需求是针对手持式万用表的电压测量功能进行校准,具体需要达成以下几个目标。

(1) 针对万用表 $-20 \sim 20$V 的量程进行校准。

(2) 校准范围为 $-10 \sim 10$V。

(3) 校准的步长为 0.1V。

(4) 一次校准的流程控制在 5min 完成。

9.3　项目挑战

为了完成项目需求的目标,需要解决项目设计过程中的一系列挑战,既包含了硬件连接上的挑战,也包含了软件设计开发的挑战。在本章的项目中,需要考虑的挑战和解决的方法如下。

9.3.1　连接方式与信号调理

一般的数据采集任务中,采集信号如果与数据采集卡的量程无法匹配,可以通过信号调理使二者的量程匹配,如将信号进行放大或缩小。但是信号调理过程又不可避免地引入新的误差,所以在校准的过程中是使用直接连接的方式进行测量的。

9.3.2 待校准设备数值的读取

如图 9.2 所示,手持式万用表的电压测量数值是通过液晶显示屏进行显示的,并没有计算机的接口,所以无法通过一般的总线形式(如串口、USB)直接读取万用表的数值。在这个项目中通过读取液晶屏的图像,然后对图像进行视觉算法的处理,读取手持式万用表的读数。

图 9.2　手持式万用表的液晶显示

在对图像进行视觉算法识别的过程中,需要解决以下问题。

1. 字符的识别

从读取的图像中通过字符的识别,得到数值类型的数据,才可以进行后续的算法处理。可以使用光学字符识别(Optical Character Recognition,OCR)对字符进行识别,如图 9.3 所示。

图 9.3　光学字符识别

在 OCR 过程中,针对目标中可能出现的数值建立字符库,然后在每次读取到的字符图像中,与已有的字符库进行比对从而得到匹配数值结果。

2. 字符的定位

通过采集图像得到的是整幅图像。为了进行有效的字符识别,需要将包含待识别字符的图像区域提取出来,也就是划定感兴趣区域(Region of Interest,ROI)。字符位置的图像内容会随着测量值的不同而变化,所以需要一个具有特征的目标进行定位,可以选择与目标区域临近的、带有明确特性的图标进行定位,如一些特征明确且唯一的图标。因为需要通过这个图标标记 ROI,所以这个图标应该是具有方向性的,这样才可以得到

ROI的距离信息和角度信息。如果图标是圆形的,作为标志物就无法定位角度,因为圆形没有方向信息。

3. 有效的 ROI

在进行图像处理的过程中,ROI的选取十分重要。因为图像算法需要通过对比识别相应的特征,所以对比的区域越小,整个算法需要的时间也就越短,也就可以越快地得到结果。相反,如果ROI过大,程序需要对比的区域过大,需要更长的时间,并且可能出现很多与待识别的目标十分接近的图像,这样算法很有可能将这些区域中的类似目标也当成目标进行处理,造成错误的结果。

4. 图像预处理

在进行图像核心算法的过程中,很多采集到的信息并不会用到,在预处理的过程中可以将这些不必要的信息去掉以提高算法的效率。

图像预处理的典型应用包括去掉颜色信息和灰度信息。例如,识别字符是基于图像二值化的值进行判别,这时核心算法不需要处理灰度和颜色信息。如果采集的是彩色图像,就可以通过预处理将图像数据的颜色和灰度信息去掉,只留下二值化信息进行图像的核心算法。

图像预处理的典型应用包括去除噪声。在图像采集过程中会包含噪声,如因为曝光的因素引入的噪声,可以在预处理过程中通过滤波将这些干扰因素清除,再输入核心算法进行图像处理。

9.3.3　标准设备读取的激励信号

通过标准设备输出的激励电压会由于传输线路、负载的不同,导致加载在目标设备上的电压与设定的输出电压不同。为了保证激励信号加载在标准设备和待校准设备上的电压一致,通过加载标准设备和待校准设备的信号走过的路径需要保持一致,所以需要使用同样长度的导线连接标准设备和待校准设备。

1. 自动化测量

在校准过程中需要对比的数值是在量程范围内的若干数值。例如,在$-10\sim10$V量程中,如果步长为0.1V,一共需要测量2000个点;如果步长为0.01V,就需要进行20 000个点的测试。如果是手动测量,会十分耗时耗力,所以需要通过自动化方式进行多点测试过程。

2. 测量时间

在自动化测试的过程中,测量时间十分重要。例如,每个待校准设备需要进行10 000个点的测量,每次测量的时间是10ms,需要校准的设备是1000个,那么校准全部设备的总时间就是100 000s,也就是27.78h。如果将测量的时间缩短到5ms,那么测量的时间大约是13.89h。

在自动化测试的任务中,总是希望尽可能优化代码,这样多次执行的总时间就可以缩短。

如果没有自动化测试流程,每次测试都需要人工干预,那么测试的时间就会从10ms上升至1s甚至更长,测试的时间就会增加100倍。这在今天自动化的生产过程中是无法接受的。

9.3.4 图像采集的需求

为了获取手持式万用表液晶屏幕的示数,需要通过图像采集设备采集图像。在图像采集过程中需要注意以下问题。

1. 相机芯片尺寸和焦距的确定

根据采集视野的不同可以换算出相机的焦距信息。在视野、相机焦距、相机到目标距离和相机的芯片尺寸之间有特定的换算关系,先确定视野、相机到目标物的距离以及分辨率,然后可以根据相机芯片的尺寸计算出焦距。通过相机芯片尺寸选择相机,通过焦距选择相机镜头。

2. 相机分辨率的确定

图像处理需要拍摄到清晰的图像。拍摄的物体需要放置在合适成像的距离上,同时也要拍摄到用来进行图像算法的目标特征细节。根据目标特性细节的最小值与视野的关系计算相机的分辨率。

9.4 项目整体架构

根据以上项目需求的分析,建立项目实现的硬件结构,如图9.4所示。计算机作为程序运行的平台,数据采集设备 NI myDAQ 作为标准的信号激励设备和标准采集设备,在每次 NI myDAQ 输出激励信号之后,通过摄像头对手持式万用表进行图像采集,在计算机上对采集到的图像进行处理,并提取出数值信息。将数值信息与 NI myDAQ 采集到的数值进行比对,从而得到当前测试点的校准信息。

通过 LabVIEW 程序的循环结构,在每次循环中改变通过 NI myDAQ 输出的电平值,通过若干次循环将遍历所有测试点,实现整个量程的校准。

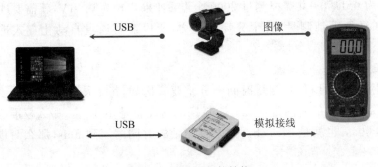

图9.4 项目的硬件结构

在 NI myDAQ 与手持式万用表的连接上,为了保证 NI myDAQ 输出的激励信号加载在手持式万用表和 NI myDAQ 数据采集通道的电压一致,NI myDAQ 模拟输出 AO 端口的 0 通道(AD0)到 NI myDAQ 模拟采集 AI 端口的 0 通道(AI0)之间的连线长度要与 AO0端口到手持式万用表的连线长度一致。

NI myDAQ 的模拟输入端口是差分形式,将 AI0 的差分(-)端连接到模拟输出的 GND端,如图 9.5 所示。

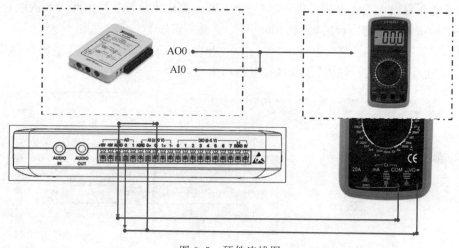

图 9.5　硬件连线图

9.5　项目分解一:模拟电压输出与采集

接下来将整个项目分为若干个子项目,首先使用 NI myDAQ 进行数据采集。在本项目中,需要通过 NI myDAQ 进行电压的输出和采集激励信号。

需要在-10~10V 范围输出电压,每次更改的电压步长为 0.1V。在每次电压输出后通过模拟采集任务对输出的电压进行测量。

9.5.1　项目规划

1. 包含模拟输出和模拟采集的测量任务

在每个测量点的数据采集任务中,首先需要进行电压的输出,然后进行图像的采集和电压的采集,然后将采集到的数值与图像分析的数值进行比对。模拟电压输出和模拟电压采集都是采集单点的有限点采集任务,并且通过顺序结构规定电压输出在数据采集之前。

2. 输出与采集的延时

为了保证测量准确,需要在电压输出与电压采集之间保持一定的时间间隔,确保输出的电压已经成功建立了电平,并且手持式万用表已经采集到了稳定的电压读数。NI myDAQ的电压输出任务能够以高达 200kS/s(每秒 200 000 采样点)的速度输出电压,所以实际上电压更新的速度会很快,这里设定延时主要是为了保证整个测量链路之间的信号稳定,测量链路包含了从电压输出到电压采集端口电平的建立时间,也包含了电平输出到手持式万用表得到稳定示数的建立时间。

9.5.2 项目实现

在项目中需要创建连续的电压采集任务和连续的电压输出任务,为了保证在每次循环时先进行电压输出再进行电压采集,在同一个 While 循环中执行数据的写入和读取,并且通过顺序结构错误簇规定运行的先后顺序。具体实现步骤如下。

(1) 在 LabVIEW 菜单栏中选择"帮助"→"查找范例"→"硬件输入与输出"→"模拟输入",选择"电压-软件定时输入"范例并打开程序框图,如图 9.6 所示。

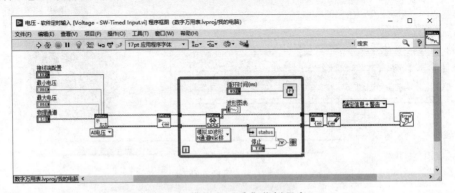

图 9.6 模拟电压采集范例程序

(2) 用同样的方法打开"电压-按要求输出"范例,如图 9.7 所示。

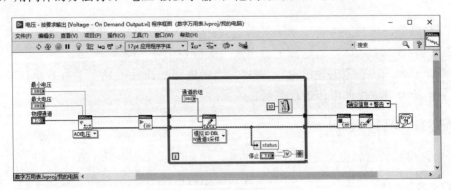

图 9.7 模拟电压输出范例程序

(3) 根据项目的需要,将模拟电压输出和模拟电压采集合并到一个 While 循环中,保证每次循环都进行一次电压输出和电压采集任务,如图 9.8 所示。

(4) 根据项目的需求,每次模拟电压采集和模拟电压输出只需要采集和输出一个点的电压,首先修改模拟采集通道和采样模式,然后修改模拟输出通道和采样模式,如图 9.9 所示。

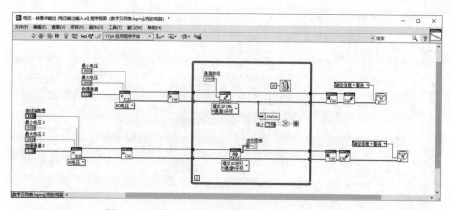

图 9.8　将输入与输出合并到一个 While 循环中

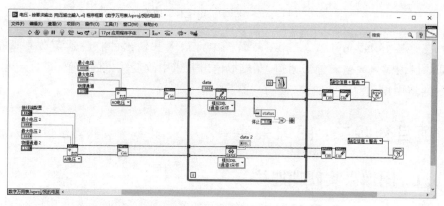

图 9.9　将输入与输出修改为 1 通道 1 采样

（5）通过顺序结构和错误簇的结构保证输出电压后等待 500ms，这样可以保证系统建立稳定的电压采集和图像采集，如图 9.10 所示。

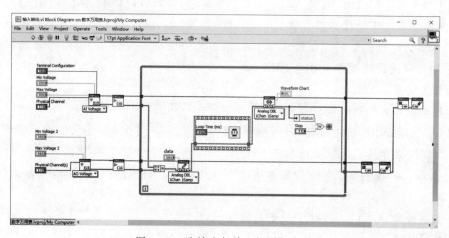

图 9.10　为输出与输入间增加定时

调整前面板,如图 9.11 所示。

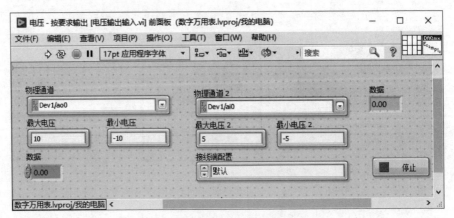

图 9.11　模拟电压输出与采集前面板

（6）在连接好 NI myDAQ 后,在前面板中将输入和输出的物理通道分别选择为 NI myDAQ 的模拟输入通道和输出通道,在模拟输出通道中改变输出的数值,可以观察到在模拟采集的通道中得到对应的数值,证明当前程序运行正确。

9.6　项目分解二：图像采集

9.6.1　图像采集硬件连接

在图像采集任务中,通过使用 USB 接口的摄像头采集图像,将摄像头连接到主机上。

9.6.2　图像采集硬件调试

在开始采集图像之前,需要调试相机的基本参数,保证可以得到合适的图像。一般相机都会提供驱动对相机进行基本参数的配置,如分辨率、曝光度、帧率等。如果是免驱动的摄像头,可以直接进行图像的调试和采集。如果是非免驱动的摄像头,则需要安装对应的驱动,然后才可以进行调试和使用 NI IMAQmx 进行图像的采集。在 NI MAX 中可以进行 USB 摄像头的基本参数调试。

1. 在 NI MAX 中进行摄像头命名

NI MAX 是 NI 提供的针对硬件设备的管理软件。在 NI MAX 中可以管理当前计算机中连接的数据采集卡,同时也可以对图像采集设备进行参数配置和图像采集测试。如图 9.12 所示,在"我的系统"→"设备和接口"中可以看到当前计算机连接的设备,其中设备信息如下。

- 数据采集卡 NI myDAQ：设备名称是 myDAQ。
- 摄像头 Camera MV-UB300♯471802EB-2：设备名称是 cam。

- 摄像头 Intergrated Webcam：设备名称是 cam0。

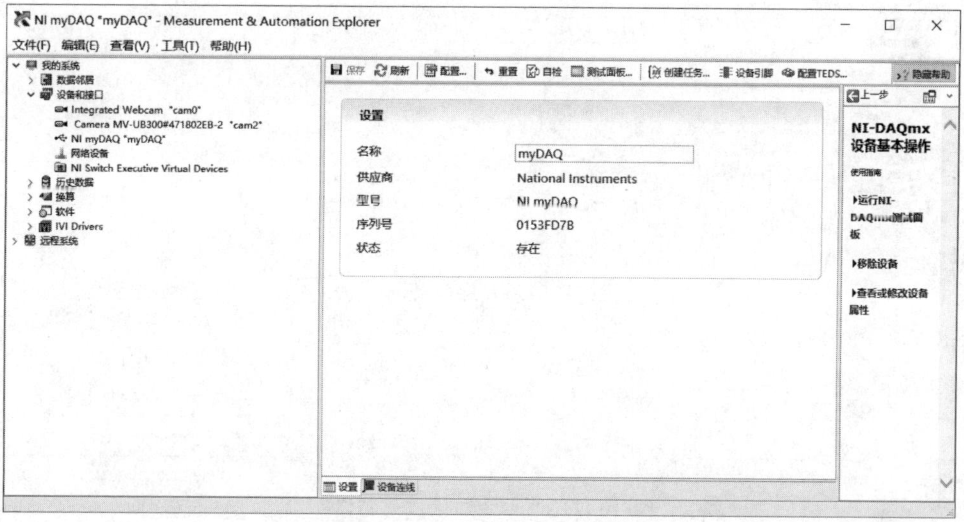

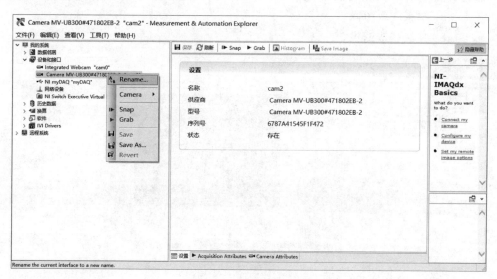

图 9.12　NI MAX 中对硬件进行管理

在 NI MAX 中可以对设备进行管理。例如，右击设备，在弹出的菜单中选择 Rename，可以修改设备名称，如图 9.13 所示。

图 9.13　修改设备名称

将 Camera MV-UB300♯471802EB-2 摄像头命名为 Camera，这样便于在程序设计中进行管理，如图 9.14 所示。

2. 获取图像

在 NI MAX 中可以对设备进行初步调试。一般来说，初步调试可以保证设备的连接和

图 9.14　修改后的设备名称

初始化设置正确,在初步调试结束之后才会进入具体设计程序环节。在"设备和接口"中选中摄像头 cam2,NI MAX 界面中会出现一系列的调试按钮,如图 9.15 所示。其中图像采集的按钮包含 Snap 和 Grab,它们的功能如下。

- Snap:单张获取图像。
- Grab:连续获取图像。

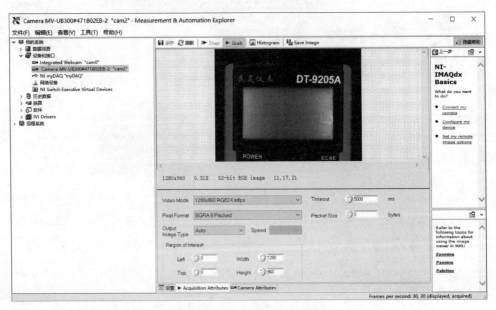

图 9.15　NI MAX 获取图像

3. 调节摄像头配置参数

在 NI MAX 中可以对摄像头的参数进行配置，如分辨率、曝光时间等，如图 9.16 所示，通过 Video Mode 下拉列表设定图像采集的分辨率。

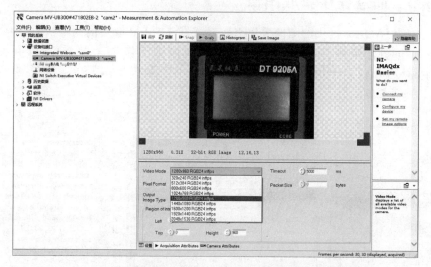

图 9.16　NI MAX 中设置分辨率

图像的分辨率需要根据项目的需求进行设定，分辨率越高，可以获取的图像细节就越多，对图像特征的识别也就越准确，但图像采集的时间会变长，同时针对图像处理的时间也越长。

在 NI MAX 中可以设定摄像头的曝光率，如图 9.17 所示。曝光率影响图像的成像质

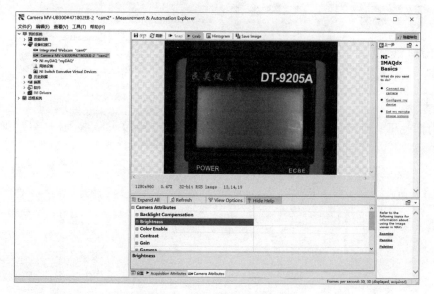

图 9.17　NI MAX 中设置曝光率

量和时间。曝光时间不足会导致图像较暗,无法获取有效的图像特征;曝光时间过长会使图像采集时间过长,并且图像曝光过度也会影响图片质量。

9.6.3　通过程序获取图像

通过 NI IMAQmx 提供的图像采集卡驱动采集 USB 摄像头的图像。可以在 NI 范例查找器中打开图像采集范例。在范例查找器中搜索关键词 IMAQdx,打开范例程序 Acquire Every Image. vi,如图 9.18 所示。

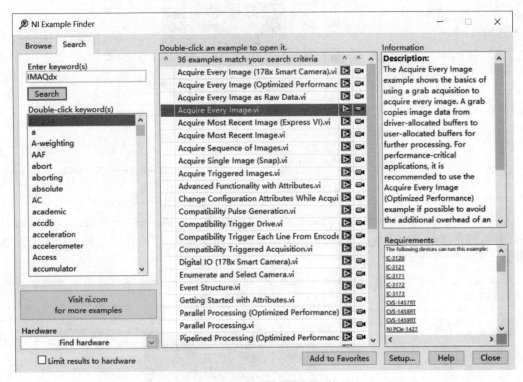

图 9.18　图像采集范例程序

在前面板工具栏中单击"运行"按钮,可以看到通过摄像头获取到的图像,如图 9.19 所示。

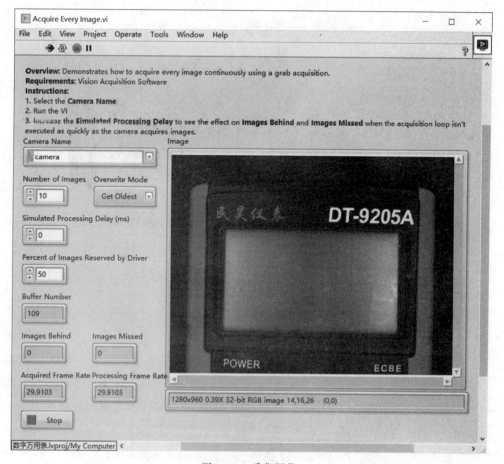

图 9.19　采集图像

9.7　项目分解三：OCR 识别

获取图像后，需要通过机器视觉算法对采集到的图像进行 OCR 识别，得到万用表读取到的电压值。使用 NI Vision Assistant 可以先对需要实现的图像分析功能开发算法的快速原型，然后在 LabVIEW 编辑环境中通过程序进行快速原型算法的程序实现。这里以输出模拟 2V 电压为例，进行图像 OCR 识别算法的设计。

9.7.1　颜色提取

采集到图像后，首先进行预处理，包含滤波、颜色提取等基本操作。在项目中进行字符识别需要根据灰度信息，所以预处理需要从彩色图中提取灰度信息。具体操作步骤如下。

（1）打开 NI Vision Assistant 程序，在菜单栏中选择 File→Open Image，打开通过图像采集到的图像文件，如图 9.20 所示。

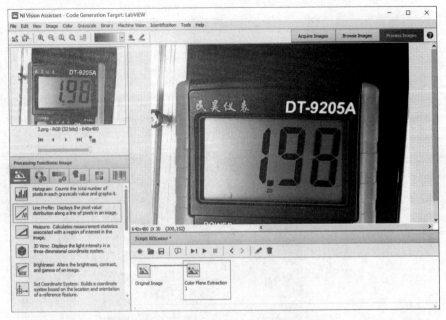

图 9.20　输出模拟电压 2V 时采集到的图像

（2）在 NI Vision Assistant 主界面的左下方是进行视觉算法的面板。选择 Processing Function：Color 子面板中的 Color Plane Extraction 选项。在 Color Plane Extraction Setup 对话框中选择 HSL-Luminance Plane，如图 9.21 所示，从彩色图像中提取出灰度值。

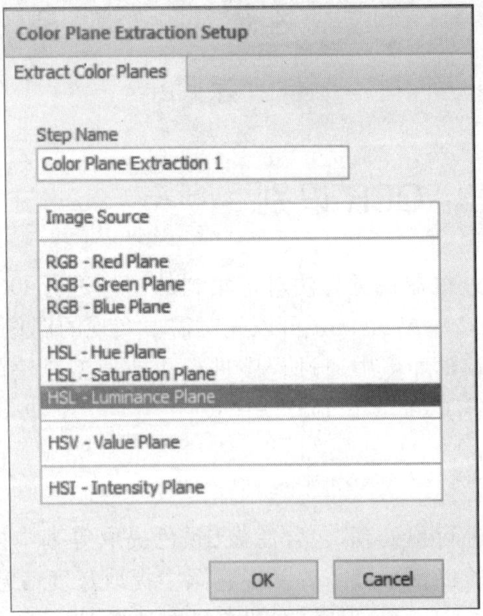

图 9.21　提取灰度值

（3）提取灰度处理后，可以在右侧的窗口中看到处理后的图像，在 Script 脚本栏中可以看到增加了 Color Plane Extraction 一项算法，如图 9.22 所示。

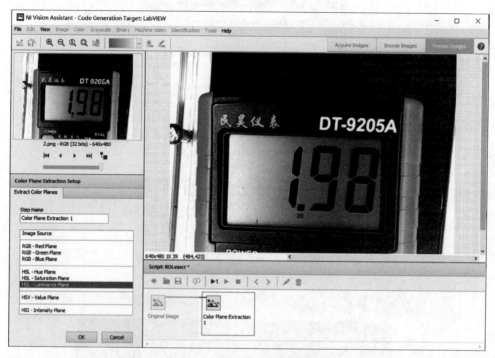

图 9.22　提取灰度后的图像

9.7.2　建立坐标系

为了进行 OCR，需要知道待识别字符串的位置。通过定位图像中具有明确特性的标志物建立坐标系，在坐标系中通过标志物与目标字符串的相对位置定位目标字符串。

1. 定位标志物

为了在图像中建立坐标系，需要选定一个标志物。在图像中，将液晶显示屏上方的万用表型号 DT-9205A 作为标志物建立坐标系。可以通过机器视觉的模板匹配实现。具体实现步骤如下。

（1）在 NI Vision Assistant 视觉算法面板中选择 Processing Function：Machine Vision→Pattern Matching，如图 9.23 所示。

（2）接下来针对 DT-9205A 标志物建立模板。选中 DT-9205A 区域，依次单击 Next 和 Finish 按钮，将该模板保存为模板文件，如图 9.24 所示。

建立好模板后，可以看到根据模板匹配的结果。在当前的窗口中，绿色高亮的区域是模板匹配 ROI，模板匹配在当前的 ROI 中；红色高亮的区域是识别的标志物，并且红色区域显示了识别的模板和位置信息。在 Script 脚本栏显示了当前匹配的分数，满分是 1000 分。

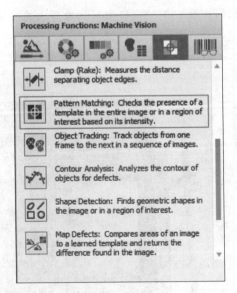

图 9.23　模板匹配

图 9.24　建立标志物的模板

因为模板文件是从当前图片中建立的,所以匹配的结果是满分 1000,如图 9.25 所示。

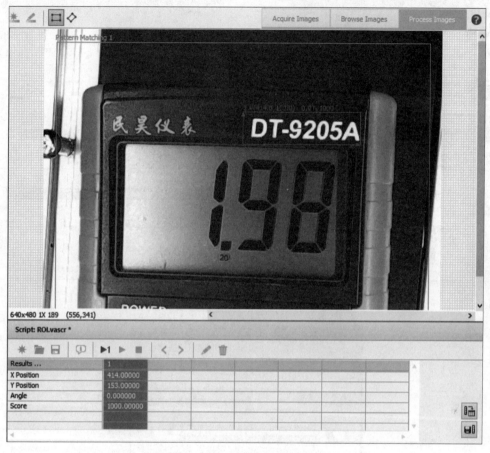

图 9.25　建立模板后的匹配结果

2. 建立坐标系

在 NI Vision Assistant 视觉算法面板中选择 Processing Functions：Image → Set Coordinate System,如图 9.26 所示。

设置 Mode 参数,选择 Horizontal,Vertical and Angular Motion,该选项允许建立参考坐标进行水平、垂直方向上的平移和角度的偏转,如图 9.27 所示。

9.7.3　建立 ROI

1. 旋转图像

识别字符区域有一定的倾斜角度,需要将图像进行一定角度的旋转,使其变为直立的字符图像,便于后续进行 OCR。在 NI Vision Assistant 视觉算法面板中选择 Processing Functions：Image→Geometry,如图 9.28 所示。

图 9.26　根据标志物建立坐标系

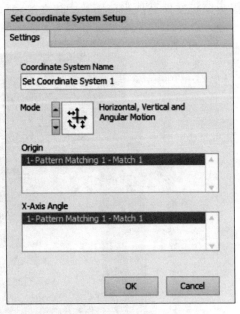

图 9.27　建立坐标系

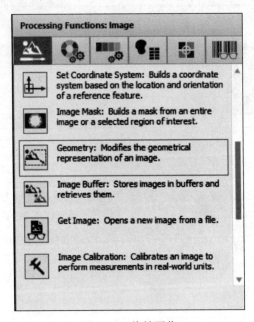

图 9.28　旋转图像

　　在 Geometry 选项卡中选择 Rotation，设定 Angle(degrees)为 5，使图像中的字符直立，旋转后的图像如图 9.29 所示。

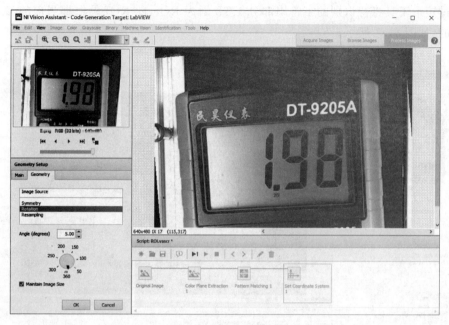

图 9.29　旋转后的图像

2. 建立 ROI

在 NI Vision Assistant 视觉算法面板中选择 Processing Functions：Image→Image Mask，如图 9.30 所示。

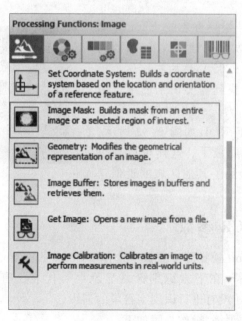

图 9.30　建立 ROI

通过矩形工具将待识别的字符串部分 1.98 划为 ROI,此 ROI 是根据当前的参考坐标而建立的,如图 9.31 所示。

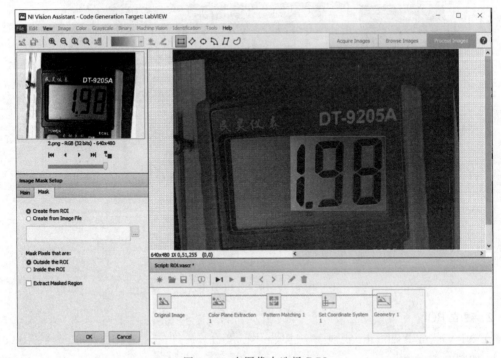

图 9.31　在图像中选择 ROI

当前的参考坐标就是根据标志物 DT-9205A 建立的,如果拍摄的图像发生了偏移或旋转,因为图像算法首先定位到 DT-9205A,然后根据这个标志物建立 ROI,还是可以找到需要识别的字符串区域。

可以看到图中只留下 ROI,如图 9.32 所示。在 ROI 之外的信息都被屏蔽了。这样可以减少 OCR 的工作量,同时也避免了其他区域的近似信息被错误识别的情况。

图 9.32　提取 ROI 中的图像

9.7.4　设定 OCR 参数

在 NI Vision Assistant 视觉算法面板中选择 Process Function:Identification→OCR/OCV。显示无法读取字符,在下方识别区域显示"?",代表没有任何字符读取出来,如图 9.33 所示。因为当前还没有进行识别字符串的训练。

接下来进行字符串的训练,操作步骤如下。

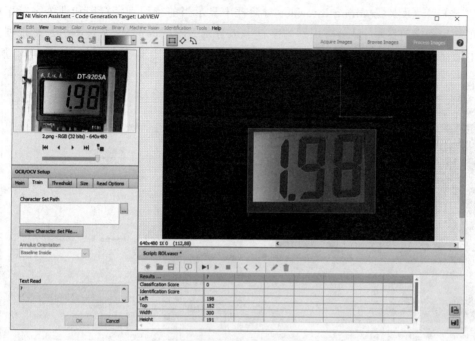

图 9.33　OCR 菜单

（1）在 OCR/OCV Setup 子窗口中的 Train 选项卡中，单击 New Character Set File 按钮，进行训练字符的设置，如图 9.34 所示。

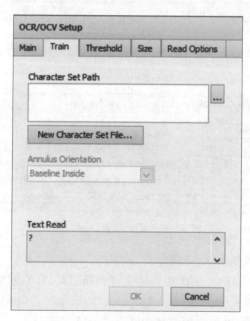

图 9.34　OCR 训练字符设置

（2）在 NI OCR Training Interface 对话框中显示当前待识别字符串和训练字符串的设置。在待识别字符区域，显示待识别的字符串被分割为不同的部分，字符串识别是根据分割区域中的字符进行训练和识别的，目前显示当前状态下没有正确分割字符，如图 9.35 所示。

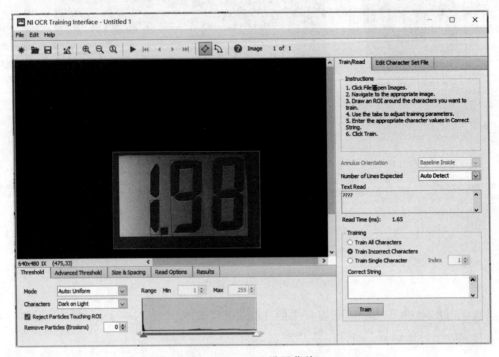

图 9.35　OCR 设置菜单

切换至 Size & Spacing 选项卡，调整其中的数值，如图 9.36 所示，使待识别字符刚好被高亮红色所分割。

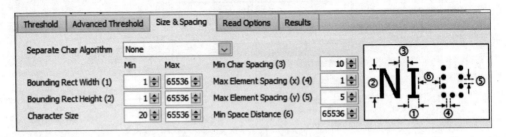

图 9.36　OCR 字符识别设置

正确分割后的字符串如图 9.37 所示。

（3）接下来训练单个字符。依次选择单个待识别字符，在右侧输入匹配的字符串，并单击 Train 按钮，如图 9.38 所示。

对字符 1 进行训练后，可以看到识别的结果显示在了字符 1 的下方，如图 9.39 所示。

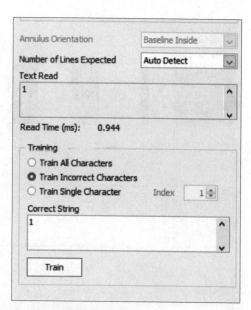

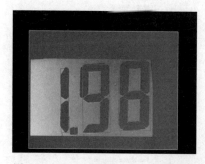

图 9.37　OCR 调整后字符识别结果

图 9.38　训练 OCR 字符

图 9.39　OCR 训练后字符识别结果

同样的方式依次执行各个字符，训练好以后，可以在 Edit Character Set File 选项卡中查询已经训练的字符，如图 9.40 所示。训练字符串的文件格式是 set file，将当前训练文件命名为 DMM Read Set File。

9.7.5　生成 LabVIEW VI

通过 NI Vision Assistant 完成了 OCR 字符识别的原型算法设计后，需要将算法集成在 LabVIEW 程序中。NI Vision Assistant 提供了一个自动生成代码的工具，可以将现有的算法脚本生成 LabVIEW 的程序。

1. 将算法脚本转化为 VI

在 NI Vision Assistant 菜单栏中，选择 Tools→Create LabVIEW VI，会将当前的算法脚本文件转换成 LabVIEW VI 文件，如图 9.41 所示。

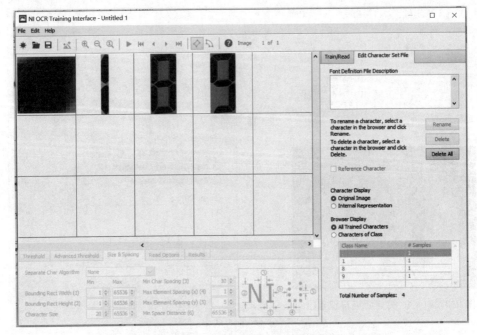

图 9.40　训练 OCR 字符文件界面

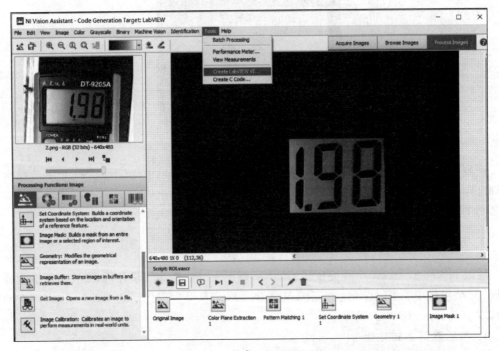

图 9.41　生成 LabVIEW VI

VI 文件的 LabVIEW 版本取决于当前计算机中安装的 LabVIEW 版本,如果存在多个版本,可以选择需要转换的版本,如图 9.42 所示,在 LabVIEW VI Creation Wizard 对话框中选择 LabVIEW 版本、路径和名称。

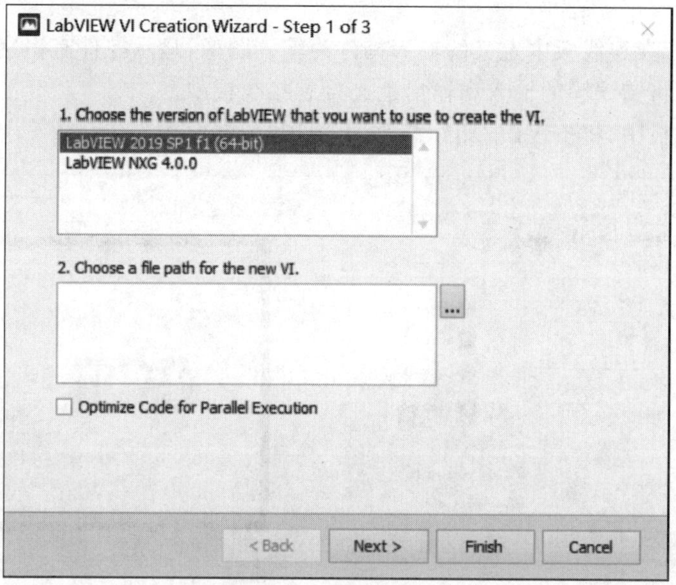

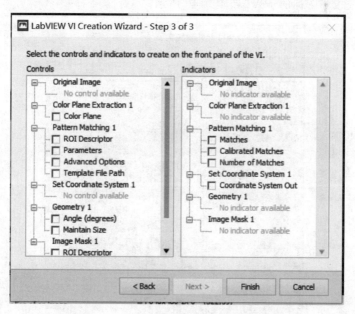

图 9.42　选择生成版本

在 LabVIEW VI Creation Wizard 对话框中选择输入/输出控件,如图 9.43 所示。

图 9.43　选择生成代码的输入/输出控件

2．修改连线板

将算法生成为 LabVIEW VI 文件后，就可以在 LabVIEW 中直接调用图像处理子 VI。接下来，为了方便调用图像处理子 VI，对算法中的输入和输出控件与子 VI 的连线板进行定义。

在本项目中，在连线板中定义的输入控件为输入图像，显示控件有识别后的图像和识别的字符串。同时将错误簇的输入和输出也连接到接线板中。

在图标编辑板中，将子 VI 的图标修改为 OCR，如图 9.44 所示。

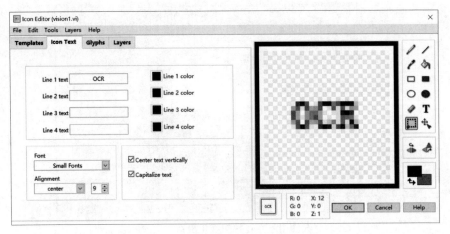

图 9.44　修改子 VI 图标

定义好连线板和图标的子 VI 如图 9.45 所示。

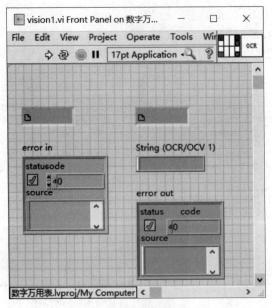

图 9.45　修改连线板

9.8　项目整合

　　最后一步是将模拟输出采集的程序和图像采集处理的程序整合在一起。如图 9.46 所示，在本项目中，因为需要在图像处理之后才能输出下一次电压，所以将电压输出、电压采集与图像采集和处理放在一个 While 循环中，通过顺序结构和错误簇规定执行顺序为电压输出→电压采集→图像采集→图像处理。

　　因为需要进行自动化处理，所以在循环中，输出电压需要从－10V 每次增加 0.1V，一直到 10V。在 While 循环中通过循环计数器得到输出的电压。

　　整合后的程序框图如图 9.46 所示。

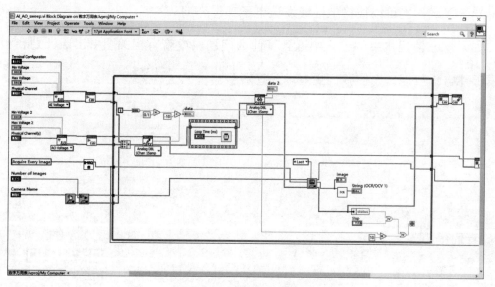

图 9.46　整合后的程序框图

图书资源支持

感谢您一直以来对清华大学出版社图书的支持和爱护。为了配合本书的使用，本书提供配套的资源，有需求的读者请扫描下方的"书圈"微信公众号二维码，在图书专区下载，也可以拨打电话或发送电子邮件咨询。

如果您在使用本书的过程中遇到了什么问题，或者有相关图书出版计划，也请您发邮件告诉我们，以便我们更好地为您服务。

我们的联系方式：

地　　址：北京市海淀区双清路学研大厦 A 座 701

邮　　编：100084

电　　话：010-83470236　010-83470237

资源下载：http://www.tup.com.cn

客服邮箱：tupjsj@vip.163.com

QQ：2301891038（请写明您的单位和姓名）

用微信扫一扫右边的二维码，即可关注清华大学出版社公众号。

教学资源·教学样书·新书信息

人工智能科学与技术
人工智能|电子通信|自动控制

资料下载·样书申请

书圈